无人机应用技术专业新形态系列教材（总主编：何先定　刘建超　李屹东）

无人机
地面站系统

（活页式）

主　编　田　园　周佳欣
副主编　李　煜　罗　哲
主　审　何先定

课程思政

活页式

课件

校企合作

西南交通大学出版社
·成　都·

图书在版编目（CIP）数据

无人机地面站系统 / 田园，周佳欣主编. —成都：西南交通大学出版社，2023.7（2025.1 重印）
ISBN 978-7-5643-9404-2

Ⅰ. ①无… Ⅱ. ①田… ②周… Ⅲ. ①无人驾驶飞机－地面站 Ⅳ. ①V279

中国国家版本馆 CIP 数据核字（2023）第 134190 号

Wurenji Dimianzhan Xitong

无人机地面站系统

主编 田 园 周佳欣

责任编辑 何明飞
封面设计 吴 兵

出版发行 西南交通大学出版社
（四川省成都市金牛区二环路北一段 111 号
西南交通大学创新大厦 21 楼）
邮政编码 610031
发行部电话 028-87600564 028-87600533
网址 http://www.xnjdcbs.com
印刷 四川玖艺呈现印刷有限公司

成品尺寸 185 mm × 260 mm
印张 18.25
字数 423 千
版次 2023 年 7 月第 1 版
印次 2025 年 1 月第 3 次
定价 49.80 元
书号 ISBN 978-7-5643-9404-2

课件咨询电话：028-81435775

无人机应用技术专业新形态系列教材

编写委员会

李　恒　成都航空职业技术学院
李林峰　成都纵横大鹏无人机科技有限公司
李　艳　成都航空职业技术学院
李宜康　成都航空职业技术学院
李懿珂　成都纵横大鹏无人机科技有限公司
李志鹏　中航（成都）无人机系统股份有限公司
李志异　成都航空职业技术学院
廖开俊　中国人民解放军空军第一航空学院
刘　驰　四川航天中天动力装备有限责任公司
刘　夯　成都纵横大鹏无人机科技有限公司
刘佳嘉　中国民用航空飞行学院
刘　健　山西机电职业技术学院
刘　静　重庆科创职业学院
刘明鑫　成都航空职业技术学院
刘　霞　重庆航天职业技术学院
马云峰　成都纵横大鹏无人机科技有限公司
梅　丹　中国人民解放军海军工程大学
牟如强　成都理工大学工程技术学院
潘率诚　西华大学
屈仁飞　成都西南交大研究院有限公司
瞿胡敏　四川傲势科技有限公司
任　勇　重庆电子工程职业学院
沈　挺　重庆交通大学
宋　勇　四川航天中天动力装备有限责任公司
唐　斌　成都航空职业技术学院
田　园　成都航空职业技术学院
王　聪　成都航空职业技术学院
王国汁　中航（成都）无人机系统股份有限公司
王　进　成都纵横大鹏无人机科技有限公司
王朋飞　西安航空职业技术学院
王　强　成都航空职业技术学院
王泉川　中国民用航空飞行学院
王思源　成都航空职业技术学院
王文敬　中国民用航空飞行学院
王　旭　成都航空职业技术学院
王　洵　成都航空职业技术学院
魏春晓　成都航空职业技术学院
吴　可　重庆交通大学
吴　爽　中航（成都）无人机系统股份有限公司
谢燕梅　成都航空职业技术学院
邢海涛　云南林业职业技术学院
熊　斌　重庆交通大学
徐风磊　中国人民解放军海军工程大学
许开冲　成都纵横自动化技术股份有限公司
闫俊岭　重庆科创职业学院
严向峰　成都航空职业技术学院
杨　芳　成都航空职业技术学院
杨谨源　中航教育科技（天津）有限公司
杨　琴　成都理工大学工程技术学院
杨　锐　成都纵横自动化技术股份有限公司
杨少艳　成都航空职业技术学院
杨　雄　重庆航天职业技术学院
杨　雪　成都航空职业技术学院
姚慧敏　成都航空职业技术学院
尹子栋　成都航空职业技术学院
游　玺　成都纵横大鹏无人机科技有限公司
张　捷　贵州交通技师学院
张　梅　成都农业科技职业学院
张　松　四川零坐标勘察设计有限公司
张惟斌　西华大学
张　伟　成都纵横大鹏无人机科技有限公司
赵　军　重庆电子工程职业学院
郑才国　成都理工大学工程技术学院
周　彬　重庆电子工程职业学院
周佳欣　成都航空职业技术学院
周仁建　成都航空职业技术学院
邹晓东　中航（成都）无人机系统股份有限公司

前言
PREFACE

随着无人机产业的快速发展，各领域对无人机专业人才的需求日益旺盛。目前，国内高职院校无人机专业人才培养主要有面向无人机企业单位的技术技能人才和面向部队的技术军士，无人机类型涉及大中小型固定翼无人机、复合翼无人机、小型旋翼无人机、无人直升机等。

无人机地面控制站是整个无人机系统非常重要的组成部分，是地面操作人员直接与无人机交互的通道，是整个无人机系统的指挥控制中心。本书以典型中大型无人机地面站为例，以实际地面站保障维护、飞行操控等任务为驱动，突出理实一体，无人机行业特色鲜明，符合职业教育培养目标和学生认知规律。书中重点介绍了无人机地面站系统认知、保障维护、地面站操控等相关知识和技能，在理论、实操、考核等内容编排上采用活页式设计，贴近实际工作场景，便于教学过程的组织和实施。本书根据航空类岗位职业素养要求，结合学生多元化特点，将思政元素融入教材中，强化航空报国精神和大国工匠精神，发挥课程育人作用。

本书由成都航空职业技术学院田园、周佳欣担任主编，模块一、模块二和模块四由周佳欣编写，模块三、模块五由李煜、田园编写，模块六和模块七由田园编写，模块八由罗哲编写。全书由田园负责整体知识技能教学内容梳理，周佳欣负责整理统稿，何先定教授对全书进行了审阅。

无人机地面站系统是一个新型技术领域，涉及的技术和设备众多。本书在编写过程中参考了国内外有关无人机地面站系统的著作和文献，还查阅了大量的网络技术资料，在此对所有作者表示感谢。在编写本书过程中由于时间紧任务重，编者水平有限，书中难免存在疏漏与不足之处，敬请读者不吝指正，以便改进提高。

编　者

2023 年 4 月

于成都航空职业技术学院

目录
CONTENTS

模块一　无人机地面站系统认知

引导案例/知识背景

无人机是“无人、可飞、可控、可带载的飞行器”，能够根据应用需求，执行各类型任务。单独的无人机是不能执行任务的，它需要与地面控制站链接，两者组合共同构成无人机系统。无人机名称的演变，在一定程度上可以体现其功能变化和技术进步。无人机被称作“UAV”（Unmanned Aerial Vehicle），即“无人飞行器”，该名称至今仍在广泛使用。近些年，由于无人机组成更加复杂，其功能更加强大、运用领域也更加广泛，名称又调整为“UAS”（Unmanned Aircraft System），即“无人机系统”。

无人机地面站通常根据适配无人机平台的大小可以分为手持式无人机地面站（针对微型无人机）、便携式无人机地面站（针对轻小型无人机）、车载式无人机地面站（针对中小型无人机）、方舱式无人机地面站（针对中大型无人机）。不同类型的无人机地面站的大小、功能和组成也有所差异，其中方舱式无人机地面站最为复杂。一般情况下，1 套中大型无人机系统是由多架无人机（含载荷设备）、1 套地面控制站和 1 套地面保障系统组成。各系统主要功能如下：

（1）无人机平台由机体、飞机管理系统、动力装置、机电系统、链路机载数据终端、任务系统等组成。根据实施任务的不同，装载相应的燃油量，搭载匹配的侦察设备或武器装备。平台由无人机飞行员在地面控制站实施监控和操纵。

（2）地面控制站由任务控制方舱、起降引导站、链路地面数据终端和情报处理系统组成。主要功能是实时接收机载系统信息和视频，并进行数据处理和显示，供地面控制站人员进行系统状态监测。简单地讲，就是无人机平台在天上飞，地面多个系统、多组人员协同配合，对无人机及其挂载进行控制和操作，完成既定任务。

（3）地面保障系统主要提供无人机及各地面子系统的维护保养，保证无人机系统处于完好状态。

学习导图

- 模块一　无人机地面站系统认知
  - 单元一　无人机地面站系统认知
    - 知识点一　无人机地面站的发展
    - 知识点二　无人机地面站的功能
    - 知识点三　手持式无人机地的面站（针对微型无人机）
    - 知识点四　便携式无人机地面站（针对轻小型无人机）
    - 知识点五　车载式无人机地面站（针对中小型无人机）
    - 知识点六　方舱式无人机地面站
    - 知识点七　大型无人机地面站系统组成
    - 任务一　拓展探究

单元一　无人机地面站系统简介

学习目标

1. 知识目标

（1）掌握无人机地面站分类。

（2）了解无人机地面站的发展。

（3）理解无人机地面站的功能。

2. 能力目标

（1）能够分辨手持式无人机地面站。

（2）能够分辨便携式无人机地面站。

（3）能够分辨车载式无人机地面站。

（4）能够分辨方舱式无人机地面站。

3. 素质目标

（1）培养团结协作精神和岗位职责意识。

（2）培养认真严谨的航空工作作风。

（3）培养民族自信。

理论知识

知识点一　无人机地面站的发展

无人机在国际战争中的成功应用，揭开了以远距离攻击型，智能化武器，信息化武器为主导的非接触性战争的新篇章。近百年时间，无人机也从最原始的有线控制，演变成现在集群化、智能化、网络化的地面站控制。

20 世纪 20、30 年代，无人机尚无完善的地面站系统，对无人机都是使用简单设备进行操控。例如，1917 年，美军研制的第一架升空的“柯蒂斯”无人机通过陀螺仪指示方向、无液气压表指示高度来操控飞机。1933 年，英国空军由水上侦察机改装成的“费尔雷昆士”无人机采用地面站无线遥控技术控制。

20 世纪 50—70 年代，已经初步形成了地面站系统，并进入快速发展阶段。例如，越南战争期间，美军无人机地面站采用预编程技术，控制无人机执行电子窃听、电台干扰、超低空拍摄等任务。20 世纪 70 年代，美军地面站通过地面站控制指令对无人机进行遥控，执行精确的夜间侦查任务。

20 世纪 90 年代，英美等各国设计并采用了以“捕食者”无人机地面站为代表的复合控制多用途无人机地面站，地面站趋于集群化，功能更加智能化，此时的无人机地面站技术已经日趋成熟。

进入 21 世纪以后，无人机地面站的发展速度更加迅猛。例如，以“影子 200”地面站为代表的一体化系统，其地面控制站由两台工作站组成，可以实现一个地面站控制多架无人机。另外，以“全球鹰”为代表的大型无人机地面站，利用标准化协议 STANAG4586 的兼容性，驱动无人机地面站的互操作性，具备了与有人机、卫星等互操纵的能力。

知识点二　无人机地面站的功能

地面站是无人机的重要组成部分，是对无人机进行有效监视和有效控制，成功执行任务指令的关键系统。

1. 指挥调度功能

指挥调度功能主要包括上级指令接收，系统之间联络，系统内部调度。

2. 任务规划功能

任务规划功能主要包括飞行航路规划，任务载荷工作规划与重规划。

3. 操作控制功能

操作与控制功能主要包括起降操纵、飞行控制操作、任务载荷操作、数据链控制。

4. 显示记录功能

显示记录功能主要包括飞行状态参数显示与记录、航迹显示与记录、任务载荷信息显示与记录。

知识点三　手持式无人机地面站

大多数小型自制无人机和模型飞机都是通过一种 0.45 ~ 0.9 kg 的简单手持遥控器（见图 1-1）进行控制的。遥控器拥有若干个侧驾驶杆/控制杆/按钮和天线，并使用无线/红外信号来指挥无人机。这些类型的地面站通常用于视觉和实时控制。操作员将通过推/推杆/控制杆来偏转任何控制面并改变飞行路径。

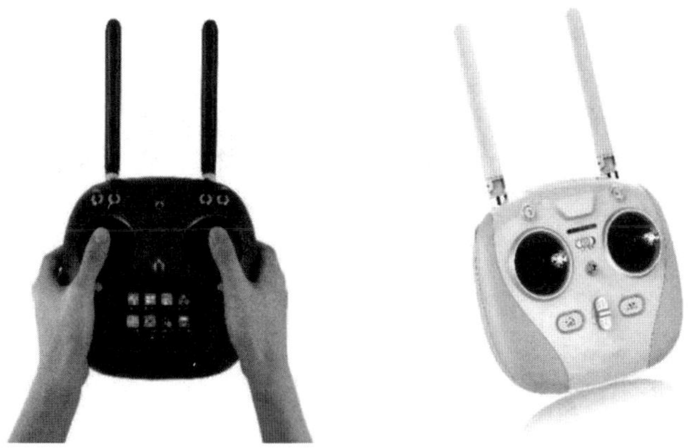

图 1-1　手持式无人机地面站

知识点四　便携式无人机地面站

当用于监控无人机的必要设备略大于手持箱的尺寸时，需要使用更大的便携式控制站（GCS，见图 1-2）。在某些情况下，无人机和 GCS 都可以背负并装在一个小型手提箱里。这种 GCS 经常结合图形用户界面（GUI）和触摸屏便携式计算机，使操作员能够轻松访问关键和常用功能。便携式 GCS 需要具备可视性，以允许飞行员看到无人机并发送指令信号。当飞行器被重新分派以适应变化的环境时，任务信息很容易进行更新。

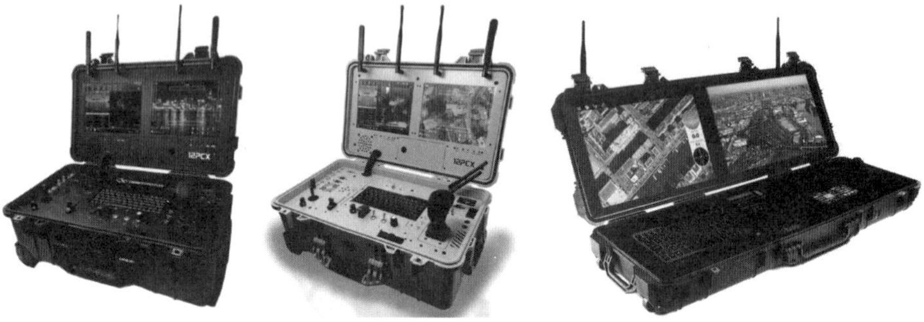

图 1-2　便携式无人机地面站

知识点五　车载式无人机地面站

近程无人机的 GCS 拥有诸多不适合安装到便携式箱子的设备和装置。这种设备的体积和重量使其可以安装在卡车车厢内（见图 1-3 和图 1-4）。卡车的优点包括可以将无人机、地面控制站和操作员运送到任何指定区域；可以为地面控制站提供电力供应；卡车车厢可以转换成无人机控制器的理想安装位置；将人工操作员处于环路中；能够轻松满足无人机系统的机动性要求。因此，近距无人机的地面控制站通常是可移动的，并位于越野车内。

图 1-3　车载式无人机地面站

图 1-4　车载式无人机地面站内部

以“小精灵”无人机地面站为例，车辆尾部装有一个操作简单、气动升降的无线电天线支杆，可安装双频天线，分别用于无人机通信和所要求的内网通信。差分 GPS 天线固定在车顶。所有的移动地面控制站都安装有固定在车辆框架上的千斤顶，当控制站到达指定地点时，千斤顶会被放下以支撑车辆，防止车辆晃动影响操控。对于窄波束天线，必须有一个稳定的基座，以保持方位和俯仰的精确。

GCS 包含发电机和空调，这不仅给操作员提供了舒适的环境，也有助于满足计算机、无线电装置和监视器对环境的要求。

GCS 还包含诸多的监视器和显示器。例如，一台监视器用于传输来自电视摄像机的视频图像，一台用于显示通信状态的显示屏，以便操作人员能够充分利用无人机传感器的全解析度。

监视器下面是控制台，这里的按键控制区用于输入任务数据和用于更新的飞机的航路点；控制杆用于操控员直接对飞机的航向进行控制；控制台还用于启动无人机，选择飞行前的测试数据，去除各种束缚。

控制台下面的机架上，有用于记录视频图像和状态数据的记录系统，还有向计算机、监视器、记录仪和无线电系统等供电的系统。

发射之前，地面控制站自身性能检查是很必要的，用于检查的控制和显示装置与飞机控制系统安装在同一机架上，或者单独安装。首要的检查是控制站供电系统的效率、通信系统的性能和飞机控制系统的功能。

对于处于发射轨道上的固定翼飞机和处于地面控制站附近的旋翼飞机的检查程序开始都是类似的。通过供电电缆向无人机供电，检查连接飞机和地面控制站之间的传输电缆，它们之间的连接也可通过无线电链路完成。所有的飞行程序在该阶段或之前应上传至飞行控制系统中，飞行之前对机身的电气和电子部件性能以及任务载荷功能进行检查，之后发动机启动，进行控制功能检查。如果一切正常，除去所有连接电缆。

两个操作员在行驶时坐在驾驶室内，操控飞机时坐在操作台前。对于“小精灵”无人机系统，车上还可运载两架无人机及其保障设备，包括加油装置、系统备件、工具和使用手册。

“小精灵”无人机只需要两个操作人员，无人机操控员，通常也是指挥员和任务载荷操作员，负责控制图像传感器和观察图像。无人机根据任务，可选择性携带任务载荷，这些载荷均由任务载荷操作员控制。他还辅助完成整个系统的导航和状态监测。不同的用户由不同的任务安排，可能需要第三个工作员。

知识点六　方舱式无人机地面站

中程或远程无人机通常在跑道或硬化的路面上通过轮式滑跑起飞，必须设置一些装置完成滑跑获得起飞速度、起飞等阶段的控制。当前该阶段以及回收阶段的控制都是由操控员完成的，通常都是沿着操控员视线方向进行除非是采用伞降回收。对于滑跑起飞和回收的自动化控制目前已经取得了进展。中程无人机系统地面控制站通常是移动式的，安装在车辆或拖车上以便在跑道附近适当的地点放置，如图 1-5 所示。

图 1-5　方舱式无人机地面站

控制站设备与近程无人机系统控制站的设备总体相似，但考虑到操控员较长的值班时间，控制站提供了更大的活动空间和更高级的系统操纵界面。同时，对于较复杂的机载任务载荷，有可能需要额外的操作人员，还配备了一个专业的图像编辑员，一个系统指挥员。指挥员负责全面的指挥，发挥综合作用。

另外，由于远程、大型无人机可携带更多种类的图像传感器，包括可见光的、红外的，以及合成孔径雷达成像设备，这些图像可以独立显示，也可以融合显示。这就要求系统具有更强的计算能力，更多的监视器和记录装置。

还需要注意的是，相对于近程无人机系统，该类型系统扩展了航程和续航时间，需要配置作用距离更远、功率更大的无线电设备。这些设备包括卫星通信设备，用于无人机超视距使用时，控制指令和数据的收发中继。这些额外设备在工作时都会产生热量，对空调设备提出了更大的需求。方舱式无人机地面站内部布局如图 1-6 所示。

图 1-6　方舱式无人机地面站内部布局

一、“捕食者”无人机地面站

“捕食者”无人机在远程、长航时无人机系统的地面控制站中，为了满足更大的网络通信，安装了更多、作用距离更远的无线电设备。在无人机长时间（常大于 30 h）飞行中，操控员需轮换进行工作，因此需要配置任务和责任移交的装置。

如果无人机携带武器，则需要另一个操作人员，即武器系统操作手，完成选择目标、监视、发射并引导武器指向目标等任务。

“捕食者”和“全球鹰”无人机可从位于基地的地面控制站控制发射，基地距离战场较近。但是发射之后，将由指挥中心控制，它位于 2 000 km 之外，甚至更远。这样就要求靠前的地面控制站设备要简单，更具有机动性，减少在前方操控人员的数量。

二、全球鹰无人机地面站

“全球鹰”任务控制站主要包括四大部分：发射与回收单元、任务控制单元、地面通信设备以及保障支持设备。其中发射与回收单元（Launch and Recovery Element，LRE）通过 UHF 卫星链路或者 J 波段的视距链路，根据任务管理单元发出的特定任务计划，对无人机的飞行任务进行指挥控制。任务控制单元（Mission Control Element，

MCE）负责无人机的核心任务规划部分，包括飞行、通信、传感器和分发计划编制，另外还包括传感器数据处理，飞行器和任务有效载荷的控制。地面通信设备实现任务控制站与空中平台以及上级指挥部门的通信。保障支持设备则包括相应的保障、运输和设备维护等系统。

LRE 的设备（见图 1-7 和图 1-8）利用远程无线电系统，操控员对无人机发射和回收阶段进行控制，引导和监视无人机向着任务区域飞行，并飞至 200 nmile（370 km）。飞到这个距离后，飞机由 MCE 控制，完成大部分的飞行任务。

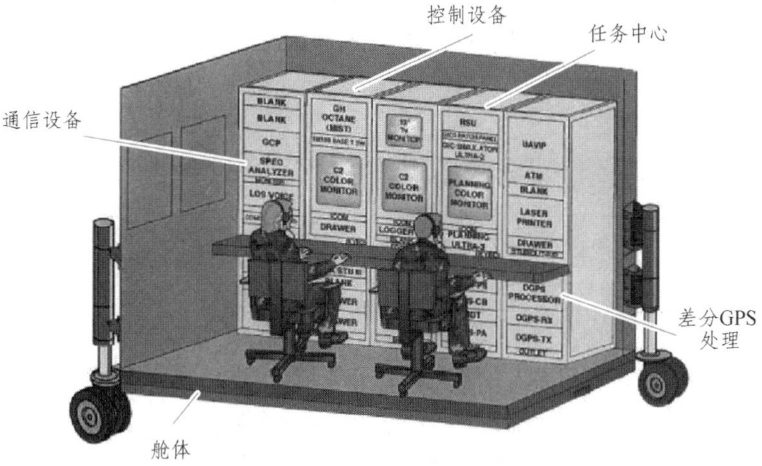

图 1-7 “全球鹰”地面站发射回收单元内部

图 1-8 “全球鹰”地面站发射回收单元

当无人机超视距（BLOS）飞行时，MCE（见图 1-9 和图 1-10）利用卫星通信中继控制无人机。与 LRE 不同，MCE 可以同时控制多架无人机。MCE 作为指挥中心，配置多套通信装置，用于与其他智能体之间的信息收发。MCE 安装在 20 m 长的拖车上，系统展开不如 LRE 那样快速。

任务控制站的四大组成部分中，任务控制单元是核心和关键，其内部通常具有多个操作员工作席位，一般四个工作站组成，包括无人机操作员工作站、通信管理工作站、任务规划工作站以及传感器数据与处理工作站。

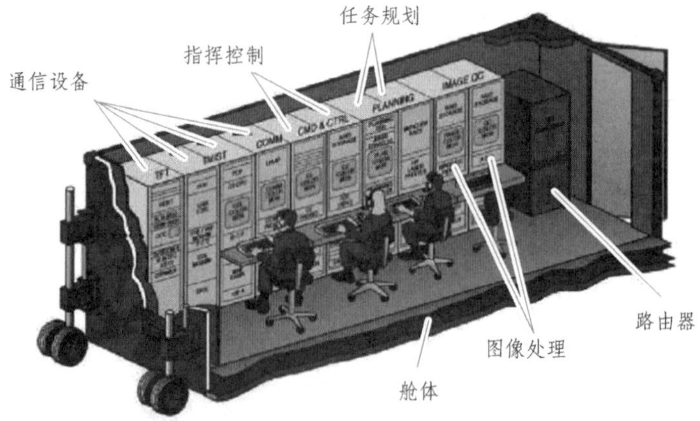

图 1-9 “全球鹰”任务控制单元内部

图 1-10 “全球鹰”任务控制单元

1. 无人机操作员工作站（Air Vehicle Operator Station，AVOS）

无人机操作员工作站负责对无人机飞行阶段的指挥控制，包括无人机飞行阶段程序的改变，并且承担任务管理单元与空管联系的接口作用。飞行器操作员能够通过显示器了解飞行器位置和飞行仪表度数。通过工作站，操作员与空中交通管制人员进行交互，在需要时上传修正的飞行计划。“全球鹰”工作站内无人机位置显示器和飞行仪表能够同时对 3 架无人机的系统状态、任务情况、受威胁状态以及导航的状态进行近实时的监视，操作人员可以对空中交通管制员的协作指令做出快速反应，据此动态控制飞行器的飞行路径和动作姿态，对无人机的航向、飞行高度和航速进行控制。此外，操作员还可以管理无人机载的敌我识别系统与自卫系统。操作员与有关的空中交通管制员之间通过 UHF 话音中继或者专用的 ARC-210VHF/UHF 话音链路来通信。

2. 通信管理工作站（Communications Control Station，CCS）

通信管理工作站由通信专业人员操作，负责管理系统所有的通信链路，监视和维护这些链路正常工作状态等。通信专业人员负责构建和监视通信计划，在需要时再进行定向。MCE 的通信设备包括所有地面接收和发射设备。在视距外操作时，MCE 通过按需分配多路接入终端（Demand Assigned Multiple Access，DAMA）卫星通信与无人机通信。

3. 任务规划工作站（Mission Planning Station，MPS）

任务规划工作站为无人机生成一个完整的任务计划，包括航路计划、传感器计划、通信计划和分发计划。无人机平台升空后，一般都是按照预先制订的任务计划飞行。在任务执行过程中，任务规划工作站可以进行动态任务更新以确保机载任务与突发任务保持一致。任务更新的内容涵盖从为了单张图片的传感器重规划，到包括飞行计划、传感器计划以及分发计划的整个任务的重规划。

4. 传感器数据与处理工作站（Sensor Data and Processing Station，SDPS）

传感器数据与处理工作站负责分析无人机载传感器输出的信息，监视传感器的工作状态，对接收到的目标图像进行处理、存储和分发。该工作站可以通过分析传感器的图像，检查传感器的工作性能，同时还可以选择目标图像进行快速评估。

综上所述，无人机任务控制站的核心功能是负责无人机从出航到返航期间，执行作战任务的全部过程，包括起降控制、指挥控制、任务规划和信息处理，如图 1-11 所示。

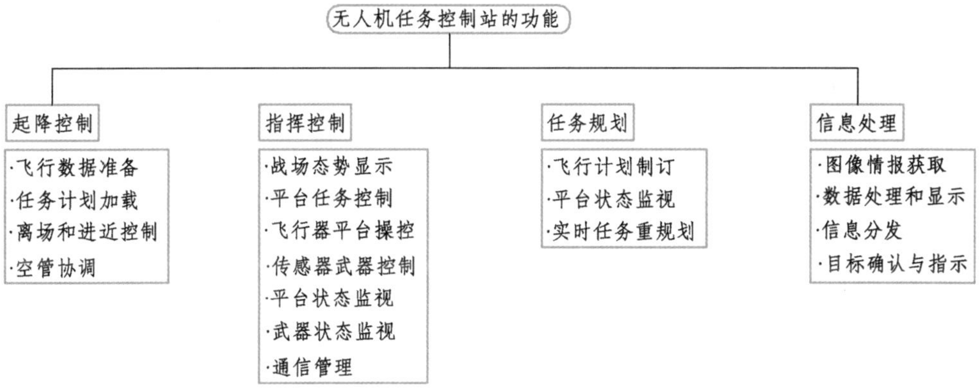

图 1-11　全球鹰任务控制站功能分析

（1）起降控制。

起降控制站负责无人机的飞行数据准备，接收来自地面指挥控制站的飞行任务计划，将任务计划加载到无人机的任务控制计算机，对无人机平台的离场和进近过程进行控制，并负责与当地空管部门协调，在无人机升空之后将控制权转交给地面指挥控制站。

（2）指挥控制。

控制站提供人机交互界面，向操作员展示平台相关的战场环境信息和任务信息，提供简单有效的任务控制手段，使得操作员可以方便地对任务计划进行调整与修改形成新的任务计划，主要功能包括：

① 战场态势显示：综合 C^4ISR 情报、平台侦察信息，在操作员控制台上形成战场态势图像，为操作员进行战场态势监视和无人作战飞机控制提供直观信息。

② 平台操作控制：系统状态监视（包括飞行器状态、有效载荷状态、任务情况、受威胁状态以及导航的状态）；无人机飞行任务的控制（从任务规划系统接收任务计划，检验并上载到无人机）；与空管的协调接口（通过语音通信与空中交通管制人员保持联系，并根据指令控制无人机的航向、飞行高度和速度）；特情处置（在遇到突发威胁时

采取相应的措施，在任务或者系统能力发生重大变更时实施应急处理）。

③ 传感器和武器的控制与管理。

④ 通信管理：负责管理无人机系统所有的通信链路和通信子系统，监视和维护这些链路正常工作，构建和监视通信计划。

（3）任务规划。

无人机在操作员的监督控制下飞行，飞行的细节由机载控制软件负责。任务规划人员则考虑的是更高层的问题，主要包括任务的目标是什么、按照何种策略执行任务、何时到达、沿什么航路到达、任务模式是什么、任务计划是否需要修改、如何修改等问题。操作员通过任务规划软件，制订满足任务要求和相关飞行约束的任务飞行计划，并在任务过程中监控计划的执行，对部件失效、突发的威胁或目标、变更的任务要求等应急情况做出反应，并对任务计划进行适时的修改，以保证无人机的飞行安全及有效地实现任务目标。

（4）信息处理。

传感器数据及处理系统负责接收无人机载传感器数据，对其进行处理，监视传感器的工作状态，并通过局域网将处理后的数据流传送到数据存储和归档，以及数据分发单元，同时产生降分辨率的数据集，主要功能包括：

① 数据处理显示：针对无人机传感器的输出数据，如 SAR 图像、红外图像、光电图像进行拼接处理，即对分块图像进行拼接操作，生成一幅全景图像，然后通过专用的图像显示软件显示在工作站的显示器上，并且支持操作员的判读和标记，形成情报数据。

② 情报图像获取：发送图像获取控制指令，要求信息获取与传输系统将指定传感器采集到的情报图像以一定的速率传送到本操作员控制台的信息监控界面。

③ 信息监控：接收、显示和监控信息获取与传输系统传来的情报图像信息。

④ 目标确认与指定：根据传感器综合图像信息，确认或交互指定待攻击目标，当存在多个攻击目标时需给出目标的优先等级。

无人机任务控制站是上级指挥控制机构与无人机平台之间的纽带，在无人机执行作战任务的过程中，其系统信息流程如图 1-12 所示。从图中可以看出，在作战开始的准备过程中，操作员将上级下发的作战任务计划、作战目标等信息以任务指令的形式传送给任务规划工作站。任务规划工作站根据以上信息进行任务/路径规划，为无人机规划出可执行的飞行任务计划，然后通过发射与回收单元加载到相应的 UAV 平台。在作战过程中，操作员系统对所辖 UAV 的飞机状态、健康状态、武器状态和任务载荷状态进行显示和监视，在紧急条件下可对飞机、武器和传感器等进行直接控制。出现突发情况的时候，任务规划工作站将根据当前情况，调整无人机的任务计划，随后地面站将调整后的任务计划以及指令通过通信链路上传到无人机平台。当操作员遇到无法解决的情况和超出其能力范围的问题时，可以向上级指挥部门提出任务请求。整个过程中，传感器处理工作站接收、显示来自平台传感器所采集到的情报图像信息，将目标确认与指示信息反馈给平台，直至任务结束，通过发射回收单元控制无人机返场降落。

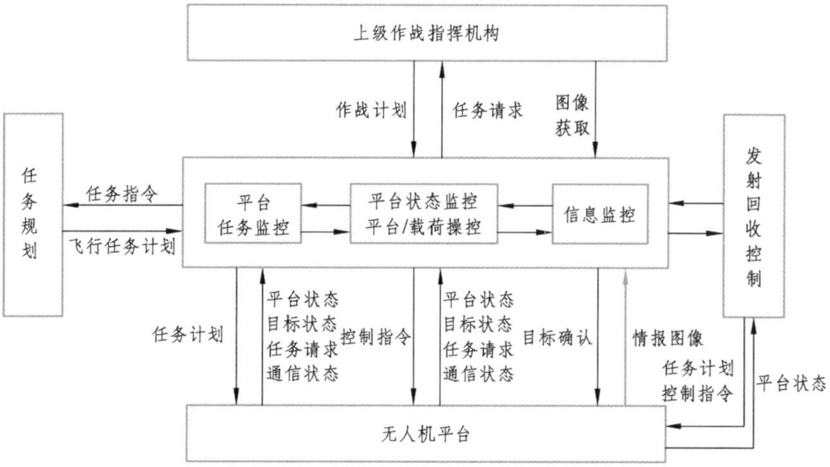

图 1-12　全球鹰无人机任务控制站信息流程

知识点七　大型无人机地面站系统组成

地面控制站是无人机系统三大组成部分之一，是对无人机进行有效监视和有效控制、成功执行侦察或攻击作战任务的关键系统。它由指挥控制站、起降引导站、链路地面数据终端组成，如图 1-13 所示。

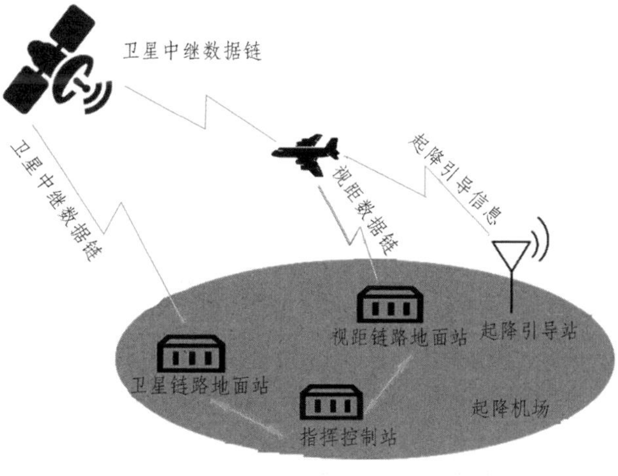

图 1-13　无人机地面站系统组成

指挥控制站（Command Control Station，CCS）是无人机最重要的组成部分，是指挥、控制及信息交互的枢纽。完成无人机从仿真训练、任务规划、飞行前准备、起飞、任务执行、降落回收等全过程的飞行与任务指挥控制。

起降引导站（Differential Global Position System，DGPS）主要用于在无人机起降阶段为无人机机载差分 GPS 流动站提供差分修正信息，以及在进行进场特征点标定时，给机场特征点标定设备提供差分修正信息。

链路地面数据终端（Ground Data Terminal，GDT）设备包括发送上行链路信号的天线和发射机，捕获下行链路信号的天线和接收机。它具有遥控、遥测、跟踪定位和信息传输等综合功能。无人机的链路主要包括视距链路以及超视距的卫星链路，因此，链路地面数据终端主要分为视距链路地面数据终端以及卫星链路地面数据终端。

实操任务

任务一 拓展探究

一、任务情境描述

在前面的学习中我们已经了解了不同类型的地面站，掌握了地面站的分类以及地面站的功能。本节实操任务需要同学们查阅资料，选择一款无人机，详细了解其地面站，可以包括但不限于组成、特点、参数、外观图片或者操作界面等。

二、任务学习目的

（1）增加对地面站系统学习的兴趣。
（2）加深对无人机地面站系统的理解。
（3）提高学生自主学习的能力。

三、任务操作工单

无人机地面站系统实训工作单			
工卡标题	无人机地面站系统认知		
工卡编号	GCS-OV101	工作区域	
场所/载体	计算机	学习模块	无人机地面站系统认知
版次		工时	2 h
1. 工作任务			
选择一款无人机，详细了解其地面站，可以包括但不限于组成、特点、参数、外观图片或者操作界面等			
2. 工作准备			
（1）计算机或手机。 （2）能够连接的网络			
3. 工作步骤			
工序	内容描述	工作者	检查者
1	在搜索引擎中搜索几种无人机		
2	选择网络资料较为详细的一款无人机		
3	查阅相关资料，可以包括但不限于组成、特点、参数、外观图片或者操作界面等		
4	整理成 Word 文档		
5	撰写任务总结报告，并谈谈你对无人机地面站的理解		

思政小课堂

我国彩虹无人机全球首创一站双控

深秋的嘉峪关机场显得更加苍凉，远处的祁连山和黑山一座是白雪皑皑、银装素裹，一座是傲骨嶙峋、高峻陡峭，犹如两座守护神耸立在天际线上。

清晨的寒风中，2 架外形相似但大小不同的无人机已经在跑道尽头的起飞点准备妥当，它们是国产彩虹-4 和彩虹-5 型察打一体攻击无人机。跑道一侧的碎石地上坐落着一座迷彩色的指控方舱，无形的电波与 2 架无人机的大脑密切联系，发布着一条条指令。这里即将进行的是世界上首次大型军用无人机异型机“一站双控”飞行试验，就是由一个指控方舱同时控制一架彩虹-4 和一架彩虹-5 无人机执行任务。

目前，世界上主流的控制方式都是一个控制站操控一架无人机，也能实现一站控制多架同型无人机，其关键是使用同型无人机，通过相同的通信协议和控制指令来实现多机控制。但是，一个控制站操作 2 架或多架不同型号的无人机，特别是大型察打一体无人机，还没有先例。

随着开飞的指令下达，彩虹-4、彩虹-5 型无人机先后拔地而起、冲向云霄。双机指控链路正常、侦察载荷工作正常、数据回传正常、双机到达不同预定高度、对不同任务地域进行同时扫描……一条条指令、一组组信息在指控方舱和分别位于不同空域的 2 架无人机之间流动，作战效能大幅提升，实现了 1 + 1>2 的效果。

随着 2 架无人机鱼贯降落，“一站双控”无人机飞行试验圆满成功，实现了国际首创，在这个领域开了先河。

（文章来源：http://mil.news.sina.com.cn/jssd/2018-11-06/doc-ihmutuea7572194.shtml）

理论知识考核

<table>
<tr><td>理论考核单元</td><td colspan="4">GCS101 无人机地面站系统认知</td></tr>
<tr><td>学生姓名</td><td></td><td>提交日期</td><td colspan="2"></td></tr>
<tr><td colspan="3">理论知识考核说明：
1. 阅读表格中的问题，并完成作答。
2. 教师根据学生完成情况打分。
3. 单元考核通过需要理论知识得分率不小于 80%</td><td colspan="2">得分</td></tr>
<tr><td colspan="5">简答题（每题 5 分）</td></tr>
<tr><td>1</td><td colspan="2">无人机地面站的分类有哪些？以下地面站属于什么种类？

（1）

（2）

（3）

（4）</td><td colspan="2"></td></tr>
<tr><td>2</td><td colspan="4">大型无人机地面站系统由哪三个主要部分组成？</td></tr>
<tr><td colspan="5"></td></tr>
<tr><td>3</td><td colspan="4">无人机地面站都有哪些功能？</td></tr>
<tr><td colspan="5"></td></tr>
<tr><td colspan="5">判断题（每题 1 分）</td></tr>
<tr><td>4</td><td colspan="3">手持式无人机地面站不需要天线。（　　）</td><td></td></tr>
<tr><td>5</td><td colspan="3">小型无人机只能在目视飞行。（　　）</td><td></td></tr>
<tr><td>6</td><td colspan="3">所有地面站都具备操作控制功能。（　　）</td><td></td></tr>
<tr><td colspan="5">不定项选择题（每题 2 分）</td></tr>
<tr><td>7</td><td colspan="3">大型无人机与小型无人机的区别是（　　）。
A. 大型无人机一般为目视操控　　B. 大型无人机一般配有通信系统
C. 小型无人机一般为目视操控　　D. 小型无人机一般配有通信系统</td><td></td></tr>
<tr><td>8</td><td colspan="3">地面站的组成是（　　）。
A. 语音中继电台　　B. 指挥控制站
C. 地面数据终端　　D. 起降引导站</td><td></td></tr>
<tr><td colspan="5">理论知识考核成绩</td></tr>
<tr><td>得分</td><td></td><td rowspan="2">=</td><td rowspan="2"></td><td rowspan="2">%</td></tr>
<tr><td>总分</td><td></td></tr>
<tr><td>考核结果</td><td colspan="2">☐ 考核通过</td><td colspan="2">☐ 考核未通过</td></tr>
<tr><td>教师签名</td><td></td><td>日期</td><td colspan="2"></td></tr>
</table>

课堂笔记

问题/线索/关键字 （课后）	

课后总结与思考

模块二　无人机指挥控制站认知与维护

引导案例/知识背景

目前，世界各国研发的大中型无人机基本上都由综合地面控制站（指挥控制站）进行指挥和操控。这些地面站既可以是固定式的，也可以安装在拖车上便于机动。

“捕食者 A”无人机的综合地面控制站就很具有代表性。该控制站设在大型方舱内，如果不需要进行机动则固定在地面上。需要进行机动时，控制站方舱会被吊运到拖车上，部署形式非常灵活。控制站安装有 4 个多功能操控台，用于对最多 4 架“捕食者 A”无人机进行指挥。每个操控台又根据任务不同分为飞机操作终端和任务载荷操作终端。其中，任务载荷操作终端还会进一步细分为光电设备、雷达设备以及电子侦察设备等不同类型。

指挥控制站主要由舱体、机柜、飞行监控单元、任务规划单元、任务监控单元、链路监控单元、任务协调单元等操作单元，以及数据通信子系统、语音通信子系统、时统子系统、供电子系统、环控子系统等服务子系统与相关的配套软件构成，如图 2-1 所示。

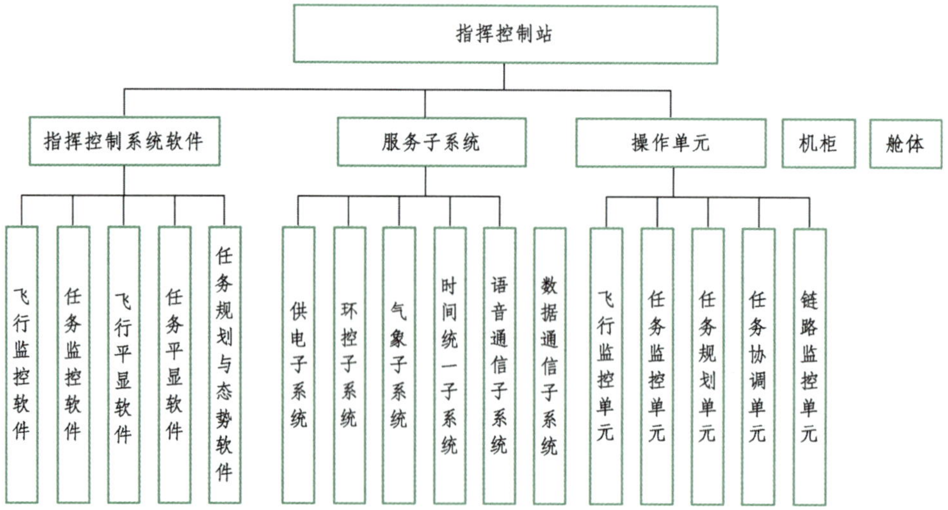

图 2-1　指挥控制站组成

指挥控制站内部主要由飞行监控单元、任务监控单元、任务规划单元、任务协调单元以及链路监控单元几个席位作为主要的工作区（见图 2-2），分别由操作员进行操作或者监控。除此之外，通常还设置专门用于维修的维修口。

图 2-2　指挥控制站内部

指挥控制站是无人机最重要的组成部分，是指挥、控制及信息交互的枢纽。它能完成无人机从仿真训练、任务规划、飞行前准备、起飞、任务执行、降落回收等全过程的飞行与任务指挥控制。其具体功能如下：

（1）可配合飞行前检查。

（2）制订或接收任务规划，并加载到无人机。

（3）可实现对多架无人机进行控制。

（4）可远端监控视距、卫星链路地面站。

（5）接收、存储、处理机载下传的遥测信息、视频和侦察数据并分发。

（6）具备与空管系统、协同对象的通信能力。

（7）具备指挥控制站内部及地面站其他岗位进行数据和话音通信的能力。

（8）具备对飞行监控人员进行正常操作流程演练的能力。

（9）具备对地面风速、风向、压力和温度等简单气象探测能力。

（10）具有站内音频视频记录及操作人员操作记录的能力。

学习导图

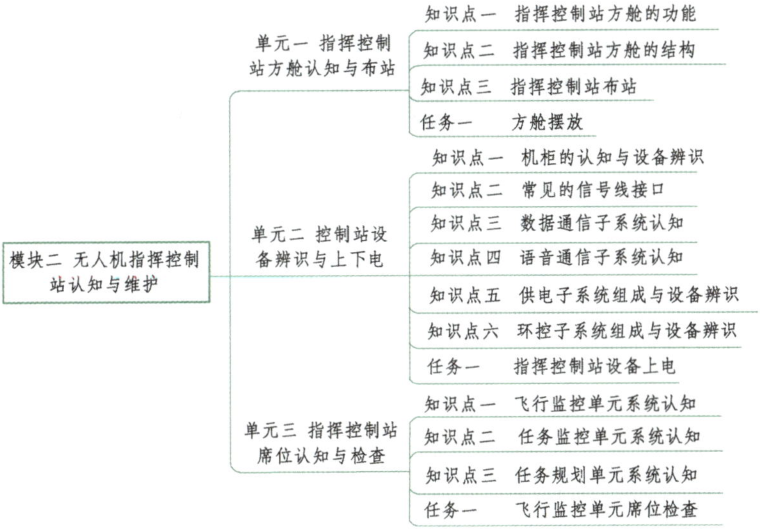

单元一　指挥控制站方舱认知与布站

学习目标

1. 知识目标

（1）掌握无人机指挥控制站方舱的功能。

（2）掌握无人机指挥控制站舱体的组成。

（3）掌握无人机指挥控制站布站的步骤。

2. 能力目标

（1）能够掌握指挥控制站布站的主要工序。

（2）能够进行模拟布站的选址。

（3）能够掌握布站的接线顺序。

3. 素质目标

（1）培养团结协作精神和岗位职责意识。

（2）培养认真严谨的航空工作作风。

（3）培养民族责任感。

理论知识

知识点一　指挥控制站方舱的功能

指挥控制站方舱主要由舱体结构、配电系统、环控系统以及其他附属设施组成（见图 2-3），作为指挥控制站工作场所具有以下功能：

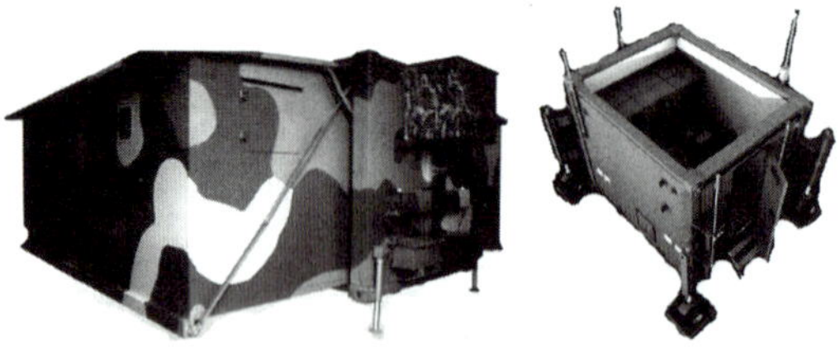

图 2-3　指挥控制站方舱

（1）指挥控制站设备安装与固定。

（2）为控制站内设备提供减振。

（3）实现指挥控制站一体化运输。

（4）提供指挥控制站内温度调节、照明功能。

（5）为指挥控制站内设备提供电磁屏蔽防护。

（6）为工作人员提供工作场所。

（7）提供指挥控制站与外围设备的信号接口。

知识点二　指挥控制站方舱的结构

方舱内部通常具有两个功能区域，分别为工作舱和维修舱。维护舱主要在布站、撤收以及维护时使用，用于放置线缆、维护工具，并提供维护接口。

工作舱主要是工作人员在执行任务阶段的工作场所，在工作舱内主要设置有以下设备：

（1）机柜以及其减振设备。

（2）空调进出风口。

（3）屏蔽通风窗。

（4）壁插。

（5）信号孔口。

（6）电话。

（7）采光窗。

（8）配电箱。

（9）强电信号孔口。

（10）音箱。

（11）摄像机等。

知识点三　指挥控制站布站

一、选　址

在无人机执行任务之初，需要将地面站整体运输至目的地，并进行地面站方舱的布站，在该地任务结束后，需要进行地面站的撤收。对于有固定的机场，或长时间执行飞行任务的地点，或者不需要更改地面站位置时，可不用撤收。

无人机地面站与无人机通过无线电通信，通信距离远、机动性好、建立迅速；但传输质量不稳定，信号易受干扰或易被截获，易受自然因素影响，信号易被遮挡物或机身遮挡。因此，对于地面站的选址，要考虑以上因素，保证无人机能够保持与地面站的实时通信。地面站的选址需要考虑以下因素：

（1）指挥控制站选址范围周围无遮挡物。

（2）地面具有一定的承载能力。

（3）具有良好的接地，如果在地面较干，如沙漠等地区，应向地面洒水或者盐水，保证接地良好。

（4）具有供电能力。

（5）布置范围内要有防雷击措施。

二、指挥控制站方舱布站步骤

指挥控制站作为无人机操控人员的主要工作场所，内部设有重要的电子设备，指挥控制站主要的线缆包括供电的强电线缆、接地线以及弱电信号线。

指挥控制站方舱布站的主要步骤如下：

（1）方舱摆放水平。

（2）打接地钉。

（3）连接外部线缆，依次连接地线、强电线、弱电线。

（4）安装天线，主要包括超短波天线以及时间服务天线。

实操任务

任务一　方舱摆放

一、任务情境描述

布站是地面站综合保障工作中很重要的一个环节，主要包括选址、方舱摆放、接地、线缆连接以及天线安装等环节。方舱摆放是地面站布站中最先要做的工作。

二、任务学习目的

（1）能够了解布站主要步骤。
（2）能够理解布站选址的注意事项。
（3）能够掌握布站的基本操作。

三、任务操作工单

无人机地面站系统实训工作单					
工卡标题	指挥控制站——布站程序				
工卡编号	GCS-CCS-M01		工作区域	地面站实训室	
场所/载体	指挥控制站方舱		学习模块	方舱	
版次			工时	4 h	
编写		审核		批准	
类别	名称	规格	单位	数量	备注
设备					
安全注意事项： 起吊指挥控制站时，起重臂以及方舱下不能站人					
1. 工作任务					
完成方舱选址以及布站					
2. 工作准备					
（1）地面承重能力大于10 t，和跑道通视，与机库间没有大遮挡物。 （2）选址区域面积大于10 m×8 m。 （3）能够提供220 V/50 Hz 交流电源，功率不小于20 kW					
3. 工作步骤					
工序	内容描述			工作者	检查者
1	在CCS舱体4个角落安装U形锁和吊绳				
2	用吊车吊起方舱，当舱体离开车辆后，舱体4个角各站1人，扶着方舱				

续表

工序	内容描述	工作者	检查者
3	利用吊车将方舱放置在选定的位置上，尽量保持水平		
4	舱体放好后，收回U形锁和吊绳，检查舱体是否受损		
5	取出接地桩，选择合适的地面，将地桩的2/3打入地下，连接接地线		
6	在确认配电箱开关均处于闭合状态后，依次连接3根强电电缆，确认配电箱电源指示灯正常		
7	依次连接信号线		
8	安装语音中继底座和天线，连接天线线缆		
9	安装气象天线以及时间服务子系统天线		
10	整理工具并清洁场地		

思政小课堂

察打一体无人机是什么？

察打一体无人机并不是“无人机＋导弹”那么简单，它也有“灵魂”（作战使命）、“眼睛”（侦察系统）、“大脑”（控制系统）和“心脏”（动力系统），凭借通信系统，它还有能与作战指挥控制系统交流的“智能”。由于没有飞行员，察打一体无人机需要在飞行前规划设定任务和航迹。但它同时具备“自主飞行”和“遥控操作”双余度控制。飞行过程中，地面人员可以根据需要调整飞机的状态和航路，并通过数据链控制机上的任务载荷。

地面控制站可以安装在 10 m 长的拖车里，包括遥控操作及监视侦察操作控制站、任务开发控制站、合成孔径雷达控制站等。此外，还有 C 波段视距数据链及 KU 波段卫星数据链。这样的地面控制系统可以同时控制多架无人机，根据它们传回的图像，遥控它们对目标进行打击。

多种小型化精确制导武器的发展，为察打一体无人机实现精确打击奠定了基础。以某无人机为例，其主要机载武器包括 2 枚激光制导炸弹和 4 枚空地导弹，此外还可携带 227 kg 的“联合直接攻击弹药”和 113.5 kg 的小直径炸弹。GPS 制导武器使该无人机在恶劣天气下也能精确打击目标，大大提高了侦察打击系统的时效性。

“随着无人机智能化水平的大幅提高，察打一体无人机自主打击的精神基础也粗具雏形”专家说，无人机具备自主飞行能力，不需要地面人员操纵，而可以根据事先规划好的航线飞行，到达指定区域后自动开启侦察设备，对目标进行搜索、跟踪和识别。

察打一体无人机发展至今，已经形成多个种类。美军的“捕食者”“哨兵”“死神”系列无人机，在多场局部战争和反恐战争中取得了举世瞩目的战绩。近年来，我国也在珠海航展等场合展出了“翼龙”“WJ-600”“彩虹”系列等多种察打一体无人机。

我国的无人机技术虽然起步相对较晚，但是可以自信地说，我国的无人机已经达到了世界的先进水平，未来我国无人机技术的发展，还要靠广大青年的努力。

（文章来源：http://www.81.cn/jwzl/2016-08/24/content_7225494.htm）

理论知识考核

<table>
<tr><td colspan="2">理论考核单元</td><td colspan="4">GCS201 指挥控制站布站</td></tr>
<tr><td colspan="2">学生姓名</td><td></td><td>提交日期</td><td colspan="2"></td></tr>
<tr><td colspan="4">理论知识考核说明：
（1）阅读表格中的问题，并完成作答。
（2）教师根据学生完成情况打分。
（3）单元考核通过需要理论知识得分率不小于 80%</td><td colspan="2">得分</td></tr>
<tr><td colspan="6">简答题（每题 5 分）</td></tr>
<tr><td>1</td><td colspan="5">指挥控制站方舱的功能有哪些？</td></tr>
<tr><td colspan="6"></td></tr>
<tr><td>2</td><td colspan="5">描述指挥控制站方舱布站的主要步骤。</td></tr>
<tr><td colspan="6"></td></tr>
<tr><td colspan="6">判断题（每题 1 分）</td></tr>
<tr><td>3</td><td colspan="4">方舱的作用是给工作人员提供工作场所。（ ）</td><td></td></tr>
<tr><td>4</td><td colspan="4">方舱布站应注意隐蔽，应布置在有遮挡物的位置。（ ）</td><td></td></tr>
<tr><td>5</td><td colspan="4">在打接地钉时，应将地桩的 2/3 打入地下。（ ）</td><td></td></tr>
<tr><td colspan="6">不定项选择题（每题 2 分）</td></tr>
<tr><td>6</td><td colspan="4">以下属于方舱功能的是（ ）。
A. 电磁屏蔽防护　B. 一体化运输
C. 遥控、遥测　D. 信号转换</td><td></td></tr>
<tr><td>7</td><td colspan="4">以下属于方舱选址注意事项的是（ ）。
A. 选择水平的位置　B. 具有良好的接地
C. 无遮挡　D. 具有承载能力</td><td></td></tr>
<tr><td>8</td><td colspan="4">在干旱地面进行布站时，需要采取哪些措施保证接地良好（ ）。
A. 将接地钉打入更深的地方　B. 向地面洒水
C. 向地面洒盐水　D. 将接地钉打入更浅的地方</td><td></td></tr>
<tr><td colspan="6">理论知识考核成绩</td></tr>
<tr><td colspan="2">得分</td><td></td><td rowspan="2">=</td><td rowspan="2"></td><td rowspan="2">%</td></tr>
<tr><td colspan="2">总分</td><td></td></tr>
<tr><td colspan="2">考核结果</td><td colspan="2">☐ 考核通过</td><td colspan="2">☐ 考核未通过</td></tr>
<tr><td colspan="2">教师签名</td><td></td><td>日期</td><td colspan="2"></td></tr>
</table>

课堂笔记

问题/线索/关键字 （课后）	
课后总结与思考	

单元二　指挥控制站设备辨识与上下电

学习目标

1. 知识目标

（1）掌握指挥控制站席位组成。

（2）掌握机柜的组成与功能。

（3）掌握指挥控制站系统组成。

2. 能力目标

（1）能够认识指挥控制站内的各个设备。

（2）能够对指挥控制站内设备进行上下电操作。

（3）能够认识指挥控制站内不同的信号线接口。

3. 素质目标

（1）培养团结协作精神和岗位职责意识。

（2）培养认真严谨的航空工作作风。

（3）培养良好的学习习惯。

理论知识

知识点一　机柜的认知与设备辨识

机柜（见图 2-4）是电气设备中不可或缺的组成部分，是电气控制设备的载体，是用于容纳电气或电子设备的独立式或自支撑的机壳。其一般由冷轧钢板或合金制作而成，可以提供对存放设备的防水、防尘、防电磁干扰等防护作用。

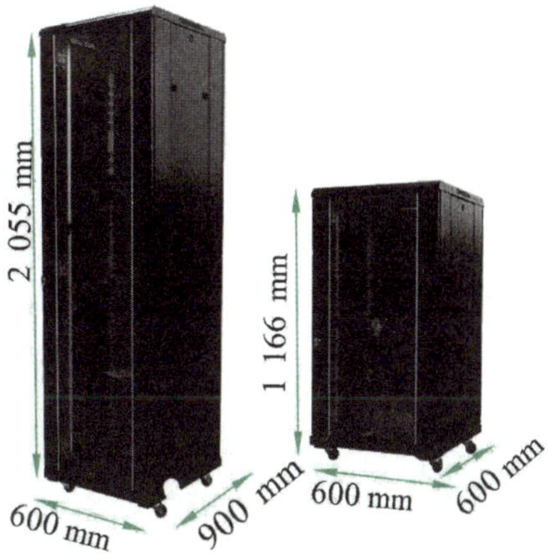

图 2-4　机柜

指挥控制站中一般设置有多个机柜，用来放置各种电子设备，如计算机、路由器等。此外，由于不同设备之间需要进行信息传输，因此，机柜的线缆也是十分密集且种类繁多，因此，在本知识点的学习中，要求认识机柜内的设备以及常见线缆的接口。

不同无人机指挥控制站的机柜，由于其使用环境不同，用途不同，总体设计不同，有多种多样的形式。通常机柜内具有以下设备：

（1）任务规划计算机。
（2）飞行监控计算机。
（3）任务监控计算机。
（4）数据管理计算机。
（5）KVM（Keyboard、Video、Mouse）。
（6）训练服务器。
（7）交换机。
（8）路由器等。

一、加固计算机

任务规划计算机、飞行监控计算机、任务监控计算机、数据管理计算机、训练服务器均为加固计算机，如图 2-5 所示。同一指挥控制站中各个计算机外形相同，只是功能不同，在机柜内安装的位置不同，为了区分它们，通常在机柜上有名称标识。

加固计算机采用 CPCI 总线标准，与传统的 PCI 总线计算机产品相比，具有更坚固、更可靠、模块化、易使用、易维护等优点，设计时注重加强各板卡的机械强度和散热能力。

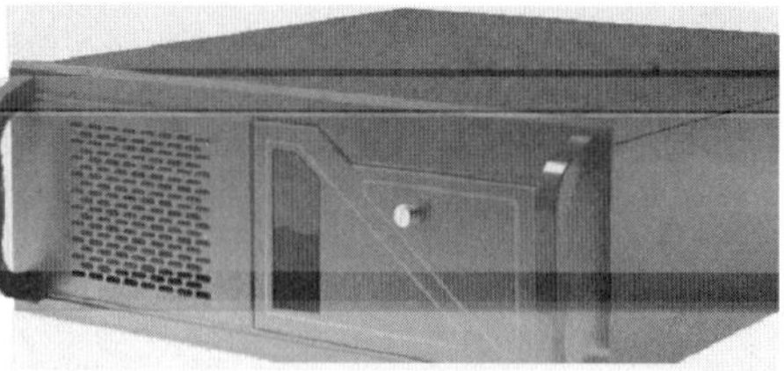

图 2-5　加固计算机

二、KVM

多计算机切换器（KVM，见图 2-6）是计算机管理设备，通过它可实现用一套键盘、鼠标、显示器来控制多台计算机。使用时，通过按键切换并由指示灯指示当前显示器所显示的计算机。

图 2-6　KVM

三、网络交换机

网络交换机（Switch）是一种用于电（光）信号转发的网络设备。它可以为接入交换机的任意两个网络节点，提供独享的电信号通路。最常见的交换机是以太网交换机，其他常见的还有电话语音交换机、光纤交换机等。

为了维持指挥控制站网络传输的可靠性，在指挥控制站中通常设置有 2 条或 2 条以上的内部网络，因此通常设置有多台交换机，安装在机柜中，外形如图 2-7 所示。

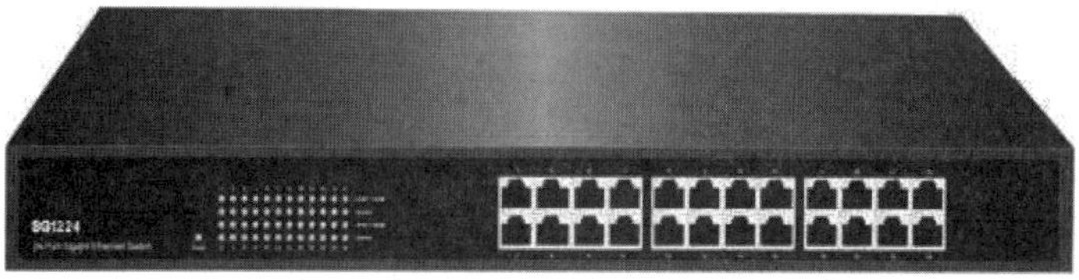

图 2-7　网络交换机

可以通过将两台或两台以上的计算机接入交换机的任意网口，检查交换机的网络通信是否正常。

四、路由器

路由器（Router）是连接两个或多个网络的硬件设备，在指挥控制站中，通常用于舱内设备与舱外设备的网络通信，安装在机柜中，其外形如图 2-8 所示。

图 2-8　路由器

五、光端机

光端机，就是光信号传输的终端设备。光端机是一个延长数据传输的光纤通信设备，它主要是通过信号调制、光电转化等技术，利用光传输特性来达到远程传输的目的。

光端机一般成对使用，分为光发射机和光接收机，光发射机完成电/光转换，并把光信号发射出去用于光纤传输；光接收机主要是把从光纤接收的光信号再还原为电信号，完成光/电转换。在指挥控制站中主要有网络光端机以及串行光端机。

网络光端机（见图 2-9）用于通过光缆实现指挥控制站与 GDT 之间的网络数据交换。串行光端机用于通过光缆实现指挥控制站与 GDT 之间的串行数据交换。

图 2-9　网络光端机

打开电源开关后，光端机自动进入工作模式，任务结束后，关闭电源开关，给设备断电。

知识点二　常见的信号线接口

一、视频接口

1. VGA

视频图形阵列（Video Graphics Array，VGA）是传输模拟信号的一个接口标准，是常见一个视频接口类型，如图 2-10 所示。VGA 接口传输的是模拟信号，抗干扰能力弱，其最大支持分辨率为 2 048×1 536，只能支持视频传输。

（a）VGA/DSUB 15 针接口

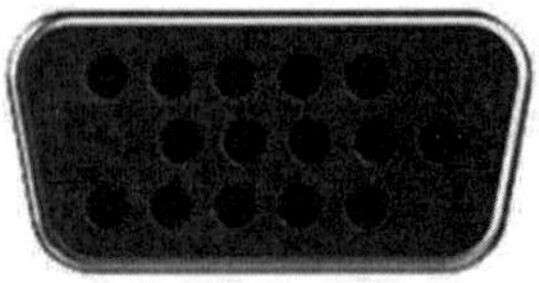

（b）标准 VGA 母接口

图 2-10　VGA 接口

2. HDMI

高清多媒体接口（High Definition Multimedia Interface，HDMI），可以发送未压缩的视频和音频数据，传输的是数字信号，如图 2-11 所示。

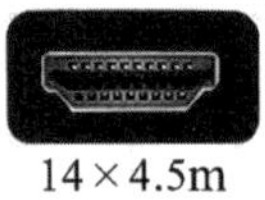

图 2-11　HDMI 接口

3. DVI

DVI 线主要接口形式有 DVI-A、DVI-D 和 DVI-I，只能支持视频传输。其中 DVI-A 是模拟接口，DVI-D 只有数字接口，现在主要应用的是有数字和模拟接口 DVI-I 形式。

DVI 的规格有 5 种，包括 DVI-A（12＋5）、单通道 DVI-D（18＋1）、双通道 DVI-D（24＋1）、单通道 DVI-I（18＋5）、双通道 DVI-I（24＋5），如图 2-12 所示。

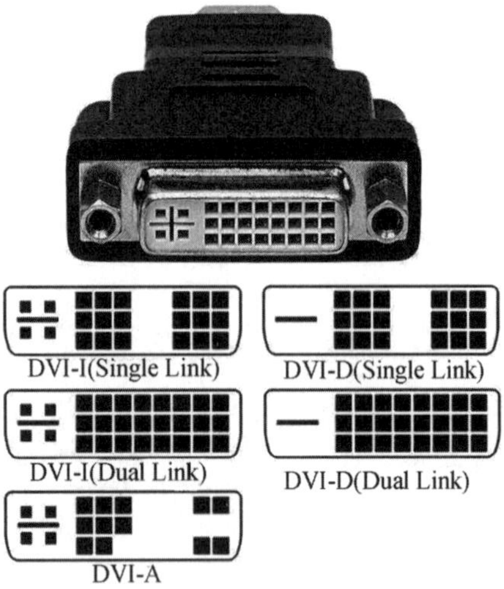

图 2-12　DVI 接口

4. DP

DP 线是 DisplayPort 线的简称，它支持同时传输视频和音频数字信号，其接口如

图 2-13 所示。DP 是完全免费的，没有版税，所以在很多设备上有大量采用。

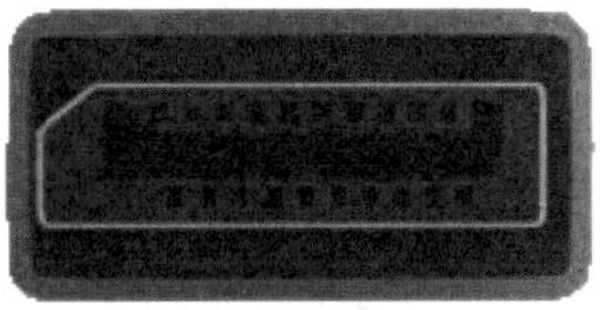

图 2-13　DP 接口

二、串行通信接口

在无人机指挥控制站内，通常利用串口将脚蹬、操作杆、油门杆的采集数据传输至计算机；并利用串行光端机将串行数据转换成光信号传输至 GDT 等设备。

串行通信接口简称串口，其标准主要分为 RS-232C、RS-422、RS-485，它们的引脚定义各不相同。不同通信标准的串口即使接口外观相同，其内部接线也存在区别。常用的串口通常包括标准 9 针串口、标准 27 针串口、标准 35 针串口以及非标准串口。

1. 标准 9 针串口

一个标准的串口，如果横着看，都显示两排引脚。另外，无论是公头，还是母头，两个引脚的外围是一边大、一边小的“等腰梯形”的形状（俗称“D”形）。9 针引脚中，大的一边有 5 个引脚，小的一边有 4 个引脚，如图 2-14 所示。

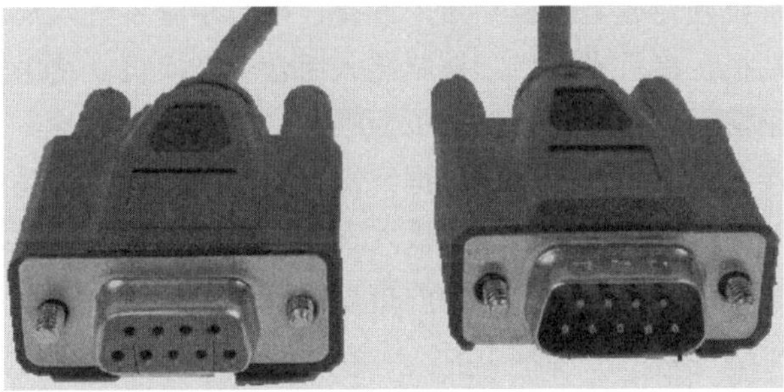

图 2-14　标准 9 针串口

2. 标准 25 针串口

除了 9 引脚串口之外，还有 25 引脚模式，该模式存在于较早的设备中，如图 2-15 所示。

图 2-15　标准 25 针串口

3. 37 针 RS-422 串口

RS-422 除了直接使用标准 9 针接口之外，还有一种 37 针接口，如图 2-16 所示。

图 2-16　标准 37 针串口

4. 非标准串口

除了上述标准接口之外，还有少数的非标接口，并且即使是采用了标准接口的设备，也有很多设备在设计的时候，没有按标准的接线方式进行设计。这里有设备本身特性限制的原因，但更多的是设备设计者自身的技术保护。

非标的串口（见图 2-17）由于形式更为多样，且没有规范进行统一，所以接口的引脚定义更是五花八门，互不兼容。使用非标准串口通信时，最重要的是保存好接口定义手册等文档，以备不时之需。

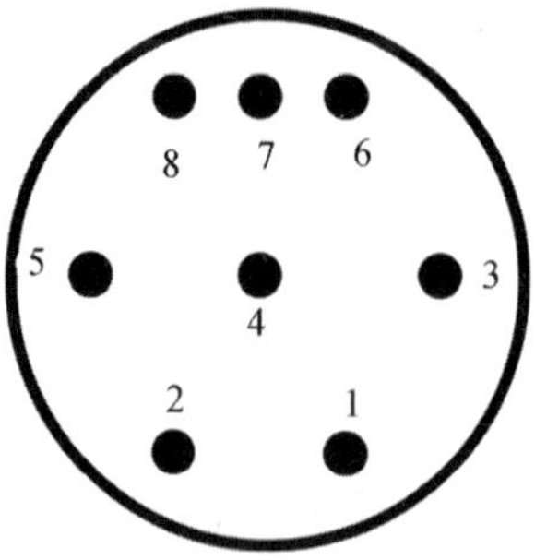

图 2-17　非标准串口

知识点三　数据通信子系统认知

数据通信子系统主要负责指挥控制站内数据传递，将操作员的所有控制指令编码传输至链路地面数据终端，同时接收解析链路地面数据终端所传来的无人机状态信息及侦查信息，解析后的数据、图像、视频等数据通过不同的形式传输给各监控单元。

数据通信子系统硬件通常由链路接入设备、视频矩阵系统以及以太网系统组成，主要包括网络光端机、串行光端机、链路接入组合、交换机、路由器以及综合管理计算机等，所有设备均固定在指挥控制站机柜中。

其中，链路接入设备负责与地面数据终端进行数据传输，对遥控、遥测数据进行编解码处理；视频矩阵系统负责将链路接入设备解码还原后的机载视频分发至各个单元；以太网负责指挥控制站内以及站外的数据传递。

数据通信子系统的主要功能如下：

（1）各个单元之间的数据通信服务。

（2）视距链路及卫通链路的指令编码，遥测信号分接、硬件解码和软件解码。

（3）遥控信号的信号分路。

（4）不同链路的信号切换。

（5）视频图像还原与分发。

（6）记录管理各类数据与视频。

知识点四　语音通信子系统认知

语音通信子系统由语音管理系统（VCM）、语音中继电台控制盒（VRR），以及超短波电台（ChCnd）组成。它主要负责指挥控制站各成员间、CCS 与地面站其他岗位、本场塔台、地勤、空管的话音通信及统一调度管理，主要功能包括：

（1）通过语音管理系统（VCM）实现站内、站外话音统一调度、管理。

（2）站内各席位操作员间内部语音通信及与地面站其他站点电话通信。

（3）与空管或其他超短波平台的语音中继通信。

（4）与本场塔台、地勤的超短波语音通信，也可在视距范围内实现指挥控制站—无人机—用户平台的超短波中继通信。

（5）机载语音中继电台与空管等的中继通信。

一、语音通信管理系统

语音通信管理系统由控制盒、电话盒、信息处理器和程控交换机组成，主要功能为与超短波地面电台、语音中继电台控制盒交联，实现指挥控制站内、站外话音通信统一管理和调度。

二、语音中继电台控制盒（VRR）

与机载语音电台配合使用，实现 CCS – 无人机 – 空管、指挥所等其他超短波电台的实时语音通信，主要功能包括：

（1）对语音中继电台进行参数控制和状态信息实时显示。

（2）完成对语音中继电台控制盒本身的人工自检和显示自检结果。

（3）数字音频声码话编解处理。

（4）数模话音的格式转换和处理。

（5）耳机、话筒接口，采集输出模拟话音。

三、超短波电台

超短波电台（见图 2-18）由收发信机和天线（见图 2-19）组成，主要实现与本场塔台、地勤的超短波语音通信，视距范围内，可与语音中继电台配合使用，实现 CCS – 无人机 – 空管或指挥控制站 – 无人机 – 指挥站的超短波中继通信。在视距测控链路终端异常的情况下，可作为应急通信方式确保无人机与空管的通信。

图 2-18　超短波电台

图 2-19　超短波电台天线

知识点五　供电子系统组成与设备辨识

供电子系统主要由供电孔门、配电箱、不间断电源（UPS）以及电源分配单元（PDU）组成。

一、供电孔门

指挥控制站的电源输入主要包括设备路以及环控路，设备路主要负责舱内机柜设备、UPS 等供电，环控路主要负责空调供电。

供电孔门通常位于舱壁上，主要用于提供多路电源输入输出，包括设备电源输入插座、环控电源输入插座、电源输出 220 V 模块插座、电源避雷器和保护断路器。

二、配电箱

配电箱是整个电气系统的控制中枢，配电箱主要实现以下功能：

（1）供电指示，显示设备路以及空调路的电流和电压。

（2）供配电切换控制。

（3）供电开关控制。

（4）漏电保护，短路保护和过载保护。

三、不间断电源

不间断电源（Uninterruptible Power System，UPS），主要用于给部分对电源稳定性要求较高的设备提供不间断的电源，其外形如图 2-20 所示，UPS 主要由 UPS 电池箱以及 UPS 主机组成。

图 2-20　不间断电源

当市电输入正常时，UPS 将市电稳压后供应给负载使用，此时的 UPS 就是一台交流式电稳压器，同时它还向机内电池充电。当市电中断（事故停电）时，UPS 立即将电池的直流电能通过逆变器切换转换的方法向负载继续供应 220 V 交流电，使负载维持正常工作并保护负载软、硬件不受损坏。UPS 设备通常对电压过高或电压过低都能提供保护。

打开 UPS 主机开关即可开机；关机时，要先关闭其他各个用电设备，再关闭 UPS 主机开关。

四、电源分配单元

电源分配单元（Power Distribution Unit，PDU），也就是机柜用电源分配插座（见图 2-21），区别于生活中常见的插座，PDU 采用的是全铝外壳，内部线缆通过螺丝连接，无焊点，用以保障 PDU 的可靠性。PDU 可由不同的模块组成，根据用户的实际使用要求，不同的模块可相互组合，如图 2-22 和图 2-23 所示。

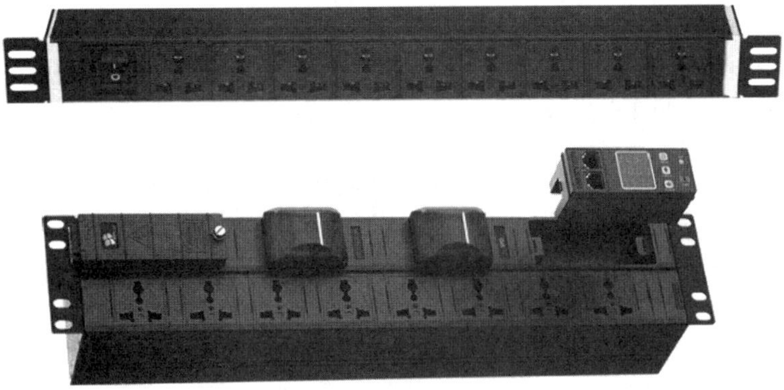

图 2-21　电源分配单元

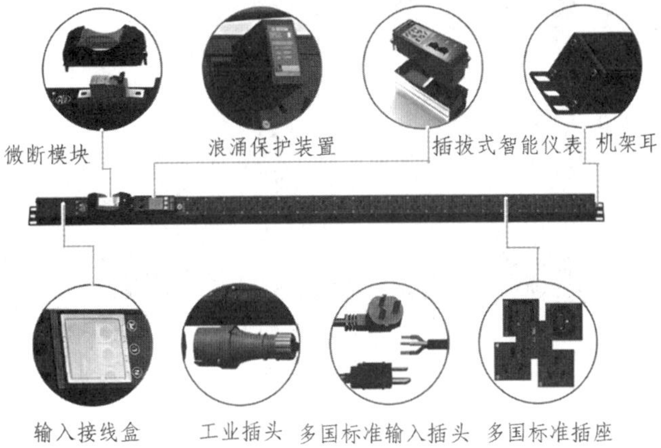

图 2-22　PDU 的模块化组合

图 2-23　电源分配单元的安装

知识点六　环控子系统组成与设备辨识

环控子系统包括通风设施、制冷系统和制热系统，主要为舱内设备及操作人员提供一个合适、舒适的工作及操作环境。

环控子系统由两台进排气扇、两台空调（见图 2-24）以及若干布风器（见图 2-25）组成。

图 2-24　方舱空调

图 2-25　布风器

实操任务

任务一　指挥控制站设备上电

一、任务情境描述

无论在执行任务之初还是日常维护，都涉及系统上下电，这也是地面站维护工作中的基础环节。能够完成设备上下电的预备知识是需要学员能够辨识设备的外观、在舱内的位置摆放等，需要对整个指挥控制站设备具有全面的认识。

二、任务学习目的

（1）能够掌握设备在舱内的摆放位置。

（2）能够辨识设备的外观。

（3）能够掌握上电的基本步骤。

三、任务操作工单

无人机地面站系统实训工作单					
工卡标题	大型无人机指挥控制站上下电				
工卡编号	GCS-CCS-M02		工作区域		
场所/载体	指挥控制站		学习模块	指挥控制站设备上电	
版次			工时	4 h	
编写		审核		批准	
类别	名称	规格	单位	数量	备注
设备					
安全注意事项： （1）严格遵守地面站席位操作流程要求。 （2）确认地面站各席位正常加电。 （3）实训场不得追逐打闹。 （4）不得随意拆装地面站					
1. 工作任务					
完成指挥控制站上电					
2. 工作准备					
供电连接正常					
3. 工作步骤					
工序	内容描述			工作者	检查者
1	打开机柜中的任务规划席位计算机保护门，按下黑色开关按钮，开机				

续表

工序	内容描述	工作者	检查者
2	打开机柜中的任务监控席位计算机保护门，按下黑色开关按钮，开机		
3	打开机柜中的飞行监控席位计算机保护门，按下黑色开关按钮，开机		
4	打开机柜中的数据管理计算保护门，按下黑色开关按钮，开机		
5	打开机柜中的训练服务器保护门，按下黑色开关按钮，开机		
6	通过 KVM 将显示器切换至数据管理计算机		
7	打开综合处理软件，设置为训练模式，点击“save”		
8	通过 KVM 将显示器切换至训练服务器		
9	打开模拟飞行软件，点击 start		
10	清洁场地		

思政小课堂

中国无人机“行业标准”正走向全球

近年来，中国不但研制和装备了多款军用无人机，而且还出口到全球多个国家和地区。但罕有人知的是，这些出口海外的中国无人机，不仅带去了中国军工的最新产品，而且还带去了中国无人机的“行业标准”。这就是完全由中国自行研制、拥有完全自主知识产权的“无界”无人机综合信息系统。

“无界”无人机综合信息系统的主要功能是实现对无人机的测控、侦察数据的实时回传，以及将落地后的数据处理成情报产品。

虽然不同型号、不同大小的无人机都各自具备自主飞行和降落能力，但所有的中国军用无人机，包括“翼龙”“彩虹”“飞鸿”系列无人机平台都搭载了“无界”无人机综合信息系统。这种做法可以让不同无人机的测控和战场侦察数据实现标准化、统一化，这样不但大幅降低了无人机的测控难度，而且还减少情报生成和传递时间，从而更有效、更快速地提升战场态势感知能力。

据介绍，无人机测控方面，“无界”提供视距、超视距双模网络化测控，可抗山地、丘陵等复杂地形带来的传输影响，抗干扰、抗截获能力突出。无人机卫星通信链路，通过业界最严苛的ESVA标准认证，具备入网欧星资源能力。而在情报处理方面，“无界”提供敏捷、灵活的情报数据处理，可交叉提示、跨域交接被跟踪的高价值目标。任务规划与情报处理的动态闭环，足以满足作战环境的复杂多变、联合作战的多信息支援需求。

“无界”既可实现多机、网络化测控，也可实现电磁、图像等情报数据的智能处理；能够形成战场态势的敏捷感知、即时共享，也能构建区域乃至国家级的空基ISR（情报、监视、侦察）核心体系。这款集无人测控、情报处理功能于一体的无人机综合信息系统，具有网络化、智能化、高韧性三大优势，是更好应对战场复杂多变情况的“战场利器”。

进一步而言，当所有战场上的无人机都采用“无界”无人机综合信息系统后，它可以将不同型号的无人机统一指挥和调度，支持大规模、高频次、多类型、网络化协同作战，实现侦察、情报、指控、打击等体系合作，形成广域战场覆盖。

为此“无界”无人机综合信息系统还有一个聪慧的“大脑”，可以实现全源目标识别、聚类，支持人工智能及大数据分析，支持目标活动规律、异常事件预警，实现无人机侦察情报融入地区/国家级的战术、战略情报体系，形成战场态势“一张图”。

更重要的是，“无界”系统推出了系列化产品，小的只有几十克，大的约十几公斤，以适应不同的无人机平台。这意味着不但“彩虹”“翼龙”等大中型无人机可以搭载该系统，只有几千克的“蜂群”无人机也可以使用，还具备组网能力，实现机与机之间的通信和信息交换，能够协同进行目标侦察和打击。

如今，伴随着中国无人机出口到越来越多的国家，“无界”无人机综合信息系统代表的中国无人机“行业标准”也正在随之走向全球。

（文章来源 https://baijiahao.baidu.com/s?id=1749245149185259367&wfr=spider&for=pc）

理论知识考核

理论考核单元	GCS202 指挥控制站设备辨识与上下电		
学生姓名		提交日期	
理论知识考核说明: （1）阅读表格中的问题，并完成作答。 （2）教师根据学生完成情况打分。 （3）单元考核通过需要理论知识得分率不小于 80%			得分
简答题（每题 5 分）			
1	无人机指挥控制站系统的主要组成是什么？每个组成的功能是什么？		
2	指挥控制站内有哪些常见的信号线接口？		
判断题（每题 1 分）			
3	链路接入设备的功能是将视频图像分发至各个监控单元。	（　）	
4	超短波电台一般采用盘锥天线。	（　）	
5	UPS 的含义是向上管理子系统。	（　）	
6	环控子系统主要由空调、排风扇以及布风器组成。	（　）	
不定项选择题（每题 2 分）			
7	以下属于指挥控制站组成的是（　　）。 A. 方舱　B. 机柜　C. 服务子系统　D. 地面数据终端		
8	以下属于数据通信子系统的是（　　）。 A. 飞行监控单元　B. 链路接入设备 C. 超短波电台　D. 视频矩阵系统		
9	以下属于语音通信子系统的是（　　）。 A. 以太网　B. 语音中继电台 C. 超短波电台　D. VCM		
10	以下属于视频矩阵系统作用的是（　　）。 A. 遥控、遥测数据编解码　B. 各个单元之间的数据传递 C. 视频分发至各个单元　D. 对外数据传递		
11	以下属于链路接入设备作用的是（　　）。 A. 遥控、遥测数据编解码　B. 各个单元之间的数据传递 C. 视频分发至各个单元　D. 对外数据传递		
12	以下设备属于利用光信号传输数据的终端设备的是（　　）。 A. 串行光端机　B. 超短波电台 C. 网络光端机　D. 天线		

续表

<table>
<tr><td>13</td><td colspan="4">以下属于 DP 接口的是（　　）。
A.  B. 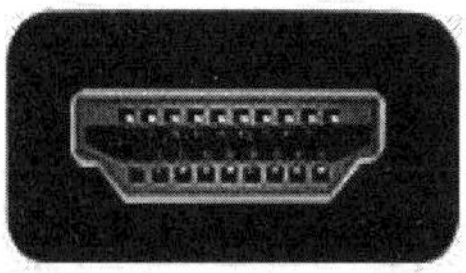
C. 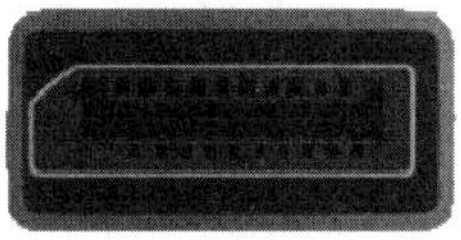 D. </td><td></td></tr>
<tr><td colspan="6">理论知识考核成绩</td></tr>
<tr><td>得分</td><td></td><td rowspan="2">=</td><td colspan="2" rowspan="2"></td><td rowspan="2">%</td></tr>
<tr><td>总分</td><td></td></tr>
<tr><td>考核结果</td><td colspan="2">□ 考核通过</td><td colspan="3">□ 考核未通过</td></tr>
<tr><td>教师签名</td><td></td><td>日期</td><td colspan="3"></td></tr>
</table>

实操技能考核

实操考核单元	GCS202 指挥控制站设备上下电			
学生姓名		提交日期		
实操任务要求	（1）能够识别指挥控制站内的主要设备。 （2）完成设备上电			
考核说明： （1）阅读实操任务要求，完成任务操作。 （2）考核结果栏由教师填写，“Y”表示操作步骤正确，“P”表示操作步骤部分正确，“N”表示操作步骤错误		Y	P	N
学生能否正确完成以下任务操作步骤				
1	找到飞行监控单元计算机			
2	找到任务规划单元计算机			
3	找到任务监控单元计算机			
4	找到数据管理计算机			
5	找到模拟训练计算机			
6	找到交换机			
7	找到 KVM			
8	对飞行监控单元计算机上电			
9	对任务规划单元计算机上电			
10	对任务监控单元计算机上电			
11	对数据管理计算机上电			
12	对模拟训练计算机上电			
13	对飞行监控单元计算机下电			
14	对任务规划单元计算机下电			
15	对任务监控单元计算机下电			
16	对综合管理计算机下电			
17	对模拟训练计算机下电			
18	场地清洁以及工具管理			
实操任务考核成绩				
综合评估结果	□ 考核通过		□ 考核未通过	
评语（未通过时说明原因）：				
教师签名		日期		

课堂笔记

问题/线索/关键字（课后）	

课后总结与思考

单元三　指挥控制站席位认知与检查

学习目标

1. 知识目标

（1）掌握指挥控制站各个席位的组成与功能。

（2）掌握指挥控制站席位硬件组成。

（3）掌握指挥控制站席位硬件功能。

2. 能力目标

（1）能够认识指挥控制站内的各个席位。

（2）能够辨识各个席位上的硬件设备。

（3）能够对指挥控制站内席位进行上电检查。

3. 素质目标

（1）培养团结协作精神和岗位职责意识。

（2）培养认真严谨的航空工作作风。

（3）培养良好的学习习惯。

理论知识

知识点一　飞行监控单元系统认知

一、飞行监控单元功能

飞行监控单元主要负责无人机实时飞行控制以及飞机状态监测，可分时切换完成多机的飞行监控功能。其主要功能包括：

（1）飞行器飞行操纵控制。

（2）飞行器状态监测与告警。

（3）提供前视与平显复合监控界面。

（4）双机综合态势显示。

（5）提供双机状态监测、操纵控制切换功能。

二、飞行监控单元的硬件组成

飞行监控单元由显示设备（显示器）、硬指令输入设备（指令面板、操作杆、鼠标、键盘、脚蹬）、计算设备（计算机）以及座椅组成，如图 2-26 和表 2-1 所示。

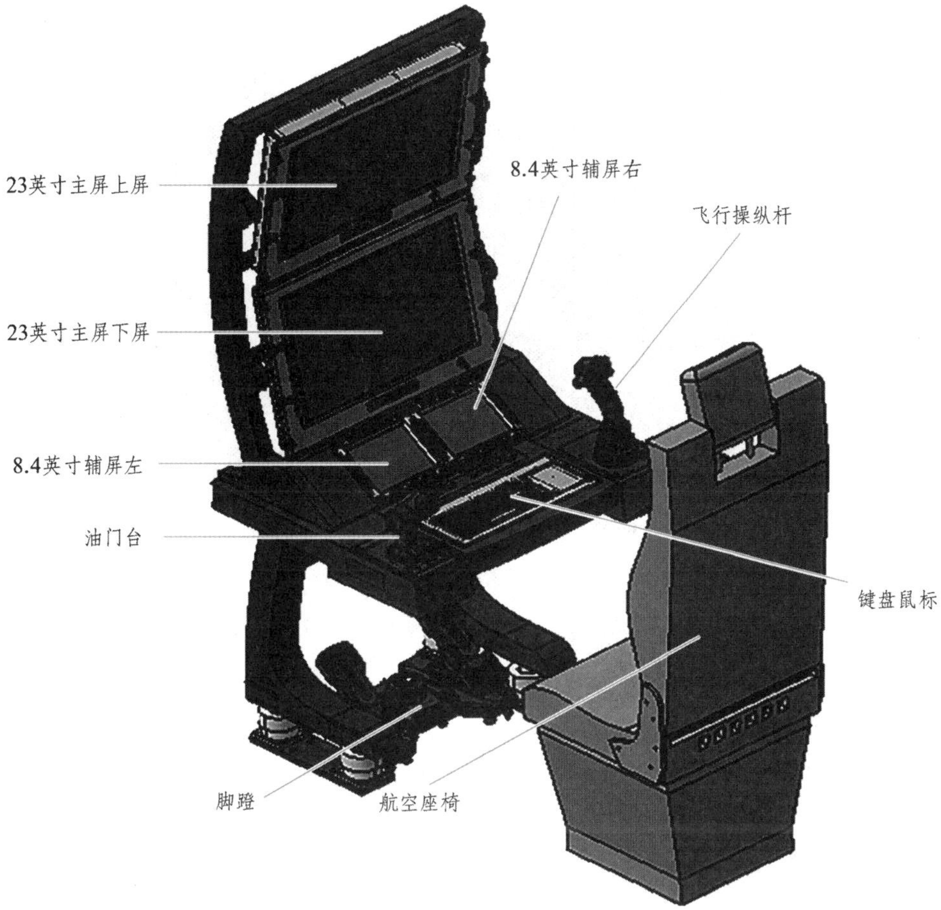

图 2-26　飞行监控单元的硬件组成

表 2-1　飞行监控单元主要硬件

名称	数量	备注
飞行监控显控台	1	
飞行监控计算机	1	工控机
23 英寸显示器	2	
8.4 英寸显示器	2	触摸屏
HOTAS	1	与任务监控分系统相同
耳机话筒	1	
鼠标键盘	1	

1. 触控显示器

一般来说，飞行监控单元下方左右两个辅屏为触控显示器。左辅屏、右辅屏界面布局相同，包括硬件周边键、软周边键（触摸键）和可编程区，操作界面如图 2-27 所示。辅屏硬件周边键均匀分布在辅屏显示区域外周边，辅屏软周边键均匀分布在辅屏显示区域内周边。

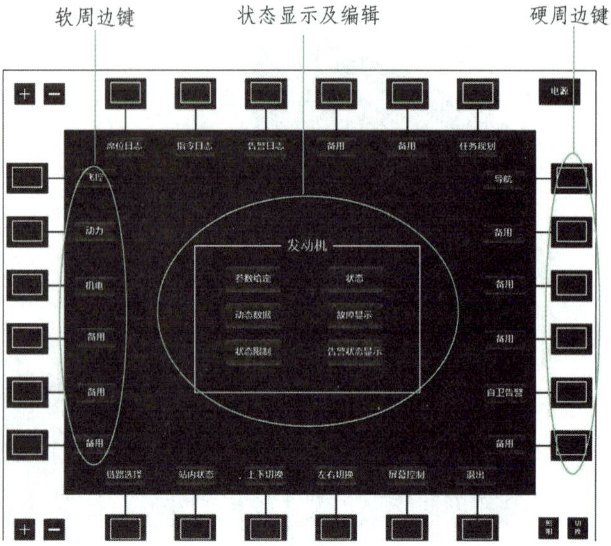

图 2-27　辅屏操作界面布局

触控显示器具有以下主要功能：

（1）具有视频信号接收与显示功能。

（2）具有 RS232 串行通信功能。

（3）具有手动亮度调节、对比度调节和视频切换功能。

（4）具有手动电源开关功能。

（5）具有触敏操作功能。

2. 指令面板

指令面板（见图 2-28）由控制面板、转换模块、连接电缆、RS422 串口电缆、USB 电缆和电源电缆组成。控制面板将按键操作转换为相应的电信号传送给转换模块，转换模块将电气信号转换为标准的 USB 数据和 RS422 数据，从而实现按键的信号采集功能。

图 2-28　飞行监控单元指令面板

3. 脚　蹬

飞行监控席在操作台下方配备脚蹬，如图 2-29 所示。飞行员通过脚蹬控制无人机

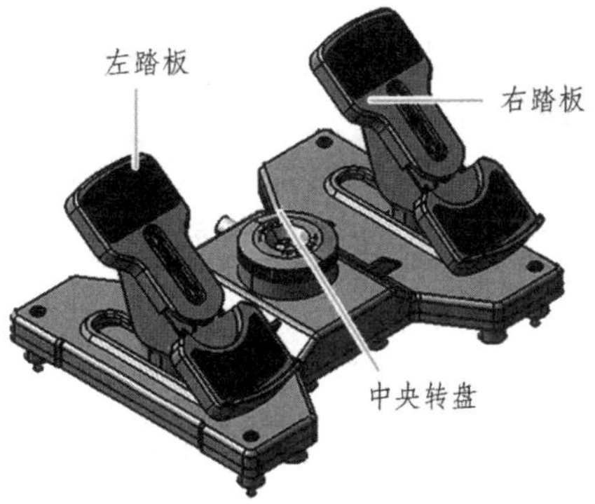

图 2-29　脚蹬

的航向和刹车。左右脚可分别进行踩踏，还可同时相对前后移动，踩踏或移动产生操纵信号，操纵力一消失，踏板迅速回到零位。其功能如下：

（1）在人工修正模式下，修正控制目标的侧偏距。

（2）在姿态遥控模式下，地面滑跑控制目标的侧偏距，空中阶段控制航向姿态。

（3）在舵面遥控下直接控制方向舵舵面。

（4）预留差动刹车通道。

4. 操纵杆

操纵杆（见图 2-30）是指挥控制站的关键组成部分。飞行监控席的操纵杆用于实现对无人机俯仰和横滚的连续控制，杆头设置飞行常用指令，可采集操纵杆沿两个轴向的位移信息以及按键上的离散信号，对外提供模拟电压信号以及数字信号。操纵杆具有自动回中功能，提供的数字信号具有自动校零的功能。

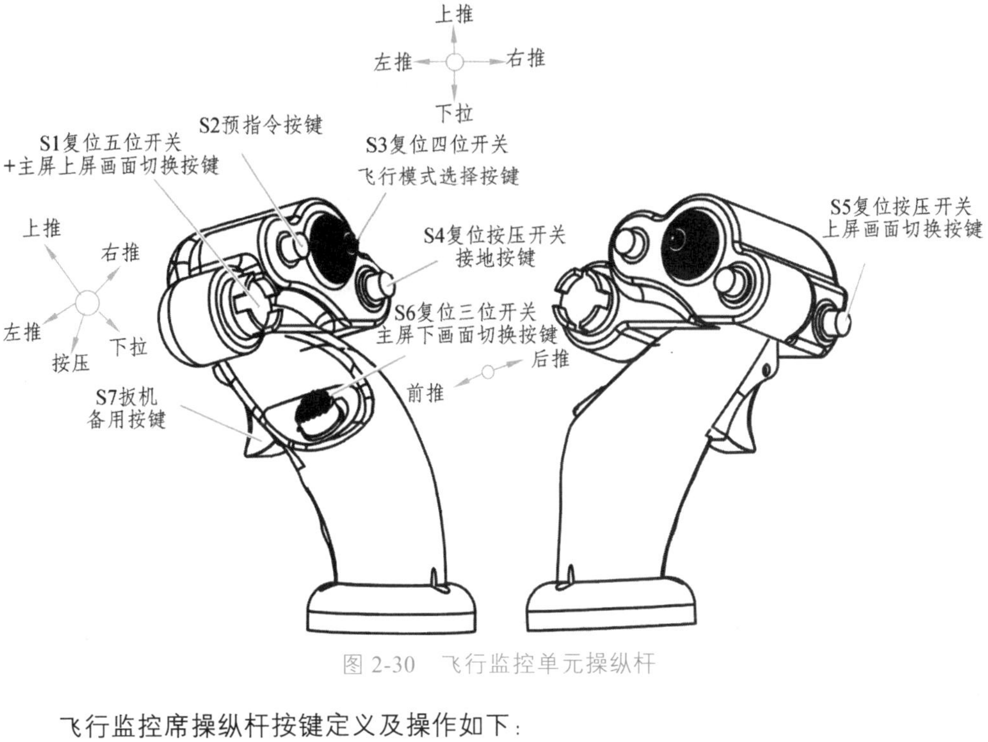

图 2-30　飞行监控单元操纵杆

飞行监控席操纵杆按键定义及操作如下：

S1——主屏上屏屏幕画面切换按键，用于切换二维态势漫游画面（上拨）、三维视景画面（下拨）、全状态画面（左拨）、二维态势手动画面（右拨）。

S2——“预指令”按键。

S3——飞控模式选择按键，包括“自主控制”（上拨）、“人工修正”（下拨）、“姿态遥控”（左拨，需配合预指令执行）和“舵面遥控”（右拨，需配合预指令执行）4 种模式。

S4——“接地”按键。

S5——用于上屏起降模式画面与正常模式画面的切换，默认为正常模式；起降模式下会自动弹出跑道线窗口及下滑线窗口，用于飞机进场着陆时观察飞机侧偏及高度跟随情况。

S6——主屏下屏屏幕画面切换按键，用于切换三维视景画面（前拨）和前视视频画面（后拨）。前视视屏画面显示功能仅在标准模式下接入真实无人机才具备。

S7——备用按键。

5. 油门杆

油门杆安装在飞行监控席位左侧扶手上，用于两台发动机转速的控制；将油门杆的角度位移信息和飞行员对油门手柄上按键的操作信息通过 RS-422 接口发送给飞行监控席位监控计算机。在机械结构上设计有单双发切换控制插销，可独立控制单台发动机，支持反推功能，杆头及底座上设置常用指令。油门杆外观及开关布局如图 2-31 所示。

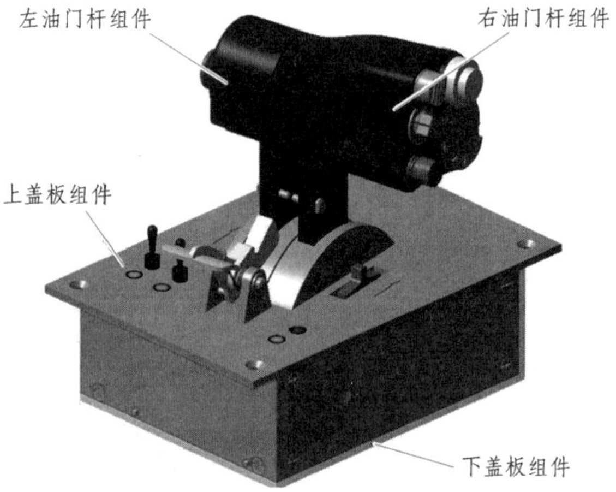

图 2-31　油门杆外观示意

油门杆由油门手柄和驱动控制器 2 个部件组成。驱动控制器由箱体、MCU 模块组件、MCU 电源模块组件、电源模块、滤波器、上盖组件等组成。

飞行监控席油门杆按键定义及操作如下：

S3——减速板控制开关，前拨用于“减速板 20”指令，后拨用于“减速板 0”指令，按压用于“减速板 60”指令。

S4——按压该按键，发送“液压刹车”指令，用于地面等待或滑跑过程中左右机轮建立 70% ~ 80%的刹车压力，使飞机减速或停止。

S1、S2、S5、S6——备用按键。

6. 航空座椅

航空座椅为飞行及任务操作人员提供舒适的操作环境，能够减轻操作人员长时间操作所带来的疲劳感，并且依据人机工程学原理，使操作人员的操作能够实现可视、可达的要求。

7. 键盘鼠标

各席位的键盘鼠标用于主屏、辅屏的参数输入、按键控制等，其外观如图 2-32 所示。

图 2-32　键盘鼠标外观

知识点二　任务监控单元系统认知

一、任务监控单元的功能

任务监控单元负责无人机在任务执行过程中的任务控制及状态监测。对于一些地面站，设置多个任务监控单元，则可同时分别对多架无人机进行任务监控。任务监控单元主要功能包括：

（1）飞行器及任务载荷状态监测与告警。

（2）任务载荷操纵控制，武器发射控制。

（3）提供前视/载荷视频与平显复合监控界面。

（4）双机综合态势显示。

二、任务监控单元的硬件组成

不同地面站的系统组成以及指挥控制站席位设计存在一定差异，有些地面站任务监控单元没有脚蹬，油门杆改为左手杆用于调节红外/光电图像的焦距，右手杆仍作为任务载荷操纵杆使用，其他硬件设备与飞行监控单元相同，还有的地面站将任务监控单元作为飞行监控单元的备份，用于在应急状态下操纵无人机。外观如图 2-26 所示，组成见表 2-2。

总之，对于任务监控单元，左手杆、右手杆都是不可缺少的硬件设备。当然，对于任务载荷的操作，完全可以通过显示在任务监控单元下方两个辅屏上的任务监控软件来实现，但仍不可代替左手杆与操纵杆的作用。

表 2-2　任务监控单元主要硬件

名称	数量	备注
任务监控显控台	1	
任务监控计算机	1	工控机
23 英寸显示器	2	
8.4 英寸显示器	2	触摸
HOTAS	1	含飞行操纵杆、油门台、脚蹬
耳机话筒	1	
鼠标键盘	1	

1. 操纵杆

任务监控单元的操作台右侧安装有操作杆（外观同飞行监控席，只是各按键定义不一样）。任务监控席的操纵杆用于实现对光电/瞄准装置方位和俯仰旋转的连续控制，杆头设置常用控制指令。当任务监控席切换为飞行监控席时，操纵杆功能同飞行监控席操纵杆功能。

任务监控席操纵杆按键定义及操作如下：

S1 ~ S5——备用按键。

S6——目标锁定按键，用于锁定目标（前拨）和取消锁定（后拨）。

S7——武器发射按键，用于武器发射确认（按下第一级）和武器发射（按下第二级）。

2. 左手杆

左手杆安装在指挥控制站任务监控席位左侧扶手上，外观同飞行监控单元油门杆，用于控制光电侦察设备的焦距，前推放大，后拉缩小。当任务监控席切换为飞行监控席时，左手杆当作油门杆使用，控制无人机两台发动机转速。

知识点三　任务规划单元系统认知

一、任务规划单元的功能

任务规划单元主要负责无人机事前、在线的任务规划，实时飞行状态监测。除此之外，不同地面站对于任务规划席的设计也具有一定区别。通常任务规划单元通常不设置脚蹬、操纵杆等设备，如图 2-33 所示。

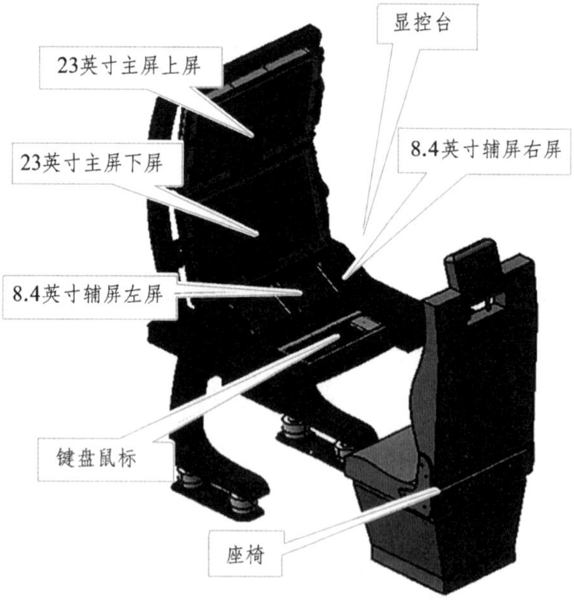

图 2-33　任务规划席位

但是，考虑到提高指挥控制系统的可靠性以及提高任务规划单元的利用率，一些地面站也将任务规划单元作为飞行监控单元的备份，具备飞行监控单元的所有功能，在飞行监控单元出现故障时，可应急切换为备用飞行监控单元，实现无人机的飞行监控。

其主要功能包括：

（1）飞行前任务规划（双机航路规划、链路规划及特情规划等）。

（2）实时任务规划。

（3）双机综合态势显示。

（4）飞行器状态监测。

（5）提供前视与平显复合监控界面。

（6）提供双机任务规划切换功能。

二、任务规划单元的硬件组成

任务规划席外观如图 2-33 所示，任务规划席位取消脚蹬、油门杆以及操纵杆，具体硬件组成见表 2-3。

表 2-3　任务规划单元主要硬件

名称	数量	备注
任务规划显控台	1	
任务规划计算机	1	
8.4 英寸显示器	2	触摸
23 英寸显示器	2	工业
耳机话筒	1	
鼠标键盘	1	

实操任务

任务一　飞行监控单元席位检查

一、任务情境描述

在无人机空勤人员开始执行任务之前，需要地勤维护人员确认飞行监控单元的各个硬件设施是否功能完好。在日常维护中，需要对飞行监控单元的各个硬件进行上电以及功能检查。

二、任务学习目的

（1）掌握飞行监控单元的硬件组成。
（2）能够识别飞行监控单元各个硬件。
（3）能够完成飞行监控单元上电检查。

三、任务操作工单

无人机地面站系统实训工作单					
工卡标题	大型无人机地面站飞行监控单元上电检查				
工卡编号	GCS-CCS-203		工作区域	无人机地面站实训室	
场所/载体	地面站		学习模块	上电检查	
版次			工时	4 h	
编写		审核		批准	
类别	名称	规格	单位	数量	备注
设备	席位上各硬件设备				
	机务维护软件				
安全注意事项： （1）严格遵守地面站席位操作流程要求。 （2）确认地面站各席位正常加电。 （3）实训场不得追逐打闹。 （4）不得随意拆装地面站					
1. 工作任务					
认识席位上各硬件设备及进行功能检查					
2. 工作准备					
各设备电线及信号线缆连接正常					
3. 工作步骤					
工序	内容描述			工作者	检查者
1	接通设备机柜、综合机柜、显控台后面的接线板电源，并给所有设备上电				
2	在席位上调整座椅位置、手托高度，检查席位上设备外观应无损伤，飞行操纵杆、脚蹬、油门杆应操纵灵活、无卡滞；在席位上运行机务维护软件，进行设备的检查				

续表

3	启动席位机务维护软件“Seatcheok”并选择“操纵杆检测”选项卡，进入操纵杆检测界面，如下图所示，界面上中部显示为操纵杆外形示意图，其四周显示操纵杆上各按键的检测/校准响应情况。 “设备状态”指示灯和“工作模式”指示灯为绿色表示正常，红色表示故障；按键状态指示灯变为绿色表示该按键响应按下动作，红色为抬起；“杆位状态响应区”中红色圆点指示操纵杆当前位置，它会跟随操纵杆的行程移动；操纵杆出现故障时，所有指示灯变为红色，杆位指示标志回归零位。 点击“进入校零模式”按钮，操纵杆进入校零模式，此时“工作模式”指示灯变为红色，“校准模式”指示灯变为绿色，按照校零要求完成校零操作。校零完成后，点击“退出校零模式”按钮，退出校零模式，“工作模式”指示灯变为绿色，“校准模式”指示灯变为红色。 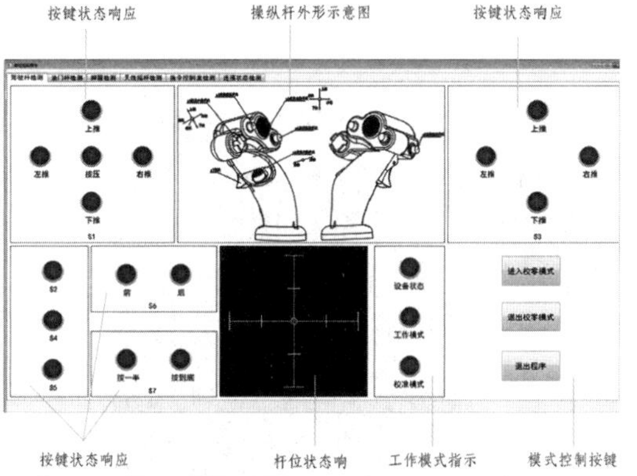 		
4	选择席位机务维护软件的“油门杆检测”选项卡，进入油门杆检测界面，如下图所示。 “设备状态”指示灯和“工作模式”指示灯均为绿色表示油门杆上电后工作正常；当按下某个开关时，对应指示灯变为绿色；调整油门杆 S4 开关，力敏按键位置的红色圆点会跟随移动；前后推动左（右）油门杆，左发（右发）油门指示控件显示油门杆当前位置；油门杆出现故障时，所有指示灯变为红色，模拟量指示控件回归零位。 点击“进入校零模式”按钮，油门杆进入校零模式，此时“工作模式”指示灯变为红色，“校准模式”指示灯变为绿色，按照校零要求逐步完成校零步骤。校零完成后，点击“退出校零模式”按钮，退出校零模式，“工作模式”指示灯变为绿色，“校准模式”指示灯变为红色。 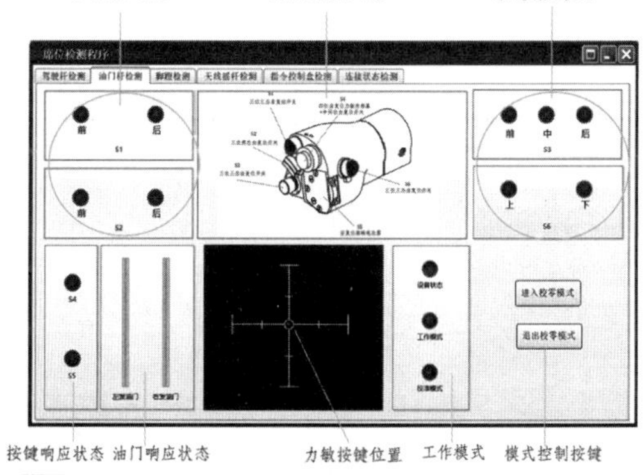 		

续表

5	选择“脚蹬检测”选项卡，进入脚蹬检测及校准界面，如下图所示。 若脚蹬上电后工作正常，“设备状态”指示灯和“工作模式”指示灯均变为绿色；轻踏脚蹬的左踏板或右踏板，脚蹬状态指示区中的红色圆点表示脚蹬的当前位置，踩踏脚蹬时该圆点将跟随移动，中间的偏转角度指针会跟随移动；脚蹬出现故障时，所有指示灯变为红色，脚蹬位置及偏移标志回归零位。 点击“进入校零模式”按钮，脚蹬进入校零模式，此时“工作模式”指示灯变为红色，“校准模式”指示灯变为绿色，按照校零要求逐步完成校零步骤。校零完成后，点击“退出校零模式”按钮，退出校零模式，“工作模式”指示灯变为绿色，“校准模式”指示灯变为红色。 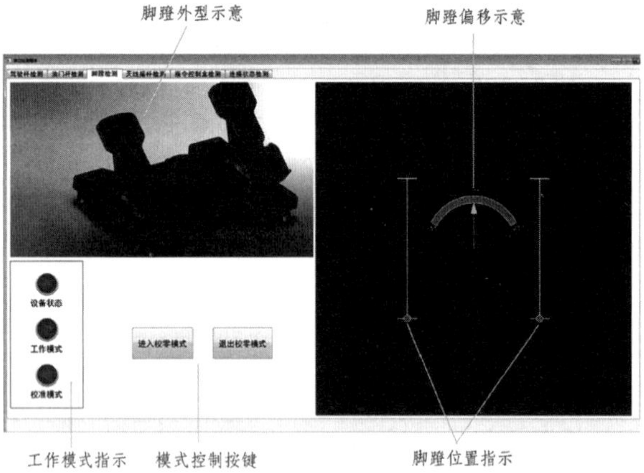 		
6	辅屏左屏、右屏显示检测界面，如下图所示。 按压辅屏硬周边键或触摸屏幕周边时，屏幕对应按键位置显示红色圆圈为周边键响应正常，抬起按压红色圆圈消失。 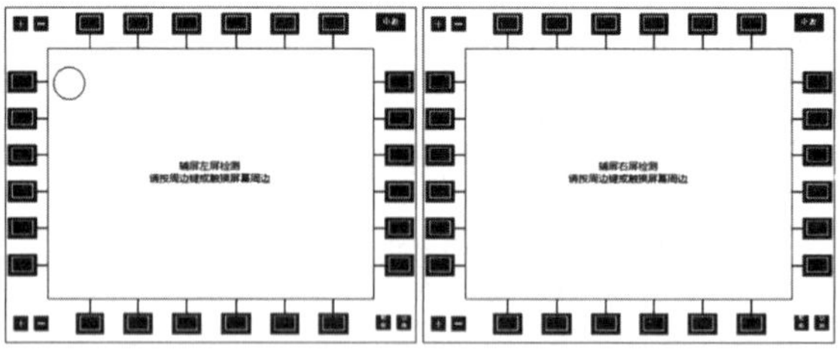		
4. 工作结束		工作者	检查者
检查各软件显示是否正常			

思政小课堂

托举战机升空的幕后英雄

凌空出击，飞行员的潇洒英姿，令很多人着迷和向往。

他们云端飞翔的背后，有一群默默守护战鹰健康的机务兵。披星戴月、放飞守望，是机务兵日常的战斗姿态。西部战区空军航空兵某团机械技师、三级军士长廖荣民就是他们中的一员。

作为一名机务老兵，廖荣民亲眼见证了我国空中运输投送力量和航空机务事业的快速发展——维护的飞机，从老旧机型到先进的国产中型运输机；飞行的航迹，从内陆腹地到高原远海，从国内到海外；执行的任务，从联演联训到国际军事比武，从抢险救灾到抗疫救援……

2004 年，廖荣民参军入伍，成为一名光荣的机务兵。带教老班长对他说："机务兵是飞机的'医生'，我们的职责就是守护它的健康。"

2006 年，廖荣民与战友们奉命参加一项重要的飞行保障任务。飞机出动前，廖荣民在例行检查时发现，某系统真空活门有漏油现象。

廖荣民判定问题根源是真空活门卡滞。然而，要修好活门，需要拆下整个部件。眼看飞机起飞时间临近，机组人员焦急万分。如果拆下来修理好再装回去，至少需要 1 个多小时，势必会影响整个任务的进程。

廖荣民找来一根软管，吸一口软管再吹出一口气，反复 10 余次，成功排除真空活门卡滞故障。

这样的举动，让一旁的飞行员十分感动，赶紧拿来自己的水壶让廖荣民漱口。

那一刻，廖荣民觉得机务兵的价值得到肯定。虽然不能驾机翱翔蓝天，但他们的一举一动，都与飞行事业紧密相连。"不论是什么身份，都要努力在平凡岗位创造非凡。"廖荣民说。

8 年前，某型飞机机务准备检查规范只有上级下发的文字说明。"有没有办法改进一下，让大家一看就会、一学就懂？"经过反复探索，廖荣民有了主意——把每个需要检查的部位用相机拍下来，并在照片上对需要检查的位置进行排序标注，再配上简洁的文字说明。

"如果战斗突然打响，即使是一名新手，也能按照这份说明'按图索骥'，保证战机升空。"一位领导对廖荣民的这一做法给予高度评价。

《主起落架及主起落架舱的检查路线和标准》《某型飞机发动机检查路线图集标准》……由他制作的机务检查规范至今还在使用。前不久，他还把机务检修步骤方法、零部件拆装过程和工作规范流程等拍摄成教学视频，分享给全团战友学习和研究。

入伍 17 年，廖荣民先后保障过 6 型飞机，保障安全飞行时长近 10 000 小时。这些亮眼数据的背后，是廖荣民对飞行安全的执着追求。他 6 次荣立三等功，其中 5 次都是发现重大故障隐患所得！

机务兵的信条不能止于负责，而是要极端负责，"极端"二字背后是责任担当，更是倾注全部身心的热爱。

（文章来源：https://baijiahao.baidu.com/s?id=1718356694963630751&wfr=spider&for=pc）

理论知识考核

理论考核单元	GCS203 指挥控制站席位认知与检查		
学生姓名		提交日期	
理论知识考核说明： （1）阅读表格中的问题，并完成作答。 （2）教师根据学生完成情况打分。 （3）单元考核通过需要理论知识得分率不小于 80%			得分
简答题（每题 5 分）			
1	无人机指挥控制站的席位组成有哪些？其功能是什么？		
2	飞行监控单元由哪些硬件组成？		
判断题（每题 1 分）			
3	飞行监控单元的右手为油门杆。	（　　）	
4	飞行监控单元的功能是实时飞行控制以及飞机状态监测。	（　　）	
5	飞行监控单元的脚蹬用来控制无人机航向以及刹车。	（　　）	
6	飞行监控单元加固计算机采用 PCI 总线。	（　　）	
7	指令面板与监控计算机通过串口连接。	（　　）	
8	任务监控单元的左手杆用于控制发动机。	（　　）	
9	任务监控单元的功能是实时飞行控制以及飞机状态监测。	（　　）	
10	任务监控单元的脚蹬用来控制无人机航向以及刹车。	（　　）	
11	所有地面站任务监控单元，硬件组成都与飞行监控单元相同。	（　　）	
12	任务监控单元与飞行监控单元硬件一致的目的是冗余备份，提高系统可靠性。	（　　）	
13	任务规划单元可以与飞行监控单元配置相同，作为飞行监控单元的备份。	（　　）	
14	任务规划单元可以用于在线规划或重规划。	（　　）	
15	所有地面站任务规划单元，硬件组成都与飞行监控单元相同。	（　　）	
不定项选择题（每题 2 分）			
16	以下属于飞行监控单元的设备的是（　　）。 A. 键盘鼠标　　B. 左手杆 C. 指令面板　　D. 天线杆		
17	以下与飞行监控计算机通过串口连接的是（　　）。 A. 键盘鼠标　　B. 油门杆 C. 指令面板　　D. 操纵杆		

续表

18	以下关于飞行监控单元操纵杆正确的是（　　）。 A. 位于飞行监控单元左侧　　B. 位于飞行监控单元右侧 C. 用来控制无人机发动机转速　　D. 用来控制无人机航向以及刹车	
19	以下关于飞行监控单元油门杆错误的是（　　）。 A. 位于飞行监控单元左侧　　B. 位于飞行监控单元右侧 C. 用来控制无人机发动机转速　　D. 用来控制无人机航向以及刹车	
20	以下属于任务监控单元的设备的是（　　）。 A. 键盘鼠标　　B. 左手杆 C. 指令面板　　D. 天线杆	
21	以下关于任务监控单元操纵杆正确的是（　　）。 A. 位于任务监控单元左侧　　B. 位于任务监控单元右侧 C. 用来控制无人机发动机转速　　D. 用来控制任务载荷	
22	以下关于任务监控单元左手杆错误的是（　　）。 A. 位于任务监控单元左侧　　B. 位于任务监控单元右侧 C. 用来控制光电以及红外图像的焦距　　D. 用来控制无人机航向以及刹车	
23	以下关于任务规划单元功能描述正确的是（　　）。 A. 飞行前任务规划　　B. 实时任务规划 C. 用来控制和监测无人机　　D. 用来控制任务载荷	

<table>
<tr><td colspan="5">理论知识考核成绩</td></tr>
<tr><td>得分</td><td></td><td rowspan="2">=</td><td rowspan="2"></td><td rowspan="2">%</td></tr>
<tr><td>总分</td><td></td></tr>
<tr><td>考核结果</td><td colspan="2">☐ 考核通过</td><td colspan="2">☐ 考核未通过</td></tr>
<tr><td>教师签名</td><td></td><td>日期</td><td colspan="2"></td></tr>
</table>

实操技能考核

<table>
<tr><td colspan="2">实操考核单元</td><td colspan="4">GCS203 飞行监控单元上电检查</td></tr>
<tr><td colspan="2">学生姓名</td><td></td><td>提交日期</td><td colspan="2"></td></tr>
<tr><td colspan="2">实操任务要求</td><td colspan="4">（1）能够识别飞行监控单元各个硬件。
（2）通过机务检查软件完成对飞行监控单元的上电检查</td></tr>
<tr><td colspan="3">考核说明：
（1）阅读实操任务要求，完成任务操作。
（2）考核结果栏由教师填写，“Y”表示操作步骤正确，“P”表示操作步骤部分正确，“N”表示操作步骤错误</td><td>Y</td><td>P</td><td>N</td></tr>
<tr><td colspan="6">学生能否正确完成以下任务操作步骤</td></tr>
<tr><td>1</td><td colspan="2">能够识别无人机地面站脚蹬位置，解释脚蹬的功能</td><td></td><td></td><td></td></tr>
<tr><td>2</td><td colspan="2">能够识别飞行监控单元油门杆位置，解释油门杆功能</td><td></td><td></td><td></td></tr>
<tr><td>3</td><td colspan="2">能够识别任务监控单元左手杆位置，解释左手杆功能</td><td></td><td></td><td></td></tr>
<tr><td>4</td><td colspan="2">能够识别飞行监控单元操纵杆位置，解释操纵杆的功能</td><td></td><td></td><td></td></tr>
<tr><td>5</td><td colspan="2">能够识别辅屏位置，解释辅屏的功能</td><td></td><td></td><td></td></tr>
<tr><td>6</td><td colspan="2">找到飞行监控单元监控计算机位置</td><td></td><td></td><td></td></tr>
<tr><td>7</td><td colspan="2">在飞行监控席上找到机务维护软件，并打开机务维护软件，解释机务维护软件界面功能</td><td></td><td></td><td></td></tr>
<tr><td>8</td><td colspan="2">完成操纵杆上电检查，解释操纵杆检查界面并记录检查结果</td><td></td><td></td><td></td></tr>
<tr><td>9</td><td colspan="2">完成油门杆上电检查，解释油门杆检查界面，并记录检查结果</td><td></td><td></td><td></td></tr>
<tr><td>10</td><td colspan="2">完成脚蹬上电检查，解释脚蹬检查界面，并记录检查结果</td><td></td><td></td><td></td></tr>
<tr><td>11</td><td colspan="2">完成辅屏上电检查，并记录检查结果</td><td></td><td></td><td></td></tr>
<tr><td colspan="6">实操任务考核成绩</td></tr>
<tr><td colspan="2">综合评估结果</td><td colspan="2">☐ 考核通过</td><td colspan="2">☐ 考核未通过</td></tr>
<tr><td colspan="6">评语（未通过时说明原因）：</td></tr>
<tr><td colspan="2">教师签名</td><td></td><td>日期</td><td colspan="2"></td></tr>
</table>

课堂笔记

问题/线索/关键字 （课后）	
课后总结与思考	

模块三　无人机数据链系统认知与维护

引导案例/知识背景

2017 年 7 月我国量产型察打一体某型号无人机在河北某机场成功首飞。在首飞试验全过程中，该型无人机的上下行双向测控链路信号稳定、图像传输清晰，完美实现了对无人机第一次飞行的监视和控制，成功护航首飞。

无人机测控系统是地面操控人员对无人机进行实时控制的信息通道，测控系统的性能和规模在很大程度上决定了无人机的作战能力。本次首飞试验中测控系统包含地面指挥控制站、地面数据终端和机载数据终端，上下行采用“多重保险”的冗余链路设计，测控距离超过 2 000 km。地面操控人员在实时监控无人机各项参数的基础上，通过地面控制站“操控”无人机飞行，控制无人机的飞行状态，包括无人机的飞行速度、高度、转弯、掉头等动作；同时，通过无人机测控系统还可以操控无人机上的任务载荷执行相应的侦察或打击等任务。借助这套测控系统，地面操控人员可以清晰地“看到”无人机侦察到的图像和打击效果。正是依靠稳定、高效的测控通信链路，用户才能依靠无人机成功实现“运筹帷幄之中，决胜千里之外”。

学习导图

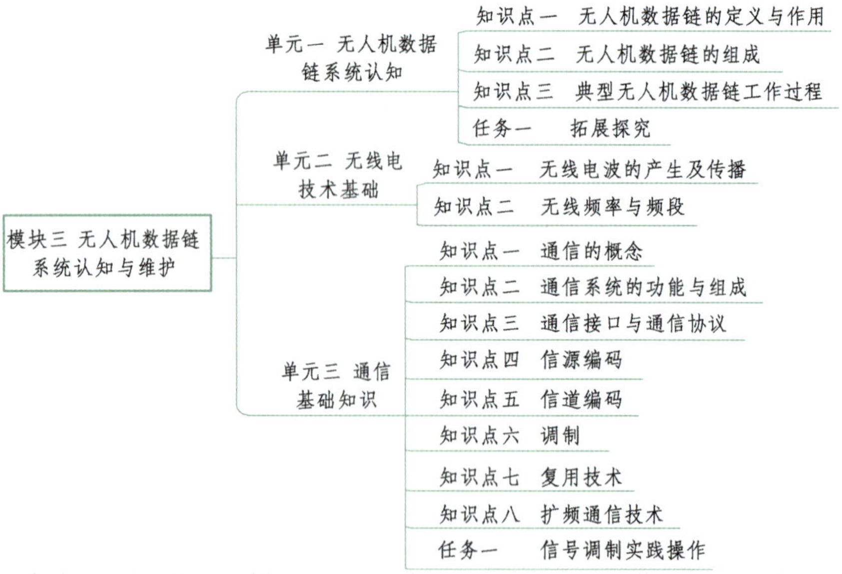

单元一 无人机数据链系统认知

学习目标

1. 知识目标

（1）理解无人机数据链基本概念。

（2）掌握无人机数据链的作用和组成。

（3）了解典型数据链的工作过程。

2. 能力目标

（1）能讲解大型无人机数据链系统的组成和工作原理。

（2）能对照图片、视频等讲解两类数据链在典型应用场景下的主要功能。

3. 素质目标

（1）培养模块化和整体架构的学习思维。

（2）培养保密意识。

理论知识

知识点一 无人机数据链的定义与作用

一、无人机数据链的定义与发展过程

武器装备的发展以及作战理念的变化，要求通信系统在传输指挥控制信息的同时，还要进行目标和环境等信息的交互，在共享态势的基础上完成实时、高效的指挥控制和实时、精确的协同。数据链能利用数据通信自动处理数据、自动高速传输数据的优点，提供新的通信传输性能，满足现代空战新的作战需求。无人机数据链又称为无人机通信链路，是用于无人机系统飞行控制、载荷通信的无线电链路。由于在无人机早期发展过程中军用无人机占据了主导地位，导致了不同国家、不同无人机平台上使用的数据链类型各异，并且随着无人机的发展，无人机数据链在使用的频带、调制方式上也进行了数次重要的改变。

二、无人机数据链的功能

无人机数据链是无人机系统的主要组成部分之一，涉及遥控遥测、跟踪定位、图像传输、微波通信、卫星通信、抗干扰通信、天线伺服、自动控制和计算机应用等多个技术领域，是一项复杂的信息系统工程。典型的大型无人机数据链如图 3-1 所示。

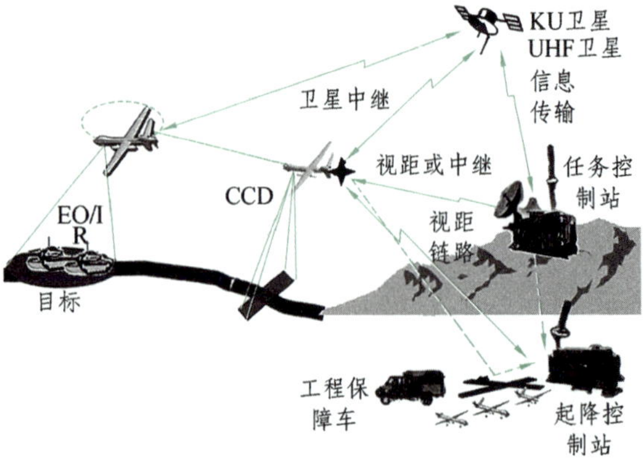

图 3-1　典型无人机数据链

无人机数据链是一个多模式的智能通信系统，能够感知无人机在工作区域的电磁环境特征，并根据环境特征和通信要求完成对无人机遥控、遥测、跟踪定位和传感器传输，实时动态地调整通信系统的工作参数，主要包括通信协议、工作频率、调制特性和网络结构等。达到可靠通信或节省通信资源的目的，是飞行器与地面站联系的重要纽带。

知识点二　无人机数据链的组成

无人机数据链的简化框图如图 3-2 所示。通常，无人机数据链系统硬件由两部分设备组成：一部分装在无人机上，称为机载数据链系统；另一部分装在控制站上，称为地面数据终端。而无人机数据链系统有三个基本组成要素：传输通道、消息标准和通信协议。

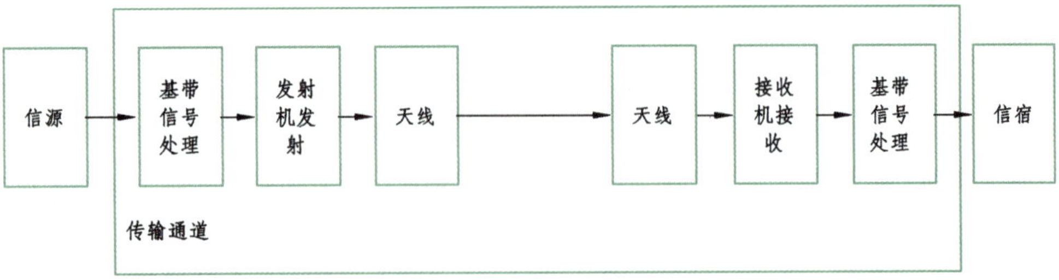

图 3-2　无人机数据链简化框图

一、传输通道

传输通道是整个无人机数据链工作过程中包含的通信设备与信息传递过程的总和，每一条传输通道，都具有一定的性能指标如通信频段、发射功率、接收灵敏度等。

二、消息标准

消息标准是对链路中传输的数据信息的帧结构、数据内容、数据类型、数据接收/发送规则等方面的详细规定。制定标准的数据传输格式有利于处理器生成、解析及处理这需要设计具体的格式处理和数值转换程序。

三、通信协议

通信协议就是数据链系统在通信的过程中有关数据信息的传输时序、传输条件、传输流程及传输控制方式等方面的规约，主要解决各种应用系统的格式化消息如何通过信息网络可靠且有效地建立链路从而达成数据交换的目的。通信协议主要包括网络协议、频率协议、链路协议、接口标准和操作规程等内容。

这里要注意，通信协议对于一套无人机通信数据链系统，甚至整个作战部队至关重要，虽然涉密的通信协议我们获取不到，但是保守通信协议秘密，维护地区、国家安全利益，树立安全防护意识，是普通公民应尽的责任和义务。

知识点三　典型无人机数据链工作过程

无人机数据链在工作过程中，依据机载设备端和地面设备端相互传输数据的方向，可分为上行链路和下行链路。上行链路方向为地面设备指向机载设备，地面设备通过上行无线链路向无人机发送遥控指令和数据;下行链路方向为机载设备指向地面设备，无人机通过下行无线链路向地面设备回传无人机状态数据和任务传感器所获取的视频、图像等侦察信息。所以，上下行链路是无人机与地面站系统实现传输指令、图像等信息的通信链路，如图 3-3 所示。

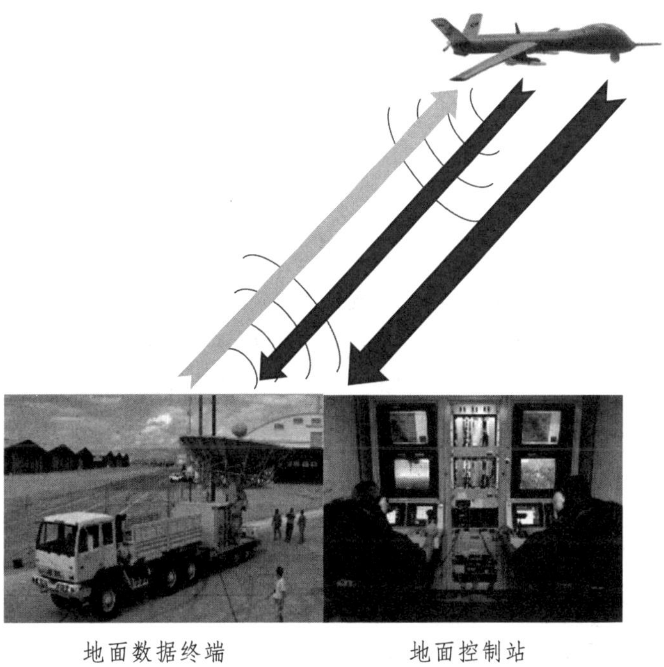

图 3-3　无人机上行/下行数据链简化模型

无人机数据链具体工作过程如图 3-4 所示，首先机载（或地面）发送设备将待发送的基带信号（遥控、遥测、图像等）经过编码、调制、扩频、上变频等处理，然后由发射机经天线发射出去，在上行链路或下行链路进行传输。在接收系统中，接收机接收由天线传送过来的磁信号处理过后的射频信号，接收机经过一系列处理把射频信号转变成基带信号，变成可执行的指令或数据、图像等信息。

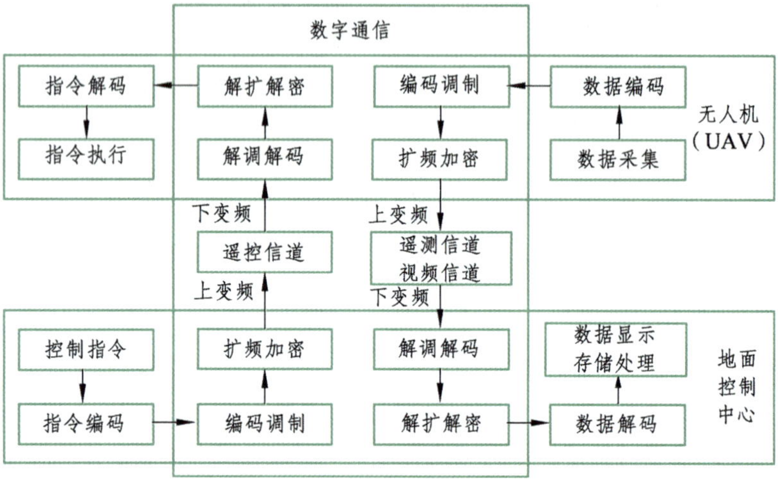

图 3-4　典型无人机数据链工作过程

实操任务

任务一　拓展探究

一、任务情境描述

在前面的学习中我们已经了解了无人机数据链的基本概念、组成以及工作过程。本节拓展任务需要同学们查阅资料，首先回答数据链是如何提升军事作战效能的，在此基础上，说出一种典型无人机数据链名称，并描述其组成、应用场合以及简要的工作过程。

二、任务学习目的

（1）能够增强对无人机数据链学习的兴趣。

（2）能够加深对无人机数据链系统的理解。

（3）能够提高学生自主学习的能力。

三、任务操作工单

<table>
<tr><td colspan="5">无人机地面站系统实训工作单</td></tr>
<tr><td>工卡标题</td><td colspan="4">无人机数据链系统认知</td></tr>
<tr><td>工卡编号</td><td>GCS-DLS-M01</td><td>工作区域</td><td colspan="2"></td></tr>
<tr><td>场所/载体</td><td>电脑</td><td>学习模块</td><td colspan="2">方舱</td></tr>
<tr><td>版次</td><td></td><td>工时</td><td colspan="2">2 h</td></tr>
<tr><td colspan="5">1. 工作任务</td></tr>
<tr><td colspan="3">（1）学习数据链是如何提升军事作战效能的。
（2）说出一种典型无人机数据链名称，并描述其组成、应用场合以及简要的工作过程</td><td></td><td></td></tr>
<tr><td colspan="5">2. 工作准备</td></tr>
<tr><td colspan="3">（1）计算机或手机。
（2）能够连接网络</td><td></td><td></td></tr>
<tr><td colspan="3">3. 工作步骤</td><td></td><td></td></tr>
<tr><td>工序</td><td colspan="2">内容描述</td><td>工作者</td><td>检查者</td></tr>
<tr><td>1</td><td colspan="2">在搜索引擎中或者中国知网中搜索目前在用的数据链</td><td></td><td></td></tr>
<tr><td>2</td><td colspan="2">选择网络资料较为详细的一款无人机</td><td></td><td></td></tr>
<tr><td>3</td><td colspan="2">阅读材料，分析并总结如何提升军事作战效能</td><td></td><td></td></tr>
<tr><td>4</td><td colspan="2">选择感兴趣的一种数据链，并描述其组成、应用场合以及简要的工作过程</td><td></td><td></td></tr>
<tr><td>5</td><td colspan="2">撰写任务总结报告</td><td></td><td></td></tr>
</table>

思政小课堂

无人机空中突然“失联”，是启动应急预案还是继续完成侦察任务？

盛夏时节，粤东某演训场晴空万里。一声令下，发射架上，一架无人机腾空而起。操作室内，某旅无人机班班长苏峥一边关注着屏幕上不断变化的飞行参数，一边输出飞行指令，操控无人机侦察前方情况。按照既定预案，一切进展顺利。孰料，屏幕上的无人机信号突然消失了。

“空中失联！”苏峥迅速将情况上报飞行指挥员、无人机排长冯旸。

“那可是咱的‘宝贝疙瘩’！”接到报告后，冯旸心头一紧——他担心无人机偏离航线、遭遇险情。

“要不要启动应急预案，实施迫降？”“或者请求上级帮助处置？”身边战友提出了各自建议。

“实施迫降或许能保证无人机安全，但侦察任务怎么完成？我们若身在战斗一线，请求上级帮助处置现实吗？”冯旸的话让现场安静下来。随后，他跟战友一起汇总无人机飞行数据，并结合周边地形地貌等环境因素作出判断：无人机“失联”可能是因为信号暂时被障碍物遮蔽。为此，他下令各席位操作人员密切关注无人机状态，做好应急处置准备，以便再次建立指挥链路。

时间一分一秒过去，大家的心都揪了起来，生怕错过一个细节。终于，一个熟悉的亮点出现在屏幕上，各项飞行数据重现眼前。

“右转，5 秒，拉升，平飞……”通联恢复后，苏峥立即发出一系列飞行指令。操作人员密切协同，无人机再次展开侦察，“敌”目标在屏幕上逐渐显现。

很快，一组组数据通过指挥链路传至指挥所，转化为一条条作战指令。炮兵分队接到指令后迅速实施精准打击，命中目标……

演练结束，无人机安全着陆，大家悬着的心终于落地。冯旸感慨地说：“若不是平时扎实的险情处置训练蓄足底气，或许我就启动应急预案了。那样的话，就不能完成侦察任务了。”

“越是险难课目越要常练实练，才能切实锤炼官兵临机应变本领。”该旅领导介绍，他们与厂家和友邻单位建立联系，收集近年来各类空中特情案例，并结合教材逐个梳理分析，形成处置方案。在此基础上，他们在日常训练中专门穿插特情训练，临机导调设置链路中断、动力系统故障等空中特情，锤炼操作人员临机处置能力。每次训练结束，他们还组织官兵复盘，结合特情处置过程分享经验、总结方法，巩固训练成果。

（文章来源：http://www.81.cn/yw/2022-08/13/content_10177922.htm）

理论知识考核

<table>
<tr><td colspan="2">理论考核单元</td><td colspan="3">GCS301 无人机数据链系统认知</td></tr>
<tr><td colspan="2">学生姓名</td><td></td><td>提交日期</td><td></td></tr>
<tr><td colspan="4">理论知识考核说明：
（1）阅读表格中的问题，并完成作答。
（2）教师根据学生完成情况打分。
（3）单元考核通过需要理论知识得分率不小于 80%</td><td>得分</td></tr>
<tr><td colspan="5">简答题（每题 5 分）</td></tr>
<tr><td>1</td><td colspan="3">无人机数据链的功能有哪些？</td><td></td></tr>
<tr><td colspan="5"></td></tr>
<tr><td>2</td><td colspan="3">无人机数据链系统硬件由哪两部分设备组成？</td><td></td></tr>
<tr><td colspan="5"></td></tr>
<tr><td>3</td><td colspan="3">阐述数据链的具体工作过程。</td><td></td></tr>
<tr><td colspan="5"></td></tr>
<tr><td colspan="5">判断题（每题 1 分）</td></tr>
<tr><td>4</td><td colspan="3">地面设备通过上行无线链路向无人机发送遥控指令和数据。（　　）</td><td></td></tr>
<tr><td>5</td><td colspan="3">无人机通过上行无线链路向地面设备回传无人机状态数据和任务传感器所获取的视频、图像等侦察信息。（　　）</td><td></td></tr>
<tr><td colspan="5">填空题（每空 1 分）</td></tr>
<tr><td>6</td><td colspan="3">无人机数据链系统的三个基本组成要素：（　　　　）、（　　　　）、（　　　　）。</td><td></td></tr>
<tr><td>7</td><td colspan="3">无人机数据链系统硬件由两部分设备组成：一部分装在无人机上，称为（　　　　）；另一部分装在控制站上，称为（　　　　）。</td><td></td></tr>
</table>

续表

<table>
<tr><td colspan="5">不定项选择题（每题 2 分）</td></tr>
<tr><td>8</td><td colspan="3">以下属于地面数据终端缩写的是（　　）。
A. CCS　　B. ADT
C. GDT　　D. GCS</td><td></td></tr>
<tr><td>9</td><td colspan="3">以下属于机载数据终端缩写的是（　　）。
A. CCS　　B. ADT
C. GDT　　D. GCS</td><td></td></tr>
<tr><td>10</td><td colspan="3">以下属于通信协议的是（　　）。
A. 网络协议　　B. 频率协议
C. 帧结构　　D. 数据类型</td><td></td></tr>
<tr><td>11</td><td colspan="3">以下属于消息标准的是（　　）。
A. 网络协议　　B. 频率协议
C. 帧结构　　D. 数据类型</td><td></td></tr>
<tr><td colspan="5">理论知识考核成绩</td></tr>
<tr><td colspan="2">得分</td><td></td><td rowspan="2">=</td><td rowspan="2">　　%</td></tr>
<tr><td colspan="2">总分</td><td></td></tr>
<tr><td colspan="2">考核结果</td><td colspan="2">□ 考核通过</td><td>□ 考核未通过</td></tr>
<tr><td colspan="2">教师签名</td><td></td><td>日期</td><td></td></tr>
</table>

课堂笔记

问题/线索/关键字 （课后）	
课后总结与思考	

单元二　无线电技术基础

学习目标

1. 知识目标

（1）理解无线电产生与传播的过程。
（2）掌握典型的无线电频率与频段。
（3）了解无人机与无线电联系。

2. 能力目标

（1）能够区分不同通信链路频段的用途。
（2）能够讲述典型无人机通信频段。

3. 素质目标

（1）培养认真严谨的航空工作作风。
（2）树立信息化装备不断更新，需要不断学习的意识。

理论知识

知识点一　无线电波的产生及传播

一、电磁场

电可以生成磁，磁也能带来电，变化的电场和变化的磁场构成了一个不可分离的统一的场，这就是电磁场。而变化的电磁场在空间的传播即形成了电磁波，所以电磁波也常被称为电波。

电磁波为横波，电磁波的磁场、电场及其行进方向三者互相垂直，如图 3-5 所示。电磁波的传播有沿地面传播的地面波，还有从空中传播的空中波。波长越长的地面波，其衰减也越少。电磁波的波长越长也越容易绕过障碍物继续传播。中波或短波等空中波则是靠围绕地球的电离层与地面的反复反射而传播的（电离层离地面 50～400 km高）。振幅沿传播方向的垂直方向作周期性变化，其强度与距离的平方成反比，波本身带有能量，任何位置的能量、功率与振幅的平方成正比，其速度等于光速 c（3×10^8 m/s）。光波也是电磁波，无线电波也有和光波同样的特性，如当它通过不同介质时，也会发生折射、反射、绕射、散射及吸收等。在空间传播的电磁波，距离最近的电场（磁场）强度方向相同、且量值最大的两点之间的距离，就是电磁波的波长 λ。电磁波的频率 f 即振荡电流的频率，电磁波频率与波长的关系为 $f=c/\lambda$。

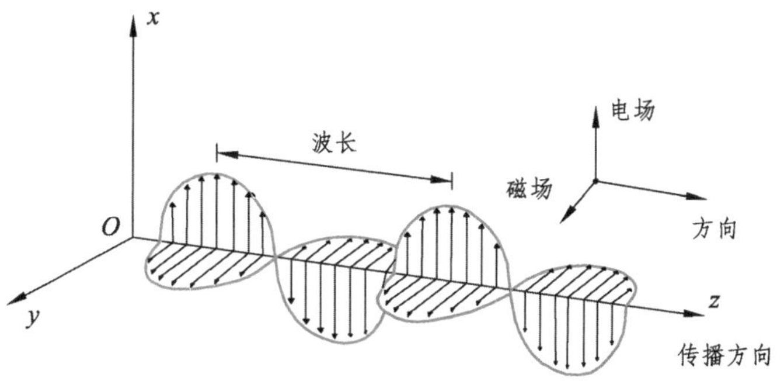

图 3-5　电磁波传播矢量图

二、无线电波

无线电波是一种在空间内自由传播的电磁波，无线电技术以导体中电流发生强弱变化时产生的无线电波作为载体，信息调制应用其中，承载着信息的电磁波在空间中进行传输。无线电波含有迅速振动的磁场。振动的速度就是波的频率，以赫兹（Hz）为单位。1 赫兹相当于每秒振动一次。

无线电频率（RF）：无线电波每秒钟的循环次数（单位为赫兹，Hz）。

带宽（BW）：在模拟信号系统又叫频宽，指在固定的时间可传输的资料数量，即在传输管道中可以传递数据的能力。通常以每秒传送周期或赫兹（Hz）来表示；在数字设备中，带宽指单位时间能通过链路的数据量，单位符号为 bit/s。

发射机（Tx）：将电信号转换成发射的 RF 能量的设备，它是辐射波或干扰的能量源。

接收机（Rx）：接收 RF 能量并将其转换回电信号的设备。

传播：在自由空间或其他介质如空气中，无线电波在发射机与接收机之间行进的能力。

知识点二　无线频率与频段

一、无线电波的频段

无线电波是电磁波的一种，是频率为 10 kHz ~ 30 000 000 kHz，或波长为 30 000 m ~ 10 μm 的电磁波。由于它是由振荡电路的交变电流而产生的，可以通过天线发射和吸收故称之为无线电波。不同频率的波段用来发射各种不同的信息，具体频段划分见表 3-1。

表 3-1　无线电频段划分

无线电波名称		波长范围/m	频段名称	频率范围	应用举例
超长波		100 000 ~ 10 000	甚低频（VLF）	3 ~ 30 kHz	潜艇通信、海上导航
长波		10 000 ~ 1 000	低频（LF）	30 ~ 300 kHz	地下岩层通信
中波		1 000 ~ 100	中频（MF）	300 ~ 3 000 kHz	AM 广播
短波		100 ~ 10	高频（HF）	3 ~ 30 MHz	短波广播
超短波		10 ~ 1	甚高频（VHF）	30 ~ 300 MHz	雷达、语音电台
微波	分米波	1 ~ 0.1	特高频（UHF）	300 ~ 3 000 MHz	移动通信、雷达
	厘米波	0.1 ~ 0.01	超高频（SHF）	3 ~ 30 GHz	数字通信、卫星通信
	毫米波	0.01 ~ 0.001	极高频（EHF）	30 ~ 300 GHz	卫星通信、5G 通信

二、无线电波的传播路径

无线通信的传输媒质，即是无线信道，更确切地说，无线信道是基站天线与用户天线之间的传播路径。天线感应电流而产生电磁振荡并辐射出电磁波，这些电磁波在自由空间或空中传播，最后被接收天线所感应并产生感应电流。电磁波的传播路径可能包括直射传播和非直射传播，多种传播路径的存在造成了无线信号特征的变化。

电磁波传播的特性是研究任何无线通信系统首先要遇到的问题。传播特性直接关系到通信设备的能力、天线高度的确定、通信距离的计算，以及为实现优质可靠的通信所必须采用的技术措施等一系列系统设计问题。无线电波的速度只随传播介质的电和磁的性质而变化。无线电波在真空中传播的速度，等于光在真空中传播的速度，因为无线电波和光均属于电磁波。

1. 直　射

直射在视距内可以看作无线电波在自由空间中传播。直射波传播损耗公式同自由空间中的路径损耗公式：

$$PL = 32.44 + 20\lg f + 20\lg d$$

式中　PL——自由空间的路损，dB；

f——载波的频率，MHz；

d——发射源与接收点的距离，km。

2. 反射、折射与穿透

当电磁波传播过程中遇到障碍物的尺寸远大于电磁波的波长时，电磁波在不同介质的交界处会发生反射和折射。另外，障碍物的介质属性也会对反射产生影响。对于良导体，反射不会带来衰减；对于绝缘体，只反射入射能量的一部分，剩下的被折射入新的介质继续传播；而对于非理想介质，电磁波贯穿介质，即穿透时，介质会吸收电磁波的能量，产生贯穿衰落。穿透损耗大小不仅与电磁波频率有关，而且与穿透物体的材料、尺寸有关。

一般室内的无线电波信号是穿透分量与绕射分量的叠加，而绕射分量占绝大部分。所以，总的来看，高频信号（如 1 800 MHz）的室内外电平差比低频信号（800 MHz）的室内外电平差要大。并且，低频信号进入室内后，由于穿透能力差一些，在室内进行各种反射后场强分布更均匀；而高频信号进入室内后，部分又穿透出去了，室内信号分布就不太均匀，也就使用户感觉信号波动大。

3. 绕射（衍射）

当电磁波传播过程中遇到障碍物的尺寸与电磁波的波长接近时，电磁波可以从该物体的边缘绕射过去。绕射可以帮助进行阴影区域的覆盖。

4. 散　射

当电磁波传播过程中遇到障碍物的尺寸小于电磁波的波长，并且单位体积内这种障碍物的数目巨大时，会发生散射。散射发生在粗糙物体、小物体或其他不规则物体表面，如树叶、街道标识和灯柱等。

三、无人机无线电通信频段介绍

目前，世界上无人机使用的频段主要集中在 UHF、L 和 C 波段，其他频段也有零散分布。我国工信部无线电管理局制定了《无人机系统频率使用事宜》，规划 840.5 ~ 845 MHz、1 430 ~ 1 444 MHz 和 2 408 ~ 2 440 MHz 频段用于无人驾驶航空器系统。其中规定：① 840.5 ~ 845 MHz 频段可用于无人机系统的上行遥控链路，841 ~ 845 MHz 也可采用时分方式用于无人机系统的上行遥控和下行遥测信息传输链路。② 1 430 ~ 1 446 MHz 频段可用于无人机系统下行遥测与信息传输链路，1 430 ~ 1 434 MHz 频段应优先保证警用无人机和直升机视频传输使用，必要时 1 434 ~ 1 442 MHz 也可以用于警用直升机视频传输。无人机在市区部署时，应使用 1 442 MHz 以下频段。③ 2 408 ~ 1 440 MHz 频段可用于无人机系统下行链路，该无线电台工作时不得对其他合法无线电业务造成影响，也不能寻求无线电干扰保护。

四、无线电技术在航空航天领域的地位

在航空领域，无线电技术在航空导航、通信、监视、气象等方面发挥了十分重要的作用。航空无线电导航系统能为飞机提供准确的目标方位、距离和位置信息，实现自动驾驶和仪表着陆；航空无线电通信系统能实现机场场内调度指挥和地空联络；航空无线电监视系统能从地面准确测定飞机的位置、速度等重要数据；航空气象系统承担着机场及航线的气象服务任务。

在航天领域，无线电技术在遥控、遥测、遥感、超远程信息传递等方面发挥着关键作用。我国是世界上少数几个拥有人造地球卫星、飞船等航天发射器制造和发射技术的国家之一。近年来，无线电技术支撑“神舟”系列载人飞船发射、探月卫星发射、“神舟飞船”与空间站对接、长征五号运载火箭顺利升空，使我国航天事业不断开启新征程。

思政小课堂

夏立：手工打磨 0.001 毫米，为通信天线保驾护航

中国电子科技集团公司第 54 所的高级钳工夏立，就是一位在“丝”的维度上工作的人。

2019 年 3 月 1 日 7 时 52 分，“嫦娥四号”着陆器实现自主唤醒。作为世界首个在月球背面软着陆和巡视探测的航天器，“嫦娥四号”的精准落月，如果没有大天线——“天马”望远镜的精准指路，是难以想象的。

“0.004 mm，是望远镜的装配精度，如果做到 0.005 mm，只是差了这几乎可以忽略的一点点，但 10 个月亮也找不着了。”夏立解释。

精准指向的核心，是个小小的钢码盘。起初，就算用磨床加工后，钢码盘的精度也只能达到 0.02 mm，而夏立最终用手打磨到了 0.002 mm，这相当于头发丝直径的 1/40。

站在一台名为 SKA-P 的天线样机脚下，夏立掩饰不住自豪，这是 54 所历经 5 年时间主导研制出的首台 SKA 样机。SKA 被誉为“地球之眼”，而 SKA-P 的成功研制，标志着中国在 SKA 核心设备研发中发挥引领和主导作用，为世界成功提供“天线解决方案”。

在阳光的照射下，SKA-P 的主反射面闪耀着淡淡的银光。虽然它的主面板由 66 块曲率各不相同、边长约 3 m 的三角形面板拼装而成，但它的单块三角形面板精度可达 0.1 mm。在重力、温度和风载荷影响下，其俯仰工作范围内，主反射面的精度可达 0.5 mm，副反射面精度可达 0.2 mm。

为让这些设计精度一一落地，夏立带领他的工作团队鏖战了一个多月。

在装配 SKA-P 的过程中，夏立面临诸多新挑战。最大的难题是结构新，SKA-P 承托副反射面的支架，远远看去就像一个用尼龙绳打结织成的网兜，走近一看，这个“网兜”都是由球状的连接轴和连接杆拼接成的。在空间里按照设计图把如此多的点位定位精准，难度可想而知。况且某一个轴或连接杆的装配出现细微精度差，都会牵一发动全身。

此外，令夏立没想到的是，好不容易在平地上把天线精度调整好，当天线“站起来”的时候，受重力影响，一些连接部位发生位移，大大超出精度指标范围。只能再一次身系保险绳，在天线的工作角度下进行调整，“除了‘头朝下的姿势’没试过，我们在网兜一样的天线里凹各种造型。”

克服重重困难，夏立的首次装配不仅满足了装备需求，还为这个国际大工程今后的批量生产提供了技术经验和理论数据。

介绍过程中，夏立不时扬起右手，拇指和食指指肚上覆盖着的一层厚厚老茧，这是钳工这一职业在他手上留下的特殊“印记”。

（文章来源：https://baijiahao.baidu.com/s?id = 1637374215983802203&wfr = spider&for = pc）

理论知识考核

理论考核单元	GCS302 无线电技术基础		
学生姓名		提交日期	
理论知识考核说明： （1）阅读表格中的问题，并完成作答。 （2）教师根据学生完成情况打分。 （3）单元考核通过需要理论知识得分率不小于80%			得分
简答题（每题5分）			
1	简述电磁波频率与波长的关系。		
2	名词解释：频率、带宽、接收机、发射机。		
3	假设视距传输，求一个工作在 100 MHz 的机载通信电台与 100 km 远的接收站之间的最大自由空间损耗。		
判断题（每题1分）			
4	电磁波为横波，电磁波的磁场、电场及其行进方向三者互相垂直。（　　）		
5	电磁波的波长越短，越容易绕过障碍物继续传播。（　　）		
填空题（每空1分）			
6	目前，无人机使用的频段主要集中在（　　　）、（　　　）、（　　　）波段。		
7	无人机数据链系统硬件由两部分设备组成：一部分装在无人机上，称为（　　　　）；另一部分装在控制站上，称为（　　　　）。		

续表

不定项选择题（每题 2 分）		
8	VHF 是指（　　）频段。 A. 高频　　B. 超高频 C. 甚高频　　D. 特高频	
9	短波通信是波长在（　　）m 的一种无线电通信技术。 A. 100 ~ 10　　B. 10 ~ 1 C. 1 ~ 0.1　　D. 0.1 ~ 0.01	
10	无线电频率越高，传播损耗（　　）。 A. 不变　　B. 越小 C. 越大　　D. 与地理位置有关	
11	频率范围在 30 ~ 300 MHz 的无线电波称为（　　）。 A. 米波　　B. 分米波 C. 厘米波　　D. 毫米波	

理论知识考核成绩				
得分		=		%
总分				
考核结果	□ 考核通过		□ 考核未通过	
教师签名		日期		

课堂笔记

问题/线索/关键字 （课后）	

课后总结与思考

单元三　通信基础知识

学习目标

1. 知识目标

（1）理解通信及通信系统的基本概念。

（2）掌握通信系统的功能及组成。

（3）了解通信接口及通信协议。

2. 能力目标

（1）能讲解小型和大型无人机通信系统的组成和工作原理。

（2）能对照图片、视频等讲解两类通信系统在典型应用场景下的主要功能。

（3）能够区分不同通信频段的用途，讲述典型无人机通信频段。

3. 素质目标

（1）认识通信在军事中的历史地位，理解军事信息化竞争的重要性。

（2）培养团队协作完成任务，冷静沉稳的工作态度。

理论知识

知识点一　通信的概念

一、通信的定义与发展过程

通信按照传统的理解就是信息的传输。从早期的烽火台狼烟传输信息、飞鸽传书到当今广播、手机、互联信息传递都属于通信的范畴。在如今这个高度信息化的社会，信息和通信已成为现代社会的“命脉”。信息作为一种资源，只有通过广泛的传播与交流，才能产生利用价值，促进社会成员之间的合作，推动社会生产力的发展，创造出巨大的经济效益。而通信作为传输信息的手段或方式，与传感器技术、计算机技术、互联网和大数据相互融合，对当今社会的发展和人类的生活产生深远的影响。通信方式的演变如图 3-6 所示。

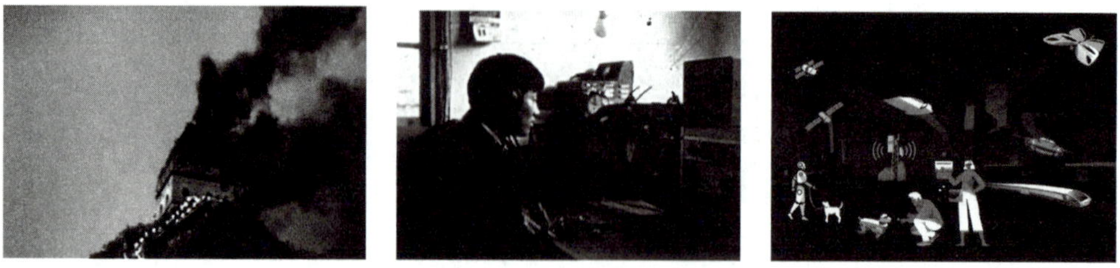

图 3-6　通信方式的演变过程

二、消息、信息与信号

通信的目的是传递消息中所包含的信息。消息是物质或精神状态的一种反映，在不同时期具有不同的表现形式。例如，语音、文字、音乐、图片或者动态图等都是消息（Message）。人们接受消息，关心的是消息中所包含的有效内容，即信息（Information）。而信号则是信息或者消息载体，不同的信号类型反映不同的信息类型。比如，电视信号、手机信号、语音信号、数字信号等，而在航空无线电领域中，消息或者信息的载体就是无线电信号。通信则是进行信息的时空转移，即把消息从一方传送到另一方。基于这种认知，“通信”也就是“信息传输”或“消息传输”。

知识点二　通信系统的功能与组成

通信系统是用以完成信息传输过程的设备和系统的总称。现代通信系统主要借助电磁波在自由空间的传播或在导引媒体中的传输机理来实现，前者称为无线通信系统，后者称为有线通信系统。

一、信息量

通信的目的是传输信息，进行信息的时空转移。通信系统的功能则是将信息从信源发送到一个或多个目的地。实现通信的方式和手段很多，如手势、语言、旌旗、烽火台和战鼓，以及现代社会的电报、电话、广播、电视、遥控、遥测、因特网和计算机通信等，这些都是消息传递的方式和信息交流的手段。伴随着人类的文明进步和科学技术的发展，电信技术也是以一日千里的速度飞速发展。如今，在自然科学领域涉及“通信”这一术语时，一般指“电通信”。广义来讲，光通信也属于电通信，因为光也是一种电磁波。

一般将语言、文字、图像或数据称为消息，将消息给予受信者的新知识称为信息。因此，消息与信息不完全是一回事，有的消息包含较多的信息，有的消息根本不包含任何信息，为了更合理地评价一个通信系统传递信息的能力，需要对信息进行量化——即用“信息量”这一概念表示信息的多少。

如何评价一个消息中所含信息量为多少呢？既可以从发送者的角度来考虑，也可以从接收者的角度来考虑。一般我们从接收者的角度来考虑，当人们得到消息之前，对它的内容有一种“不确定性”或者说是“猜测”。当受信者得到消息后，若事前猜测消息中所描述的事件发生了，就会感觉没多少信息量，即已经被猜中；若事前的猜测没发生，发生了其他的事，受信者会感到很有信息量，事件若越是出乎意料，那么信息量就越大。

事件出现的不确定性，可以用其出现的概率来描述。因此，消息中信息量 I 的大小与消息出现的概率 P 密切相关。如果一个消息所表示的事件是必然事件，即该事件出现的概率为 100%，则该消息所包含的信息量为 0；如果一个消息表示的是不可能事件，即该事件的出现的概率为 0，则这一消息的信息量为无穷大。

为了对信息进行度量，科学家哈莱特提出采用消息出现概率倒数的对数作为信息量的度量单位。

定义：若一个消息出现的概率为 P，则这一消息所含信息量 I 为

$$I=\log_a 1/P$$

当 $a=2$，信息量单位为比特（bit）；$a=\mathrm{e}$，信息量单位为奈特（nit）；$a=10$，信息量单位为哈莱特。目前，应用最广泛的是比特。

二、通信系统模型

1. 基本模型

在电通信系统中，消息的传递是通过电信号来实现的，首先要把消息转换成电信号，经过发送设备，将信号送入信道，在接收端利用接收设备对接收信号做相应的处理后，送给信宿再转换为原来的消息，这一过程可用图 3-7 的通信系统一般模型来概括。

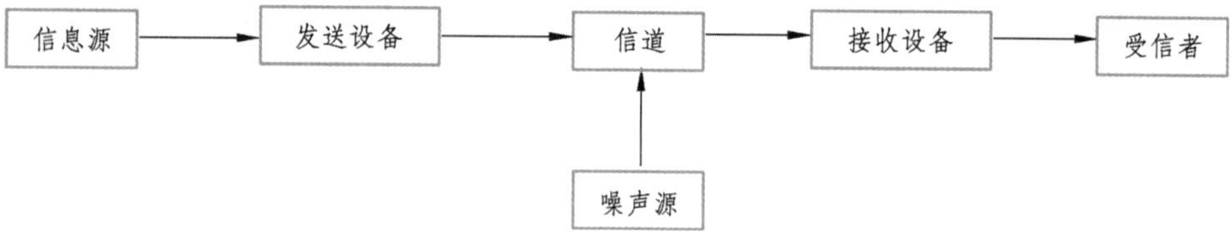

图 3-7　通信基本模型

各部分的功能简述如下：

1）信息源

信息源（简称信源）的作用是把各种消息转换成原始电信号。根据消息的种类不同，信源可分为模拟信源和数字信源。模拟信源输出连续的模拟信号，如话筒（声音→音频符号）、摄像机（画面→视频信号）；数字信源则输出离散的数字信号，如电传机（键盘字符→数字信号）、计算机等各种数字终端。并且，模拟信源送出的信号经数字化处理后也可送出数字信号。

2）发送设备

发送设备的作用是产生适合于在信道中传输的信号，即让发送信号的特性和信道特性相匹配，具有抗信道干扰的能力，并且具有足够的功率以满足远距离传输的需要。因此，发送设备涵盖的内容很多，可能包含变换、放大、滤波、编码、调制等过程。对于多路传输系统，发送设备还包括多路复用器。

3）信　道

信道是一种物理介质，用来将来自发送设备的信号传送到接收端。在无线信道中，信道可以是自由空间；在有线信道中，可以是明线、电缆和光纤。有线信道和无线信道均有多种物理介质。信道既给信号以通路，也会对信号产生各种干扰和噪声。信道的固有特性及引入的干扰和噪声直接关系通信的质量。

图 3-7 中的噪声源是信道中的噪声及分散在通信系统及其他各处的噪声的集中表示。噪声通常是随机的，形式多样的，它的出现干扰了正常信号的传输。

4）接收设备

接收设备的功能是将信号放大和反变换（如译码、解调等），其目的是从收到减损的接收信号中正确恢复出原始电信号。对于多路复用信号，接收设备中还包括解除多

路复用，实现正确分路的功能。此外，它还要尽可能减小在传输过程中噪声与干扰所带来的影响。

5）受信者

受信者（简称信宿）是传送消息的目的地，其功能与信源相反，即把原始电信号还原成相应的消息，如扬声器等。

图 3-7 概括地描述了一个通信系统的组成，根据研究的对象以及所关注的问题不同，因而相应有不同形式的、更具体的通信模型。通常按照信道中传输的是模拟信号还是数字信号，相应地把通信系统分为模拟通信系统和数字通信系统。

2. 模拟通信系统

模拟通信系统是利用模拟信号来传递信息的通信系统，其中包含两种重要变换：第一种变换，是在发送端把连续消息变换成原始电信号，在接收端进行相反的变换，这种变换由信源和信宿完成，这里所说的原始电信号通常称为基带信号。有些信道可以直接传输基带信号，而以自由空间作为信道的无线电传输却无法直接传输这些信号。因此，模拟通信系统中常常需要进行第二种变换：把基带信号变换成适合在信道传输的信号，并在接收端进行反变换，完成这种变换和反变换的通常是调制器和解调器，如图 3-8 所示。除了上述两种变换，实际通信系统中可能还有滤波、放大、无线辐射等过程，上述两种变换起主要作用，而其他过程不会使信号发生质的变化，只是对信号进行放大和改善信号特性等。

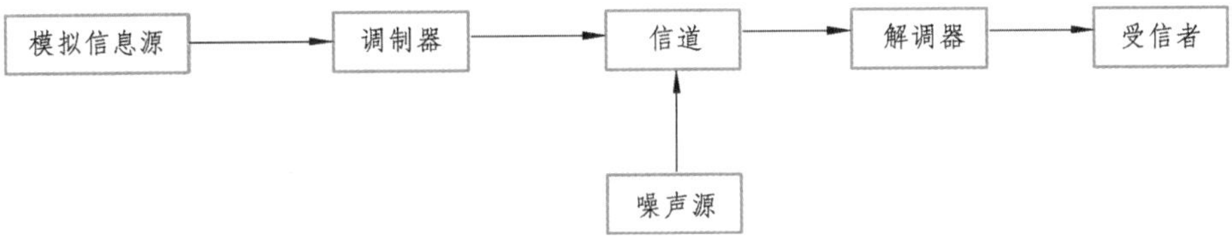

图 3-8　模拟通信系统模型

3. 数字通信系统

目前，无论是模拟通信还是数字通信，在不同的通信业务中都得到了广泛的应用。但是，数字通信的发展速度已明显超过了模拟通信，成为当代通信技术的主流。与模拟通信相比，数字通信具有以下一些优点：

（1）抗干扰能力强（数字信号可多次再生，自动检错、纠错信道），可消除噪声积累。

（2）差错可控，传输性能好。可采用信道编码技术使误码率降低，提高传输的可靠性。

（3）便于与各种数字终端接口，用现代计算技术对信号进行处理、加工、变换、存储，从而形成智能网。

（4）便于集成化，从而使通信设备微型化，便于加密处理，且保密强度高。

图 3-9 所示为数字通信系统的一般化模型，实际的数字通信系统不一定包括图中的所有环节。此外，模拟信号经过数字编码后可以在数字通信系统中传输，当然，数字信号也可以通过传统的电话线传输，但需要使用调制解调器。数字通信系统模型如下：

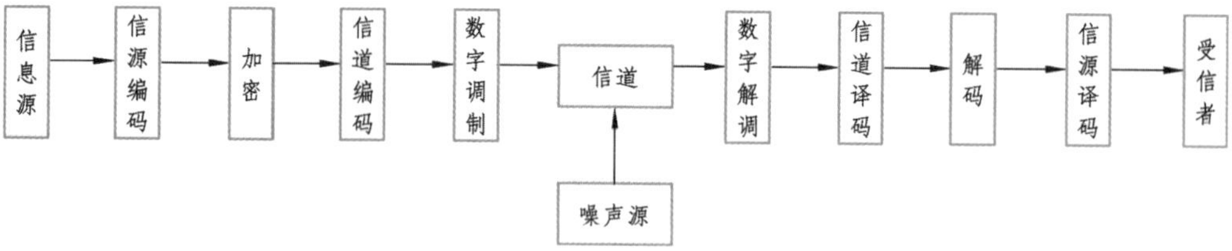

图 3-9　数字通信系统模型

1）信源编码与译码

信源编码有两个基本功能：一是提高信息传输的有效性，二是完成模/数（A/D）转换，信源编码是信源译码的逆过程。

2）信道编码与译码

信道编码的目的是增强数字信号的抗干扰能力，接收端的信道译码器按相应的逆规则进行解码，从中发现错误或纠正错误，提高通信系统的可靠性。

3）加密与解密

在需要事先保密通信的场合，为了保证所传信息的安全，人为地将被传输的数字序列扰乱，即加上密码，这种处理过程叫加密.在接收端利用与发送端相同的密码复制品对收到的数字序列进行解密，恢复原来的信息。

4）调制与解调

所谓调制就是按照原始信号（也称基带信号）的变化规律去改变载波某些参数的过程。通常把正弦或余弦信号称为载波。发射器把信息加载到载波的过程就称为调制，接收器把信息从载波上分离的过程就称为解调。

按照原始信号的类型，调制可以分为模拟（连续）调制和数字调制。在模拟调制中，调制信号的取值是连续的；而数字调制中的调制信号的取值是离散的。模拟调制是其他调制方式的基础，数字调制是现代数字通信中最常用的调制方式。

5）信　道

信道是通信传输信号的通道，是通信系统的重要组成部分。其基本特点是发送信号随机地受到各种可能机理的恶化。

知识点三　通信接口与通信协议

一、通信接口与通信协议的由来

人在用语言交谈时，需要用嘴说话，用耳朵听，通过空气来传播。信息的传递依赖嘴巴和耳朵来进行发送和接收。微机系统的通信，则利用电、光等媒介。最常用的是电，表现在数字电路中，就是高低电平的变化。例如，单片机的 IO 口能实现高低电平的收发，认为它是一种通信接口，通信接口是通信所依赖的实体。

当通信接口确定时，对应的通信协议也就要制定。通信协议是指双方实体完成通信或服务所必须遵循的规则和约定。通过通信信道和设备互连起来的多个不同地理位置的数据通信系统，要使其能协同工作实现信息交换和资源共享，它们之间必须具有共同的语言。交流什么、怎样交流及何时交流，都必须遵循某种互相都能接受的规则，这个规则就是通信协议。

二、典型通信接口与通信协议的介绍

在通信系统中，为了更快速、更准确、更方便地传输数据，往往会有各种接口。这里简单从信号类型和传输方式来划分通信接口。

1. 数字接口/模拟接口

这里主要讨论电子形式的接口。它可分为数字接口和模拟接口，数字接口用二进制高低电平表示数据，模拟接口则可以用电压电流表示信息。模拟形式的接口，最常见的就是音频接口，如耳机接口。数字形式的接口，如 USB 接口，前面提到单片机程序烧写所用的串口等都是数字形式接口。

2. 串行接口/并行接口

串行通信接口，简称串口，也称 COM 口。串口的接口标准规范和总线标准规范是 RS-232、RS-422 以及 RS-485。微机上的串口通常是 9 针，也有 25 针的接口，常用速率为 9 600 bit/s、115 200 bit/s、230 400 bit/s 等。串行接口数据一位位地顺序传送，其特点是通信线路简单，只要一对传输线就可以实现双向通信，并可以利用电话线，从而大大降低了成本，特别适用于远距离通信，但传送速度较慢。通常用于连接通信设备（如连接外置式 MODEM 进行数据通信）等。目前，主流的计算机主板一般都只带 1 个串口，而在无人机或者通信专用电路板中用到的串行接口较多。典型串行接口如图 3-10 所示。

图 3-10　典型串行接口

串口通信的协议简单，串口按位（bit）发送和接收字节。典型的，串口用于 ASCII 码字符的传输。通常使用 3 根线完成：① 地线，② 发送，③ 接收。由于串口通信是异步的，端口能够在一根线上发送数据同时在另一根线上接收数据。其他线用于握手，但不是必须的。串口通信最重要的参数是波特率、数据位、停止位和校验位。

对于两个进行通信的端口，以下参数（见图 3-11）必须匹配。

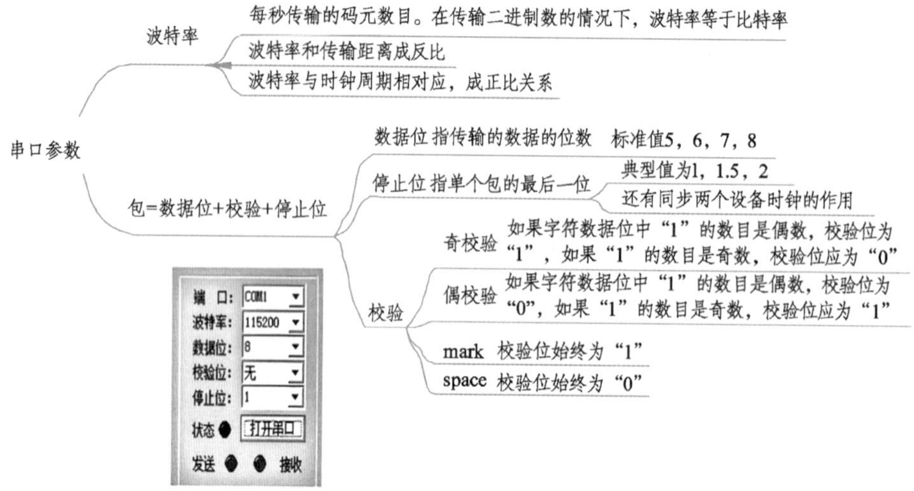

图 3-11　串行接口关键参数汇总

波特率：这是一个衡量通信速度的参数。它表示每秒钟传送的比特的个数。例如，300 波特表示每秒钟发送 300 bit。时钟周期，就是指波特率。例如，如果协议需要 4 800 波特率，那么时钟是 4 800 Hz。这意味着串口通信在数据线上的采样率为 4 800 Hz。通常电话线的波特率为 14 400、28 800 和 36 600。波特率可以远远大于这些值，但是波特率和距离成反比。高波特率常常用于放置得很近的仪器间的通信，典型的例子就是 GPIB 设备的通信。

数据位：这是衡量通信中实际数据位的参数。当计算机发送一个信息包，实际的数据不一定是 8 位的。如何设置取决于想要传送的信息。比如，标准的 ASCII 码是 0 ~ 127（7 位）。扩展的 ASCII 码是 0 ~ 255（8 位）。如果数据使用简单的文本（标准 ASCII 码），那么每个数据包使用 7 位数据。每个包是指一个字节，包括开始/停止位，数据位和奇偶校验位。由于实际数据位取决于通信协议的选取，术语“包”指任何通信的情况。

停止位：用于表示单个包的最后一位。典型的值为 1、1.5 和 2 位。由于数据是在传输线上定时的，并且每一个设备有其自己的时钟，很可能在通信中两台设备间出现了小小的不同步。因此，停止位不仅仅是表示传输的结束，并且提供计算机校正时钟同步的机会。适用于停止位的位数越多，不同时钟同步的容忍程度越大，但是数据传输率同时也越慢。

校验位：在串口通信中一种简单的检错方式。有 4 种检错方式：偶、奇、高和低。当然没有校验位也是可以的。对于偶和奇校验的情况，串口会设置校验位（数据位后面的一位），用一个值确保传输的数据有偶个或者奇个逻辑高位。例如，如果数据是 011，那么对于偶校验，校验位为 0，保证逻辑高的位数是偶数个。如果是奇校验，校验位为 1，这样就有 3 个逻辑高位。高位和低位不真正地检查数据，简单置位逻辑高或者逻辑低校验。这样使得接收设备能够知道一个位的状态，有机会判断是否有噪声干扰了通信或者是否传输和接收数据是否不同步。

串行通信指数据在单条一位宽的传输线上，1 bit 接 1 bit 地按顺序传送的方式，每个时钟脉冲下只能发送一位数据的方式；而在并行通信中一个字节（8 位）数据是在 8 条并行传输线上同时由源端传到目的地，也可以说有多个数据线（几根就是几位），在每个时钟脉冲下可以发送多个数据位（几位的并行口就发送几位）。计算机与外围设备之间的通信方式如图 3-12 所示。

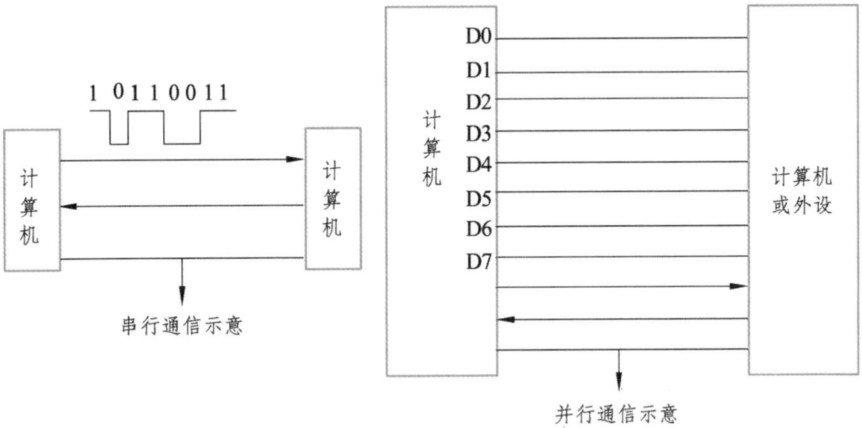

图 3-12　计算机之间串/并行通信示意

所以早期对串行通信与并行通信的理解为：同样的一个字节数据（8 位），串行通信要分 8 次由低位到高位按顺序一位位地传送，而并行通信由于有 8 根线路，所以只要一次就可以传送过去。形象地说，把线路（通道）比作道路，能并排开几辆车的就可以说是“并行”，只能一辆一辆开的就属于“串行”。当今的并行总线根据使用设备的不同有，以及出现 16 位、32 位甚至更高位数的并行总线。

串行和并行通信之间的主要区别

（1）串行通信：单个通道按顺序逐位传输数据的过程。

并行通信：多个通道将数据作为一个完整的字节传输的过程。

（2）串行通信：单个通信链路或电线来传输或接收数据。

并行通信：多个通信链路或电线来传输信号。

（3）串行通信：无论传输的位数如何，只使用一根电线进行传输。

并行通信：使用的线数与传输的位数相同。

（4）串行通信：仅使用两个通道即可完成全双工通信。

并行通信：使用与位相同数量的通道来形成半双工通信。

（5）串行通信：需要一个开始和停止位或一个外部时钟来同步数据。

并行通信：不需要同步，因为在单个时钟周期内接收到整个字节。

（6）串行通信：在短距离和低频率下速度较慢。

并行通信：在短距离和低频下速度很快。

（7）串行通信：对于远距离和高频更有效。

并行通信：对于长距离和高频，效率不高。

（8）串行通信：由于单通道，它不受串扰的影响。

并行通信：它容易受到串扰等干扰。

（9）串行通信：设计非常简单且具有成本效益。

并行通信：复杂的设计是昂贵的。

（10）串行通信：串行通信的例子有 USB、SATA、I2C、SPI 等。

并行通信的例子是计算机到打印机和嵌入式系统内部组件之间的通信。

知识点四　信源编码

信源编码是一种以提高通信有效性为目的而对信源符号进行的变换，或者说为了减少或消除信源冗余度而进行的信源符号变换。最原始的信源编码就是莫尔斯电码，另外还有 ASCII 码和电报码都是信源编码。但现代通信应用中常见的信源编码方式有 Huffman 编码、算术编码、L-Z 编码，这三种都是无损编码，另外还有一些有损的编码方式。

信源编码的作用之一是通常所说的数据压缩，使信源减少冗余，更加有效、经济地传输；作用之二是将信源的模拟信号转化成数字信号，以实现模拟信号的数字化传输。一般来说，减少信源输出符号序列中的剩余度、提高符号平均信息量的基本途径有两个：① 使序列中的各个符号尽可能地互相独立；② 使序列中各个符号的出现概率尽可能地相等。前者称为解除相关性，后者称为概率均匀化。

信源编码的步骤一般有抽样、量化、编码（在具体工程化实现中又分为取样、保持、量化和编码）。常用的二进制信源编码如图 3-13 所示。

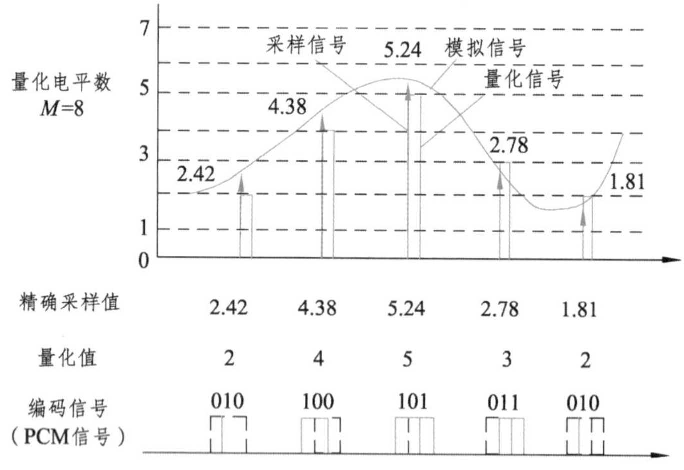

图 3-13　二进制信源编码

知识点五　信道编码

信道编码，也叫差错控制编码，就是在发送端对原数据添加冗余信息，这些冗余信息是和原数据相关的，再在接收端根据这种相关性来检测和纠正传输过程产生的差错，从而对抗传输过程的干扰。

由于移动通信存在干扰和衰落，在信号传输过程中将出现差错，故对数字信号必须采用纠、检错技术，即纠、检错编码技术，以增强数据在信道中传输时抵御各种干扰的能力，提高系统的可靠性。对要在信道中传送的数字信号进行的纠、检错编码就是信道编码。信道编码之所以能够检出和校正接收比特流中的差错，是因为加入一些冗余比特，把几个比特上携带的信息扩散到更多的比特上。为此付出的代价是必须传送比该信息所需要的更多的比特。

高数据传输效率，降低误码率是信道编码的任务。信道编码的本质是增加通信的可靠性。但信道编码会使有用的信息数据传输减少，信道编码的过程是在源数据码流中加插一些码元，从而达到在接收端进行判错和纠错的目的，这就是我们常常说的开销。比如，我们要运输一批玻璃杯一样，为了保证运送途中不出现打烂玻璃杯的情况，通常都用一些泡沫或海绵等物将玻璃杯包装起来，这种包装使玻璃杯所占的容积变大，显然包装的代价使运送玻璃杯的有效个数减少了。同样，在带宽固定的信道中，总的传送码率也是固定的，由于信道编码增加了数据量，其结果只能是以降低传送有用信息码率为代价。将有用比特数除以总比特数就等于编码效率了，不同的编码方式，其编码效率有所不同。

当我们拿起手机刷朋友圈时，数据通过无线信号在手机和基站间传送。由于无线信号是敏感而脆弱的，易受干扰、弱覆盖等影响，发送的数据和接收到的数据有时候会不一致，比如手机发送的 1 0 0 1 0，而基站接收到的却是 1 1 0 1 0，为了纠错，移动通信系统就引入信道编码技术。

在 20 世纪 40 年代以前，人们认为只有通过增加发射功率和重传的方式，才能减少这种通信错误。直到 1948 年香农提出了香农定理，人们才认识到，可以通过信道编码的方式来实现可靠通信。香农公式的表示形式如下：

$$C = B\log_2\left(1+\frac{S}{N}\right)$$

式中　C——信道容量，bit/s；

B——信道带宽，Hz；

S——信号功率，W；

N——噪声功率，W。

香农定理指出，如果信息源的信息速率 R 小于或者等于信道容量 C，那么，在理论上存在一种方法可使信息源的输出能够以任意小的差错概率通过信道传输。直到当今的 5G 通信、光纤通信、量子通信等依然遵循着香农定理。

知识点六　调　制

一、调制的定义与功能

所谓调制就是按调制信号（原始信号，也称基带信号）的变化规律去改变载波某些参数的过程，即在发送端把基带信号频谱搬移到给定信道通带内。解调是在接收端把经过调制后的信号频谱还原为基带信号的频谱。在同一个通信系统中，调制和解调总是成对出现，它们是通信系统中极为重要的组成部分。调制在通信系统中的作用主要表现在以下几个方面：

（1）进行频率变换。把调制信号的频谱搬移到所希望的频带上，从而将调制信号转换成适合信道传输的已调信号。每种信道都有特定的工作频率，多数为高频，即使是适合低频信号传输的某些有线信道如电话线、电缆，在直流和很低频率处衰减也非常剧烈，因此需要按信道允许的工作频率对调制信号进行频率搬移，实现信源信号与信道信号的匹配。

（2）实现信道多路复用，提高信道利用率。信道的通带较宽，具备传输多路信号的能力，可以通过不同载波把基带信号分别调制到不同的频段，这种在频域上实现的多路复用称为频分复用。另外，还有时分复用，码分复用等复用方式，这些复用也都需要通过调制实现。

（3）提高抗干扰能力。在信道中噪声和干扰的影响不可能完全消除，但是可以选择适当的调制方式来减少它们的影响。后面讨论不同的调制方式具有不同的抗噪声性能。

二、调制的分类

调制按信号的形式可分为模拟调制和数字调制，具体见表 3-2。用模拟信号调制称为模拟调制；用数据或数字信号调制称为数字调制。按被调信号的种类可分为脉冲调制、正弦波调制和强度调制（如对非相干光调制）等。调制的载波分别是脉冲、正弦波和光波等。正弦波调制有幅度调制、频率调制和相位调制三种基本方式，后两者合称为角度调制。此外还有一些变异的调制，如单边带调幅、残留边带调幅等。脉冲调制也可以按类似的方法分类。此外还有复合调制和多重调制等。不同的调制方式有不同的特点和性能。在现代数字通信中，数字调制是常用的调制方式，本节仅介绍几种常见的正弦波数字调制。

表 3-2 调制的分类

调制方式			用途举例
正弦波调制	模拟调制	常规双边带调幅 AM	广播
		单边带调制 SSB	载波通信、短波无线电话通信
		双边带调制 DSB	立体声广播
		残留边带调制 VSB	电视广播、传真
		频率调制 FM	微波中继、卫星通信、广播
		相位调制 PM	中间调制方式
	数字调制	振幅键控 ASK	数据传输
		频移键控 FSK	数据传输
		相移键控 PSK、DPSK	数据传输
		其他高效调制 QAM、MSK 等	数字微波、空间通信
脉冲调制	脉冲模拟调制	脉幅调制 PAM	中间调制方式、遥测
		脉宽调制 PDM	中间调制方式
		脉位调制 PPM	遥测、光纤传输
	脉冲数字调制	脉码调制 PCM	市话中继线、卫星、空间通信
		增量调制 DM	军用、民用数字电话
		差分脉码调制 DPCM	电视电话、图像编码
		ADPCM 等其他方式	中继数字电话

1. ASK 调制

幅移键控 ASK（Amplitude Shift Keying）是利用载波的幅度变化来传递数字信息。载波的振幅受二进制调制信号“1”或“0”的控制。当信号为“1”，振幅为“A”。当信号为“0”，振幅为“0”，如图 3-14 所示。$s(t)$ 为数字基带信号，载波为高频振荡的正弦波，2ASK 表示二进制 ASK 调制信号，因为数字基带信号为二进制类型，调制后的 ASK 信号幅度只能表示 0 和 1 两种信息，所以称之为 2ASK。

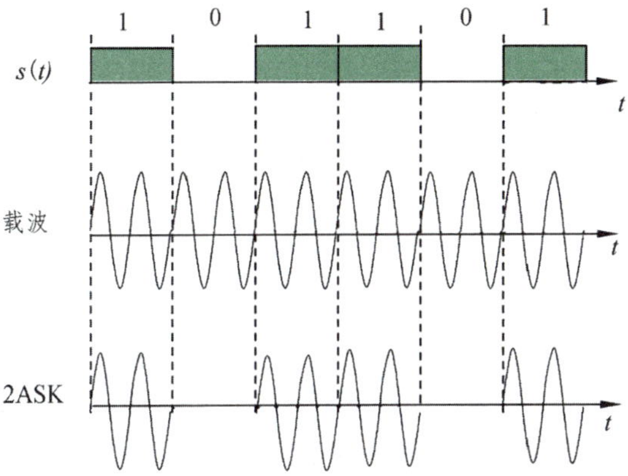

图 3-14　2ASK 调制

2. FSK 调制

频移键控 FSK（Frequency Shift Keying）是利用载波的频率变化来传递数字信息。载波的频率受二进制调制信号控制时，用两个特定的频率分别代表信号“0”和“1”。2FSK 可视为两个不同载频的 2ASK 的叠加，如图 3-15 所示。

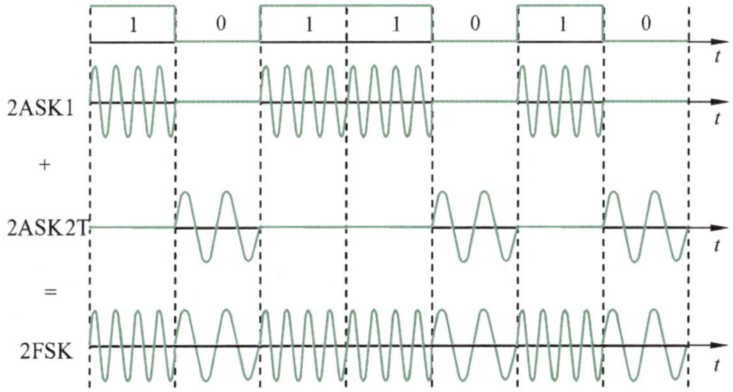

图 3-15　2FSK 调制

3. PSK 调制

相移键控 PSK（Phase Shift Keying）是利用载波相位的变化来传送数据信息，而振幅和频率保持不变。常用初始相位“0”和“π”表示二进制“1”和“0”，如图 3-16 所示。在有些教材中，2PSK 也叫作 BPSK。

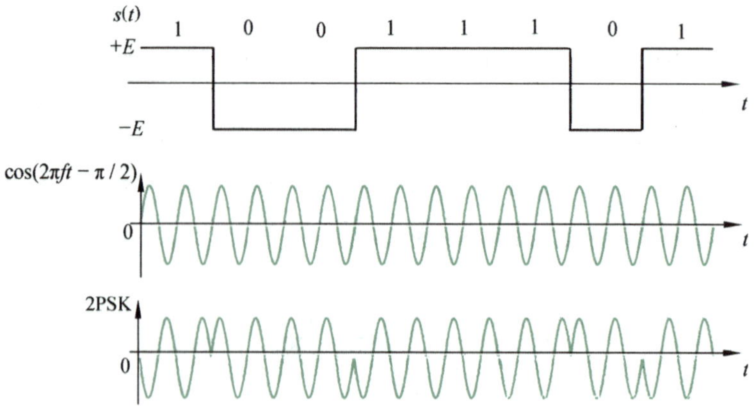

图 3-16　2PSK 调制

4. QPSK 调制

正交相移键控 QPSK（Quadrature Phase Shift Keying）是 PSK 的衍生调制方式。在数字信号的调制方式中 QPSK 是最常用的一种卫星数字信号调制方式，它具有较高的频谱利用率、较强的抗干扰性、在电路上实现也较为简单。QPSK 调制信息如图 3-17 所示，根据初始相位的不同等间距排布在圆周上，A 代表信号的幅度。

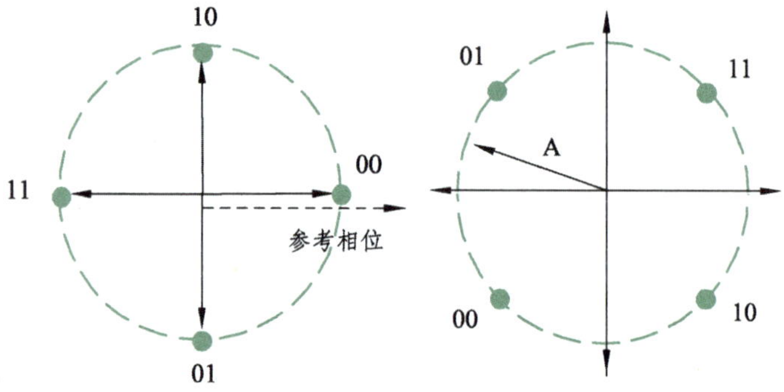

图 3-17　QPSK 调制示意图

知识点七　复用技术

在数字通信中，复用技术的使用极大地提高了信道的传输效率，取得了广泛的应用。多路复用技术就是在发送端将多路信号进行组合，然后在一条专用的物理信道上实现传输，接收端再将复合信号分离出来。多路复用技术主要分为两大类：频分多路复用（简称频分复用）和时分多路复用（简称时分复用），波分复用和统计复用本质上也属于这两种复用技术。另外，还有一些其他的复用技术，如码分复用、极化波复用和空分复用等。

一、频分复用（FDM）

所谓频分复用（Frequency Division Multiplexing，FDM）技术，是指按照频率的不同来复用多路信号的方法。在频分复用中，信道的带宽被分成若干个相互不重叠的频段，每路信号占用其中一个频段，因而在接收端可以采用适当的带通滤波器将多路信号分开，从而恢复出所需要的信号。一个简单的频分复用系统如图 3-18 所示。

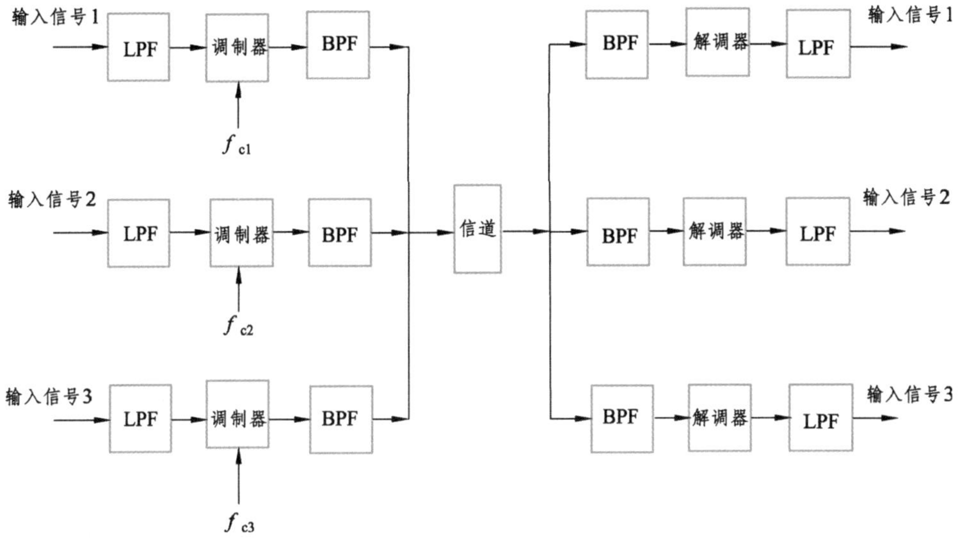

图 3-18　频分复用系统示意

各路基带信号首先通过低通滤波器（LPF）限制基带信号的带宽，避免它们的频谱出现相互混叠。随后，各路信号分别对各自的载波进行调制、合成后送入信道传输。在接收端，分别采用不同中心频率的带通滤波器分离出各路已调信号，解调后恢复出基带信号。频分复用是利用各路信号在频率域不相互重叠来区分的。若相邻信号之间产生相互干扰，将会使输出信号产生失真。为了防止相邻信号之间产生相互干扰，应合理选择各路信号的载波频率，并使各路已调信号频谱之间留有一定的保护间隔。若基带信号是模拟信号，则调制方式可以是 DSB-SC、AM、SSB、VSB 或 FM 等，其中 SSB 方式频带利用率最高。若基带信号是数字信号，则调制方式可以是 ASK、FSK、PSK 等各种数字调制方式。

二、时分复用（TDM）

时分复用（Time Division Multiplexing，TDM）技术是利用各信号的抽样值在时间上的不相互重叠来达到在同一信道中传输多路信号的一种方法。在 FDM 系统中，各信号在频域上是分开的，而在时域上是混叠在一起的；在 TDM 系统中，各信号在时域上是分开的，而在频域上是混叠在一起的。时分复用方式将提供给整个信道传输信息的时间划分成若干时间片（简称时隙），并将这些时隙分配给每一个信号源使用，每一路信号在自己的时隙内独占信道进行数据传输。时分复用技术的特点是时隙事先规划分配好且固定不变，所以有时也叫作同步时分复用。其优点是时隙分配固定，便于调节控制，适于数字信息的传输；缺点是当某信号源没有数据传输时，它所对应的信道会出现空闲，而其他繁忙的信道无法占用这个空闲的信道，因此会降低线路的利用率，但这一问题可以采用统计时分复用的方法解决。时分复用技术与频分复用技术一样，有着非常广泛的应用，电话通信中的 PCM 系统、SDH、ATM 就是其中最经典的例子。

与 FDM 方式相比，TDM 方式主要有以下两个突出优点：

（1）多路信号的复接和分路都是采用数字处理方式实现的，通用性和一致性好，比 FDM 的模拟滤波器分路简单、可靠。

（2）信道的非线性会在 FDM 系统中产生交调失真和高次谐波，引起信号间串扰，因此，要求信道的线性特性要好。而 TDM 系统对信道的非线性失真要求可以降低。

三、码分复用（CDM）

码分复用系统为每路信号分配了各自特定的地址码，利用同一信道来传输信息。码分复用系统的地址码相互之间具有准正交性，以区别各路信号。码分复用的信号在频率、时间和空间上都可能重叠。也就是说，每路信号有自己的地址码，这个地址码用于区别每路信号，地址码彼此之间是互相独立的，也就是互相不影响的。但是由于技术等原因，我们采用的地址码不可能做到完全正交，即完全独立，相互不影响，所以称为准正交，由于有地址码区分各路信号，因此对频率、时间和空间没有限制，在这些方面完全可以重叠。在码分复用系统的接收端，必须有完全一致的本地地址码，用来对接收的信号进行相关检测。其他使用不同码型的信号因为和接收机本地产生的码型不相关而不能被解调。它们的存在类似于在信道中引入了噪声或干扰，通常称之为多址干扰。

在码分多址（CDMA）蜂窝通信系统中，用户之间的信息传输也是由基站进行转发和控制的。为了实现双工通信，正向传输和反向传输各使用一个频率，即通常所谓的频分双工（FDD）。无论正向传输或反向传输，除了传输业务信息外，还必须传送相应的控制信息。为了传送不同的信息，需要设置相应的信道。但是，CDMA 通信系统既不划分频道也不划分时隙，无论传送何种信息的信道都靠采用不同的码型来区分，这样的信道属于逻辑信道。逻辑信道无论从频域来看或从时域来看都是相互重叠的，或者说它们均占有相同的频段和时间。CDMA 数字蜂窝移动通信系统的各种信道的选择，可以采用正交 Walsh 函数来实现。正交 Walsh 函数可以生成正交 Walsh 码，作为地址码实现码分多路复用。

知识点八　扩频通信技术

扩频，全称为扩展频谱。扩展频谱通信由于具有很强的抗干扰能力，首先在军事通信系统中得到了使用。近年来，扩展频谱通信技术的理论和使用发展非常迅速，在民用通信系统中也得到了广泛的使用。

一、扩频通信工作原理

扩展频谱通信系统是指待传输信息信号的频谱，用某个特定的扩频函数扩展后，成为宽频带信号，然后送入信道中传输；在接收端再利用相应的技术或手段将其扩展了的频谱压缩，恢复为原来待传输信息信号的带宽，从而到达传输信息目的的通信系统。也就是说在传输同样信息信号时所需要的射频带宽，远远超过被传输信息信号所必需的最小的带宽。扩展频谱后射频信号的带宽至少是信息信号带宽的几百倍、几千倍甚至几万倍。信息已不再是决定射频信号带宽的一个重要因素，射频信号的带宽主要由扩频函数来决定。

由此可见，扩频通信系统有以下两个特点：

（1）传输信号的带宽远远大于被传输的原始信息信号的带宽。

（2）传输信号的带宽主要由扩频函数决定，此扩频函数通常是伪随机（伪噪声）编码信号。

以上两个特点有时也称为判断扩频通信系统的准则。扩频通信系统最大的特点是其具有很强的抗人为干扰、抗窄带干扰、抗多径干扰的能力。这里先定性地说明一下扩频通信系统具有抗干扰能力的理论依据。

扩频通信系统正是利用香农定理，用高速率的扩频码来扩展待传输信息信号带宽的手段，来达到提高系统抗干扰能力的目的。扩频通信系统的带宽比常规通信系统的带宽大几百倍乃至几万倍，所以在相同信息传输速率和相同信号功率的条件下，具有较强的抗干扰的能力。

二、直接序列扩展频谱

直接序列扩展频谱系统（Direct Sequence Spread Spectrum Communication Systems，DS-SS），通常简称为直接序列系统或直扩系统，是用待传输的信息信号和高速率的伪随机码波形相乘后，去直接控制射频信号的某个参量，来扩展传输信号的带宽。用于频谱扩展的伪随机序列称为扩频码序列。

在直接序列扩频通信系统中，通常对载波进行相移键控（Phase Shift Keying，PSK）调制。为了节约发射功率和提高发射机的工作效率，扩频通信系统常采用平衡调制器。抑制载波的平衡调制对提高扩频信号的抗侦破能力也有利。

在发信机端，待传输的数据信号和伪随机码（扩频码）波形相乘（或和伪随机码序列模 2 加），形成的复合码对载波进行调制，然后由天线发射出去，如图 3-19（a）所示。在收信机端，要产生一个和发信机中的伪随机码同步的本地参考伪随机码，对接收信号进行相关处理，这一相关处理过程通常称为解扩，如图 3-19（b）所示。解扩后的信号送到解调器解调，恢复出传送的信息。

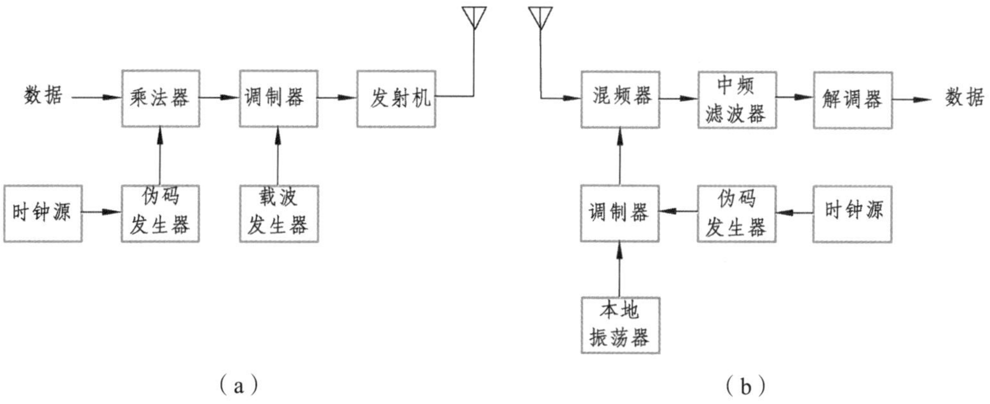

图 3-19　直接序列扩频通信收发系统简化图

三、跳频扩频通信系统

跳频扩频通信系统是频率跳变扩展频谱通信系统（Frequency Hopping Spread Spectrum Communication Systems，FH-SS）的简称，或更简单地称为跳频通信系统，确切地说应叫作“多频、选码和频移键控通信系统”。它是用二进制伪随机码序列去离散地控制射频载波振荡器的输出频率，使发射信号的频率随伪随机码的变化而跳变，如图 3-20 所示。跳频系统可供随机选取的频率数通常是几千到 2^{20} 个离散频率，在如此多的离散频率中，每次输出哪一个是由伪随机码决定的。

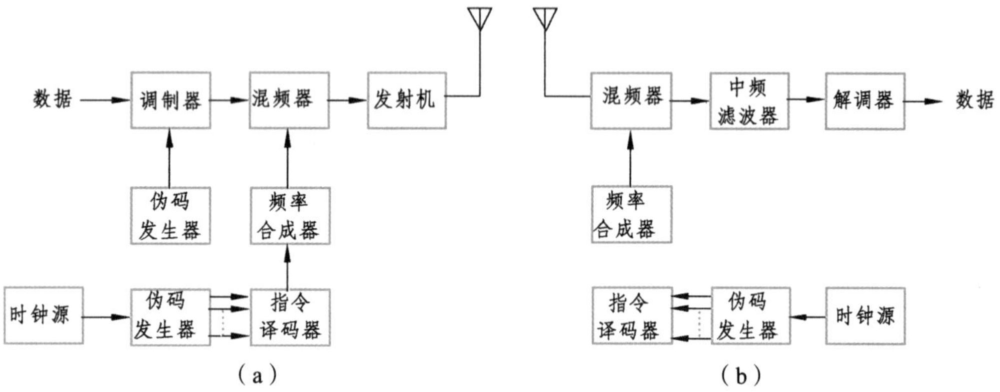

图 3-20　跳频通信收发系统简化方框图

跳频通信系统发信机的发射频率，在一个预定的频率集内由伪随机码序列控制频率合成器（伪）随机地由一个跳到另一个。收信机中的频率合成器也按照相同的顺序跳变，产生一个和接收信号频率只差一个中频频率的参考本振信号，经混频后得到一个频率固定的中频信号，这一过程称为对跳频信号的解跳。解跳后的中频信号经放大后送到解调器解调，恢复出传输的信息。

在跳频通信系统中，控制频率跳变的指令码（伪随机码）的速率，没有直接序列扩频通信系统中的伪随机码速率高，一般为 30 bit/s ~ 10 kb/s。由于跳频系统中输出频率的改变速率就是扩频伪随机码的速率，所以扩频伪随机码的速率也称为跳频速率。根据跳频速率的不同，可以将跳频系统分为频率慢跳变系统和频率快跳变系统两种。

实操任务

任务一　信号调制实践操作

一、任务情境描述

使用 Desmos 软件中的图形计算器，输入简单的信号公式，观察信号调制的结果及其幅度、频率和相位的变化。

二、任务学习目的

（1）直观感受信号调制过程的变化，理解简单的信号调制过程。
（2）理解电信号的表示方式以及信号的 3 个参数。
（3）能够识别在实际工作中遇到的相关类型信号图像。

三、任务操作工单

<table>
<tr><td colspan="4">无人机数据链与指挥控制系统实训工作单</td></tr>
<tr><td>工卡标题</td><td colspan="3">调制波形绘制</td></tr>
<tr><td>工卡编号</td><td>GCS-DLS-M02</td><td>工作区域</td><td>实验室工位</td></tr>
<tr><td>场所/载体</td><td>实训室/计算机</td><td>工　时</td><td></td></tr>
<tr><td>参考文献</td><td colspan="3">通信系统教材，Desmos 使用说明</td></tr>
<tr><td colspan="2">1. 工作任务</td><td>工作者</td><td>检查者</td></tr>
<tr><td colspan="2">使用 Desmos 完成信号调制波形绘制</td><td></td><td></td></tr>
<tr><td colspan="2">2. 工作准备</td><td>工作者</td><td>检查者</td></tr>
<tr><td colspan="2">（1）技术资料：参考文献、检查单、教材。
（2）工作场地：6S 布置、小组划分。
（3）工具、设备：计算机、网络、电源接口</td><td></td><td></td></tr>
<tr><td colspan="2">3. 工作步骤</td><td>工作者</td><td>检查者</td></tr>
<tr><td>工序</td><td>内容描述</td><td></td><td></td></tr>
<tr><td>1</td><td>工作前准备：
（1）确认个人计算机电量充足，网络畅通。
（2）回顾教材相关内容，分清调制的类型与过程。
（3）明确要进行调制的信号，给出原始的基带信号</td><td></td><td></td></tr>
<tr><td>2</td><td>实际操作：打开 Desmos 软件，认识学习界面，掌握常用数学符合输入方法</td><td></td><td></td></tr>
<tr><td>3</td><td>学习并完成调幅信号绘制：寻求教师指导、独立完成幅度调制信号绘制</td><td></td><td></td></tr>
<tr><td>4</td><td>小组讨论：交流学习、实践经验，完成其他类型调制信号绘制</td><td></td><td></td></tr>
<tr><td>5</td><td>成果展示与汇报：保存绘制好的调制波形图，按小组展示与汇报</td><td></td><td></td></tr>
<tr><td colspan="2">4. 工作结束</td><td>工作者</td><td>检查者</td></tr>
<tr><td colspan="2">（1）完成公开内容填写、做好个人总结。
（2）清扫工作现场，保持工位文明整洁，符合 6S 规范。
（3）通知指导教师，上交工卡</td><td></td><td></td></tr>
</table>

理论知识考核

<table>
<tr><td colspan="2">理论考核单元</td><td colspan="3">GCS303 通信基础知识</td></tr>
<tr><td colspan="2">学生姓名</td><td></td><td>提交日期</td><td></td></tr>
<tr><td colspan="4">理论知识考核说明：
（1）阅读表格中的问题，并完成作答。
（2）教师根据学生完成情况打分。
（3）单元考核通过需要理论知识得分率不小于 80%</td><td>得分</td></tr>
<tr><td colspan="5">简答题（每题 5 分）</td></tr>
<tr><td>1</td><td colspan="3">绘制通信系统模型，并阐述每个组成部分的功能。</td><td></td></tr>
<tr><td colspan="5"></td></tr>
<tr><td>2</td><td colspan="3">串口通信最重要的参数有哪些？含义分别是什么？</td><td></td></tr>
<tr><td colspan="5"></td></tr>
<tr><td>3</td><td colspan="3">绘制数字通信系统的一般化模型，简述每一个部分的作用。</td><td></td></tr>
<tr><td colspan="5"></td></tr>
<tr><td>4</td><td colspan="3">绘制 2ASK、2PSK、2FSK 的调制波形图。</td><td></td></tr>
<tr><td colspan="5">绘制2ASK、2PSK、2FSK的调制波形图
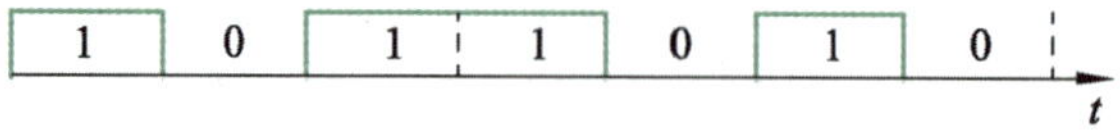
</td></tr>
</table>

续表

<table>
<tr><td>5</td><td>请分析下图所示数字调制方式及所传输的数据信息。初始相位为 0 时，对应基带信息 1；初始相位为π时，对应基带信息 0。
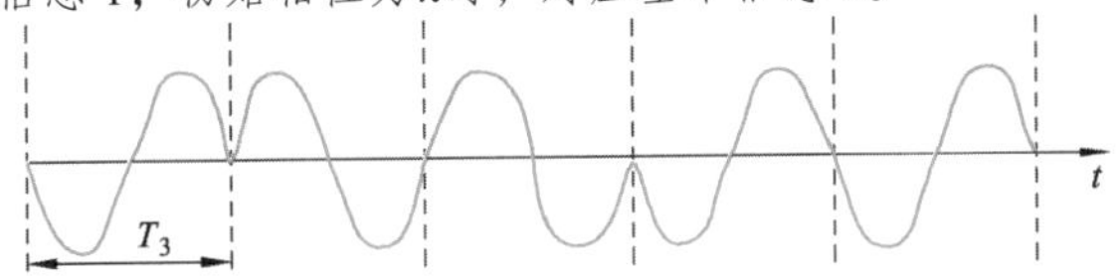
</td><td></td></tr>
<tr><td colspan="3"></td></tr>
<tr><td colspan="3">判断题（每题 1 分）</td></tr>
<tr><td>6</td><td>信道编码是一种以提高通信有效性为目的的变换。（　　）</td><td></td></tr>
<tr><td>7</td><td>时分复用利用各信号的抽样值在时间上的不相互重叠来实现在同一信道中传输多路信号。（　　）</td><td></td></tr>
<tr><td colspan="3">填空题（每空 1 分）</td></tr>
<tr><td>8</td><td>从信号类型划分通信接口可分为（　　　）接口、（　　　）接口，按照传输方式来划分通信接口可分为（　　　）接口、（　　　）接口。</td><td></td></tr>
<tr><td>9</td><td>串口通常使用 3 根线完成：（　　　）、（　　　）、（　　　）。</td><td></td></tr>
<tr><td colspan="3">不定项选择题（每题 2 分）</td></tr>
<tr><td>10</td><td>信道的带宽被分成若干个相互不重叠的频段，每路信号占用其中一个频段，这种复用方式属于（　　）。
A. 频分复用　B. 时分复用　C. 码分复用</td><td></td></tr>
<tr><td>11</td><td>下图所示的复用方式属于（　　）。
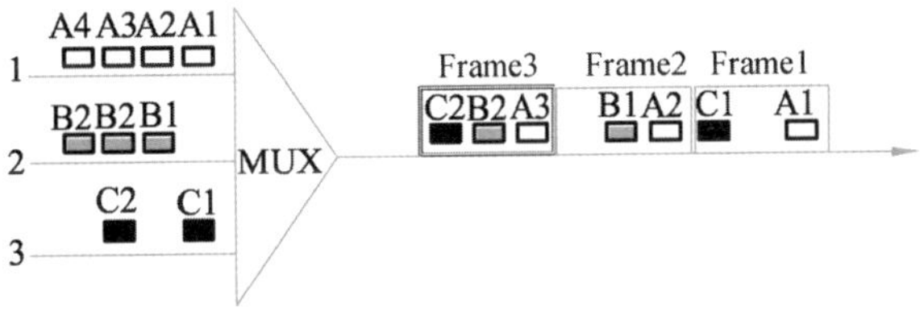

A. FDM　B. TDM　C. STDM　D. CMDA</td><td></td></tr>
<tr><td>12</td><td>以下关于信息的描述正确的是（　　）。
A. 通信系统传输的对象　B. 消息中蕴含的有效内容
C. 消息的电表示形式/传输载体　D. 信息就是消息</td><td></td></tr>
<tr><td>13</td><td>低通信号抽样定理，需要满足采样频率至少是基带信号频率的（　　）倍。
A. 1　B. 2　C. 4　D. 8</td><td></td></tr>
</table>

<table>
<tr><td colspan="5">理论知识考核成绩</td></tr>
<tr><td>得分</td><td></td><td rowspan="2">=</td><td rowspan="2"></td><td rowspan="2">%</td></tr>
<tr><td>总分</td><td></td></tr>
<tr><td>考核结果</td><td colspan="2">☐ 考核通过</td><td colspan="2">☐ 考核未通过</td></tr>
<tr><td>教师签名</td><td></td><td>日期</td><td colspan="2"></td></tr>
</table>

思政小课堂

《通信战士》见证红色通信发展史

抗日战争全面爆发后，靠“一部半”电台起家的我军通信兵，急需培养壮大通信人才队伍。1939年底，为了宣传科学知识、交流通信理论和工作经验体会，军委三局决定创办自己的刊物，取名《通信战士》。军委三局局长王诤写好发刊缘起，并提请毛主席题写刊名，为创刊号写一个简短的发刊词，由军委三局局长王诤到中央开会时交给中央办公厅。第二天，王诤开会回到三局，带回来一个大信封，里面装着毛主席为《通信战士》题写的刊名，有3副供选用。毛主席在退回的“发刊缘起”上写到：“我没有时间写发刊词，你们好好办吧”。王诤这才想起，毛主席那么忙，不应该打扰，发刊词应该自己来写，题目改成为“写在前面的几句话”，并题词：“坚定不移的政治方向，一点一滴的实际工作，争取革命的最后胜利”。1940年1月1日，《通信战士》正式创刊。

在党中央的热情关怀和广大通信兵的支持帮助下，《通信战士》越办越红火。除开辟“电学讲座”“制造报告”“技术问答”“工作经验”等专栏外，还刊登反映通信战士生活的通信、散文、报告文学、诗歌、随笔等。

在《通信战士》创刊一周年之际，王诤又请毛主席题词。一天，王诤在中央所在地杨家岭开会时，中央办公厅交给了毛主席的题词，在一张16开的宣纸上写道：“你们是科学的千里眼顺风耳”。军委三局将这个题词刊登在1941年10月10日出版的《通信战士》杂志上。毛主席的题词迅速引起热烈反响，给予了通信官兵极高赞誉和极大鼓舞，成为全军通信兵的座右铭，并一直沿用至今。

（文章来源：http://epaper.cena.com.cn/content/2021-05/14/content_736893.htm）

课堂笔记

问题/线索/关键字 （课后）	

课后总结与思考

模块四　无人机地面数据终端认知与维护

引导案例/知识背景

无人机技术由飞行平台技术、任务载荷技术和测控技术三大部分组成，集航空技术、控制技术、计算机技术、通信技术、传感器技术及定位技术于一体，是现代高科技的集中体现。

无人机测控技术则是无人机系统最重要的组成部分。无人机的测控技术是指对无人机进行遥控、遥测、跟踪定位和数据传输的技术。遥控指的是对无人机飞行状态和设备状态的控制；遥测指的是对无人机飞行状态和设备状态参数的测量并回传地面；跟踪定位指的是对无人机进行实时连续跟踪与位置测量；数据传输指的是对无人机载任务载荷传感器信息的传输。无人机测控技术包含范围广泛，涉及计算机系统、通信系统、控制理论、信号采集、信号处理、系统建模与仿真和可靠性等多个学科，是一个系统工程。

无人机通信数据终端是无人机的信息网络和控制系统，除实现对无人机的遥控、遥测、跟踪定位和数据信息传输功能外，同时对飞行状态与任务信息进行实时监视和记录。其性能和规模在很大程度上决定了整个无人机系统的性能和规模。

地面数据终端和机载数据终端通过无线信号链路进行信息传输，故作用距离、数据传输能力、抗干扰能力和组网联合作战能力是无人机通信数据终端最主要的技术指标。

无人机通信数据终端的作用距离决定了无人机活动半径，作用距离一是受到发射信号功率和接收机灵敏度影响，二是受到天地之间无线电通视条件的限制，无法满足限制则需要采用信号中继方式完成。

无人机通信数据终端的数据传输速率决定了无人机最大能力。为传输更多的机上传感器信息数据，无人机通信数据终端上下行信道数据传输能力明显不对称，传输任务传感器信息和遥测数据的下行信道的数据传输速率，远高于传输遥控指令的上行信道。

无人机通信数据终端的抗干扰能力决定了无人机的实际可用性。无人机通信数据终端的天线工作仰角一般较低，多径信号和地面干扰严重，这就要求数据链系统有良好的抗多径效应能力、抗干扰能力和电磁兼容能力，以保证在战场特殊环境条件下可靠地工作，适应未来复杂的战场电磁环境。

无人机通信数据终端的协同组网能力决定无人机扩展能力，无人机的无线数据链路带宽越来越宽，战场应用要求无人机作战要向多机联合、网络化方向发展，以获得更强的战斗。

学习导图

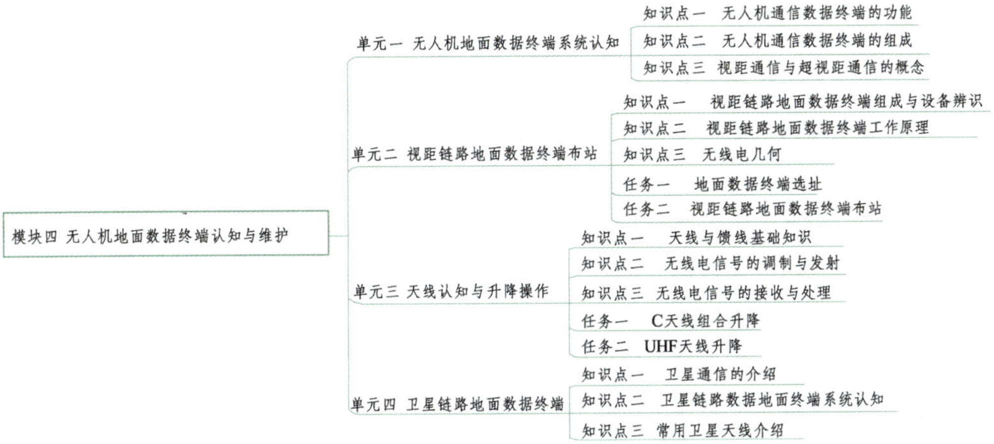

单元一　无人机地面数据终端系统认知

学习目标

1. 知识目标

（1）掌握无人机通信数据终端组成。

（2）理解无人机通信数据终端的功能。

2. 能力目标

（1）能够阐述无人机通信数据终端的功能。

（2）能够分辨地面数据终端。

3. 素质目标

（1）培养团结协作精神和岗位职责意识。

（2）培养系统化、多任务机制的工作意识。

（3）树立无人机行业产品自信、标准自信的意识。

理论知识

知识点一　无人机通信数据终端的功能

无人机系统链路数据终端主要用于实现对无人侦察机遥控、遥测、跟踪定位、侦察信息传输、中继传输等功能，具体功能包括：

（1）实现对无人机飞行控制、任务载荷工作控制及机载系统控制的遥控指令的实时传输。

（2）接收并实时下传无人机的飞行参数、任务载荷设备状态参数、机载系统状态参数给地面控制站。

（3）实现对无人机侦察信息的实时传输。

（4）与链路地面数据终端协同工作，实现对无人机跟踪定位。

（5）实现对无人机前视视频的获取。

（6）实现对无人机前视和 EO 视频的实时压缩传输。

（7）实现图像延迟补偿计算，辅助 EO 对目标定位跟踪。

（8）通过无人机中继，实现指挥控制站与空管等其他超短波平台的双向语音通信。

（9）系统具有快速检测、参数和密钥注入功能。

知识点二　无人机通信数据终端的组成

无人机通信数据终端通常由天、地两部分构成，在飞行器平台上的设备称为机载数据终端（ADT），与其配套在地面上使用的设备称为地面数据终端（GDT）。

地面数据终端（GDT）主要包括视距链路地面终端以及卫星链路地面数据终端。地面数据终端设备需要便于移动，通常采用车载模式，测控系统与控制系统统一安装在方舱内。

地面站一般配有一副全向天线和一副的定向天线（见图 4-1），其中全向天线主要用于起降段等近距离范围与无人机之间建立测控链路，定向天线主要用于中、远距离范围与无人机之间建立测控链路。地面天线可手动、自动切换。

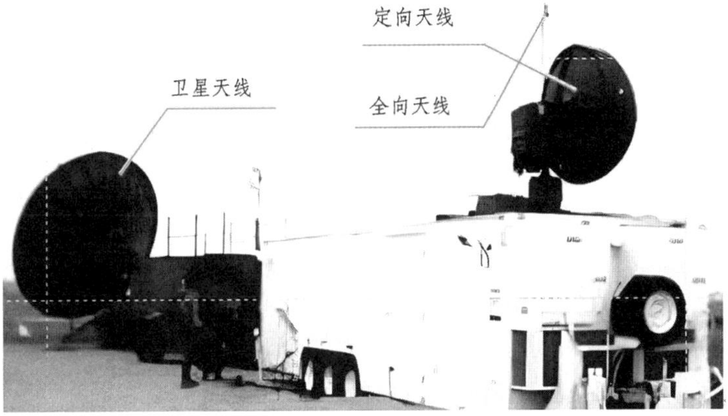

图 4-1　无人机地面数据终端天线

知识点三　视距通信与超视距通信的概念

在无线通信中，将无线通信系统的传播条件分成视距（LOS）和非视距（NLOS）两种环境。在视距条件下，无线信号无遮挡地在发送端与接收端之间进行直线传播，如果不满足这一条件，信号强度就会产生明显下降，而这种利用以视距传播的无线电波进行信息传输的通信就是视距通信。那么，视距通信的距离又是多少呢？显然，视距通信距离不是人眼目视的距离，而是无线电信号（电磁波）无遮挡条件下直线传递信息的最远距离，如图 4-2 所示。目前，大型无人机视距通信距离一般不超过 250 km。

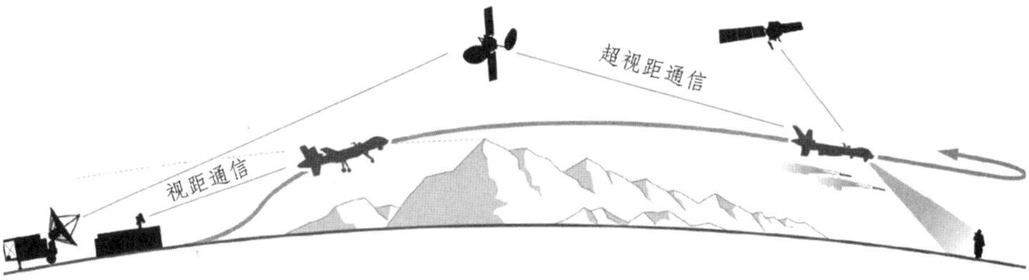

图 4-2　视距通信与超视距通信示意

受地形、环境、距离和设备功率等因素影响，当无人机飞行平台与地面站无法完成视距通信时，则需要使用超视距无线电传播完成通信。超视距（BLOS）是 NLOS 的特殊情况，这种传播是在由地球凸起、地形或其他障碍物阻挡的超长距离通信链路中经常遇到的。中长距离链路最常用的方法是无源和有源中继器，它们接收来自初始发射器的信号并进行中继以增加传播距离。

知识点四　无线电几何

一、超短波和微波的视距传播

无人机通信系统一般在超短波范围进行遥测无线通信，在该频段无线电波的传播特点是直线传播，不像长波和中波那样可绕过障碍物贴地传播，也不能像短波那样穿过电离层通过反射传播（超短波可穿透电离层）。所以无人机通信系统用超短波的传播首先遇到就是视距问题，即通信节点必须是中间无障碍的可视距离下进行传输，而通信所能达到的距离也就是超短波所能达到的距离。

如图 4-3 所示，因为地球为椭圆形的，凸起的地表弧面会挡住视线，导致地表曲率对超短波的传播有较大距离传输的影响。假设 h_1 为地面天线能达到的高度，h_2 为无人机飞行最高高度，与两者相连切于地球表面的连线为超短波的视距，即超短波所能达到的最大传播距离设为 S_0。如果无人机以 h_2 的高度进入图下所标示的盲区，则其无法收到地面天线发射来的超短波信号，同样地面天线也无法收到飞机信号，两者无法通信。

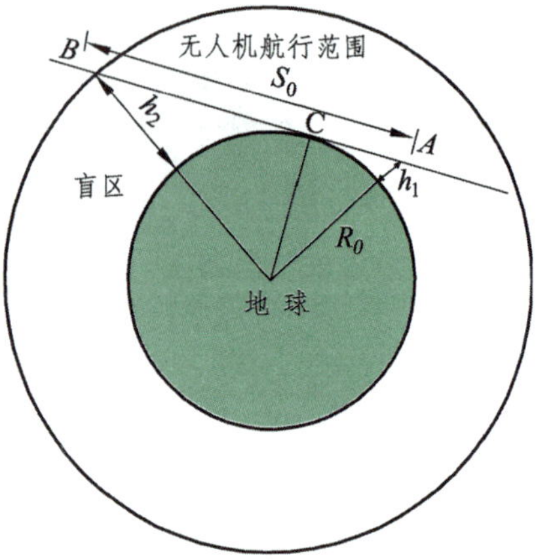

图 4-3　飞行高度与通信距离关系

超短波特别是微波，频率很高，波长很短，它的地表面波衰减很快，因此不能依靠地表面波做较远距离的传播。超短波特别是微波，主要是由空间波来传播的。简单地说，空间波是在空间范围内沿直线方向传播的波。显然，由于地球的曲率使空间波传播存在一个极限直视距离 R_{max}。

如图 4-4 所示，在最远直视距离之内的区域，习惯上称为照明区；极限直视距离 R_{max} 以外的区域，则称为阴影区。不言而喻，利用超短波、微波进行通信时，接收点应落在发射天线极限直视距离 R_{max} 内。

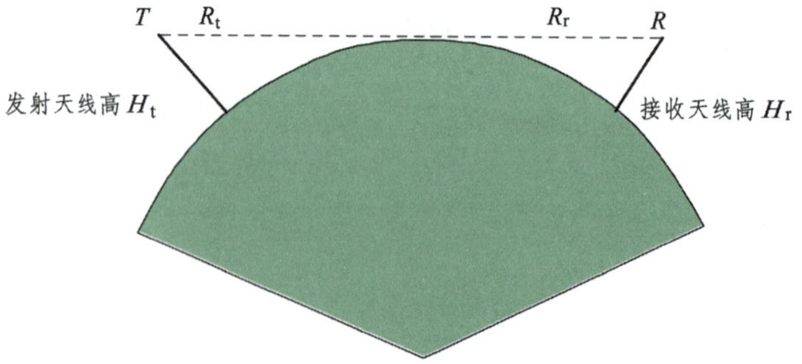

图 4-4　微波视距传输

受地球曲率半径的影响，极限直视距离 R_{max} 和发射天线与接收天线的高度 H_t 与 H_r 间的关系为

$$R_{max} = 4.12\left[\sqrt{H_t(\text{m})} + \sqrt{H_r(\text{m})}\right]\ (\text{km})$$

二、无线通信传输距离计算

接收机灵敏度定义了接收机可以接收的并仍能正常工作的最低信号强度。如果链路方程式中的接收功率值大于或等于接收机灵敏度，那么接收机就能正常工作，也就是说接收机能够正常获取包含在发射信号中的信息。反之，如果接收功率低于灵敏度，那么获取这些信息的质量将远远低于规定的要求。为保持接收机正常工作的最小可接收信号强度，灵敏度可用功率来表示，单位为 dBm（通常是一个比较大的负 dBm 值）。

无线通信传输距离计算主要是根据发射机的发射功率、馈线损耗、天线增益、传播损耗等因素，分析计算到达接收机的功率是否满足接收机灵敏度要求，具体计算公式如下：

$$P_r = P_t - C_t + G_t - F_L + G_r - C_r$$

式中　P_r——到达接收机功率，dBm；

P_t——发送端功率，dBm；

C_r——接收端接头和电缆损耗，dB；

C_t——发送端接头和电缆损耗，dB；

G_r——接收端天线增益，dB；

G_t——发送端天线增益，dB；

F_L——自由空间损耗，dB。

若 P_r 值大于接收机灵敏度，则信号功率能够满足接收机解调要求。

思政小课堂

中国无人机“行业标准”正走向全球

近年来，中国不但研制和装备了多款军用无人机，而且还出口到全球多个国家和地区。但罕有人知的是，这些出口海外的中国无人机，不但带去了中国军工的最新产品，而且还带去了中国无人机的“行业标准”。这就是完全由中国自行研制、拥有完全自主知识产权的“无界”无人机综合信息系统。“无界”无人机综合信息系统的主要功能是实现对无人机的测控、侦察数据的实时回传，以及将落地后的数据处理成情报产品。

无人机测控方面，“无界”提供视距、超视距双模网络化测控，可抗山地、丘陵等复杂地形带来的传输影响，抗干扰、抗截获能力突出。无人机卫星通信链路，通过业界最严苛的ESVA标准认证，具备入网欧星资源能力。而在情报处理方面，“无界”提供敏捷、灵活的情报数据处理，可交叉提示、跨域交接被跟踪的高价值目标。任务规划与情报处理的动态闭环，足以满足作战环境的复杂多变、联合作战的多信息支援需求。

“无界”既可实现多机、网络化测控，也可实现电磁、图像等情报数据的智能处理；能够形成战场态势的敏捷感知、即时共享，也能构建区域乃至国家级的空基ISR（情报、监视、侦察）核心体系。这款集无人测控、情报处理功能于一体的无人机综合信息系统，具有网络化、智能化、高韧性三大优势，是更好应对战场复杂多变情况的“战场利器”。

进一步而言，当所有战场上的无人机都采用“无界”无人机综合信息系统后，它可以将不同型号的无人机统一指挥和调度，支持大规模、高频次、多类型、网络化协同作战，实现侦察、情报、指控、打击等体系合作，形成广域战场覆盖。

为此“无界”无人机综合信息系统还有一个聪慧的“大脑”，可以实现全源目标识别、聚类，支持人工智能及大数据分析，支持目标活动规律、异常事件预警，实现无人机侦察情报融入地区/国家级的战术、战略情报体系，形成战场态势“一张图”。

面对电磁干扰装备的压制，“无界”系统具备高韧性的特点，也就是具有较强的抗干扰能力，遭遇常规压制措施时都可以通过扩频、跳频和认知等抗干扰措施，躲开外部干扰并维系正常通信能力。此外，“无界”系统还可以通过射频隐身和智能天线等技术，支持电磁感知与频率自适应，满足在高烈度、强对抗条件下遂行任务的需求，实现复杂电磁环境中的侦察监视，形成战场前突作战。如今，伴随着中国无人机出口到越来越多的国家，“无界”无人机综合信息系统代表的中国无人机“行业标准”也正在随之走向全球。

（文章来源：https://baijiahao.baidu.com/s?id = 1749245149185259367&wfr = spider&for = pc）

理论知识考核

<table>
<tr><td colspan="2">理论考核单元</td><td colspan="3">GCS401 无人机地面数据终端系统认知</td></tr>
<tr><td colspan="2">学生姓名</td><td></td><td>提交日期</td><td></td></tr>
<tr><td colspan="4">理论知识考核说明：
（1）阅读表格中的问题，并完成作答。
（2）教师根据学生完成情况打分。
（3）单元考核通过需要理论知识得分率不小于 80%</td><td>得分</td></tr>
<tr><td colspan="5">简答题（每题 5 分）</td></tr>
<tr><td>1</td><td colspan="3">无人机通信数据终端由哪两部分组成？</td><td></td></tr>
<tr><td colspan="5"></td></tr>
<tr><td>2</td><td colspan="3">无人机无线通信系统的传播条件可分为哪两种环境？</td><td></td></tr>
<tr><td colspan="5"></td></tr>
<tr><td>3</td><td colspan="3">阐述无人机通信数据终端的功能？</td><td></td></tr>
<tr><td colspan="5"></td></tr>
<tr><td colspan="5">判断题（每题 1 分）</td></tr>
<tr><td>4</td><td colspan="3">无人机通信数据终端主要指地面通信数据终端。 （　　）</td><td></td></tr>
<tr><td>5</td><td colspan="3">遥控、遥测是无人机通信数据终端的功能之一。 （　　）</td><td></td></tr>
<tr><td colspan="5">不定项选择题（每题 2 分）</td></tr>
<tr><td>6</td><td colspan="3">以下属于无人机通信数据终端功能的是（　　）。
A. 遥控　　B. 定位跟踪
C. 指挥控制　　D. 中继传输</td><td></td></tr>
<tr><td>7</td><td colspan="3">以下属于无人机通信数据终端天线的是（　　）。
A. 地面全向天线　　B. 机载全向天线
C. 地面定向天线　　D. GPS 天线</td><td></td></tr>
<tr><td>8</td><td colspan="3">以下属于无人机视距链路的频段的是（　　）。
A. Ka 波段　　B. Ku 波段
C. C 波段　　D. UHF 波段</td><td></td></tr>
<tr><td colspan="5">理论知识考核成绩</td></tr>
<tr><td colspan="2">得分</td><td></td><td rowspan="2">=</td><td rowspan="2">%</td></tr>
<tr><td colspan="2">总分</td><td></td></tr>
<tr><td colspan="2">考核结果</td><td colspan="2">☐ 考核通过</td><td>☐ 考核未通过</td></tr>
<tr><td colspan="2">教师签名</td><td></td><td>日期</td><td></td></tr>
</table>

课堂笔记

问题/线索/关键字 （课后）	

课后总结与思考

单元二　视距链路地面数据终端布站

学习目标

1. 知识目标

（1）掌握视距链路地面数据终端功能。

（2）掌握视距链路地面数据终端组成。

（3）理解视距链路地面数据终端原理。

2. 能力目标

（1）能够模拟 GDT 布站。

（2）能够进行 GDT 选址。

3. 素质目标

（1）培养团结协作精神和岗位职责意识。

（2）培养多设备、多系统协同化的全局工作意识。

（3）培养维修维护成本意识，设备、人员工作风险意识。

理论知识

知识点一　视距链路地面数据终端组成与设备辨识

视距地面终端配有两个波段的链路设备。如图 4-5 所示，C 波段链路设备是系统主用链路，上行传输遥控数据，下行传输图像/任务数据和遥测数据；UHF 波段链路设备作为 C 波段的链路设备的备份，上行传输遥控数据，下行传送低速遥测数据，可以确保近场起飞，降落飞机安全，以及远距离遥控和遥测信息的可靠传输。

图 4-5　视距链路组成

地面数据终端设备组成如图 4-6 所示，主要设备包括：

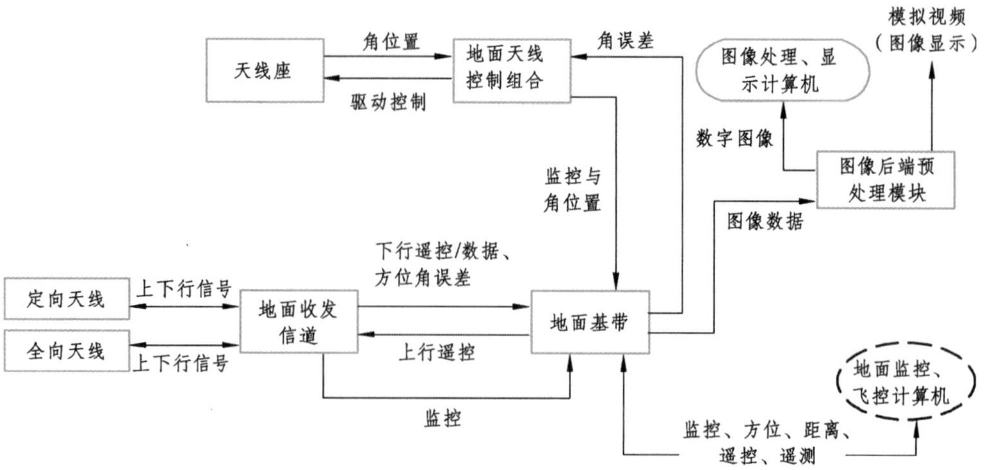

图 4-6 地面数据终端设备组成框图

1. 地面定向天线

地面定向天线通过伺服控制机构自动对准飞行器目标，从而建立起飞行器与地面站之间的空间链路，提供全双工通信收发功能。该设备以一定安装精度（电轴与天线座底座 0 基本线重合）固定在地面天线座上，安装于车载方舱顶部。

2. 地面全向天线

地面全向天线通常为一副半波偶极子全向天线，用于建立在飞行器起降等近距离范围内飞行器与地面之间的空间链路，提供全双工通信收发功能。该设备固定于地面天线座上，并与地面定向天线相对位置关系固定，高度可调节。全向天线及其高度调节装置可拆卸，并可收藏。

3. 地面天线伺服系统

天线伺服系统为一副 AZ-EL 型天线座，方位可动，俯仰可收藏。主要用于在地面天线控制组合控制下，改变天线工作状态或驱动天线按预定方位转动，接受地面遥测监控计算机监视与控制，并反馈角度位置信息。

4. 地面天线控制组合

地面天线控制组合可控制天线座工作在收藏、待机、手控、数引、自跟踪等多种方式。通过监控计算机，接收人机界面控制指令或地面基带跟踪接收机方位角跟踪误差电压信息，调整和控制天线和天线座的工作状态与角度位置。

5. 地面信道组合

提供地面基带设备中频接口，为上行遥控中频信号提供射频变频与功率放大通道。为下行遥测、下行情报/图像信息提供射频下变频通道，同时为天线跟踪提供差路接收及通道合并功能，输出标准中频信号。为地面测控设备提供标准频率源。信道组合提供了地面设备与无人机机载设备进行射频有线联试的接口。

6. 地面基带（终端处理机）

地面调制器通过测控终端接收上行遥控信息，完成上行信号的数据处理、扩频调制，DAC 变化后送出上行标准中频信号。同时调制器还为基带接收机提供模拟遥测中频信号。主接收机接收下行包含遥测、下行情报/图像信息及单通道单脉冲角跟踪信息的中频信号，进行载波捕获与跟踪、码捕获与跟踪，经过信息的解扩、解调、位同步、帧同步、信道译码等信号与信息处理过程，并完成距离测量功能，送出遥测数据、情报/图像数据，距离测量数据。其中遥测、情报/图像、距离测量数据送遥测监控计算机。基带跟踪接收机完成角误差信号的提取，误差电压送地面天线控制组合，并同时经测控终端数字化处理后送监控计算机。在监控计算机中，从天线伺服系统（轴角编码器）反馈回来的角度值与跟踪接收机送来的角跟踪误差角度值一起，共同形成飞行器目标的测量值。

7. 射频前端

射频前端是射频收发器和天线之间的一系列组件，通常包括功率放大器、天线开关、滤波器、双工器以及低噪声放大器。其中功率放大器，简称功放，一般用于发射通道的信号功率放大。天线开关一般用于射频信号接收与发射的切换以及不同频段间的切换。滤波器用于保留特定频段内的信号，而将特定频段外的信号滤除。双工器将发射和接收信号的隔离，保证接收和发射在共用同一天线的情况下能正常工作。低噪声放大器用于实现接收通道的射频信号放大。

8. 变频组合

变频组合由上变频器以及下变频器组成，用于实现上行信号的上变频以及下行信号的下变频。

9. 遥测监控计算机

遥测监控计算机用于对地面测控设备参数状态、遥测信息进行本地监视与控制。并通过标准网络接口和网络交换机，接收外部飞行控制计算机命令输入及通信管理设备的远程监控。

10. 图像后端预处理模块

接收从地面基带解调送来的数据/图像压缩数据，进行两路图像硬解压处理后将模拟视频图像分别送专用图像显示处理设备进行显示，将数字图像送去图像处理计算机完成处理和记录。

11. 地面网络交换机

地面网络交换机是连接无人机地面基带的网络接口，地面飞控计算机网络接口，地面遥测监控计算机的网络接口，为遥测、遥控信息在地面站内和站外数据交换提供路由。

12. 地面电源组合

地面电源组合为地面设备提供工作电源。

13. 图像显示处理设备

图像显示处理设备一般包括一台模拟图像显示设备，一台图像处理计算机。模拟图像显示设备用于显示低时延模拟图像，供地面飞控操控人员实时操控飞行器，以及情报人员实时监视任务区使用。图像处理计算机用于对解调图像数据进行软件解压、显示记录，可完成基本的图像处理、图像分发等功能。

知识点二　视距链路地面数据终端工作原理

地面设备传输的信息主要包括数据信息、监控信息两类。其中，数据信息主要包括：

（1）地面飞控计算机发送来的上行遥控信息（遥控指令、注入数据等）。

（2）通信管理设备下发的角度引导数据信息。

（3）地面基带接收解调的遥测信息。

（4）地面基带解调后的图像数据信息。

（5）地面基带解调处理输出的距离数据信息。

地面天线控制组合输出的指向角度信息。脱离外部飞控计算机的情况下，地面基带是整个地面设备的本地监控中心，可本地实现对其他地面设备的工作状态、参数配置的集中监视和管理控制。同时，地面基带将地面所有设备的工作状态、参数配置信息全部透明传输到外部网络交换机，通过地面遥测监控计算机显示，并接收地面飞控计算机的远程监控。

视距链路地面数据终端工作原理如图 4-7 所示。C 波段地面设备接收地面控制站送来的上行遥控数据，在终端处理机进行编码、加密、信道编码、扩频和调制后送入信道组合，变频组合，经变频放大后通过发射天线发射出去，同时根据链路控制指令控制地面设备工作状态。

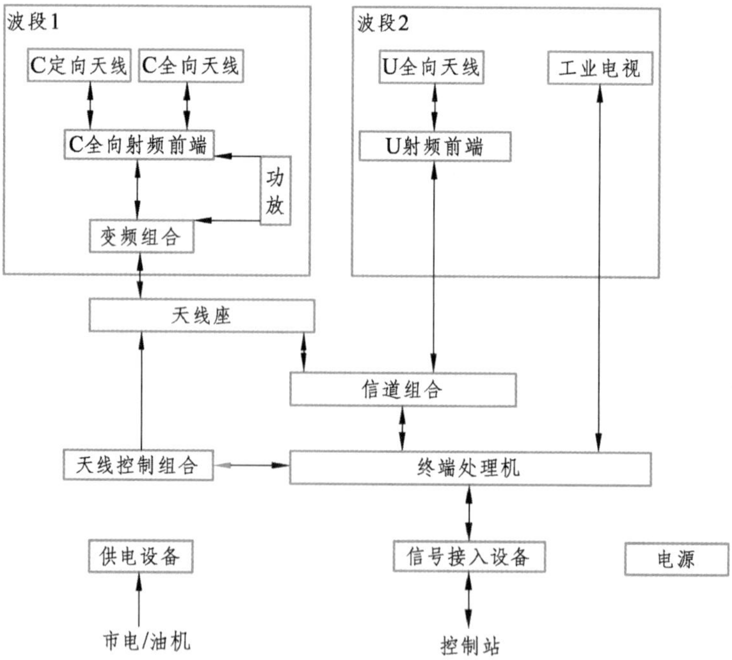

图 4-7　视距链路地面数据终端原理

C 波段下行射频信号经双工器，低噪声放大器输出，经变频组合下变频后输出中频信号到信道组合。在信道组合经二次下变频后，输出两路中频送给终端处理机中的跟踪接收机和 C 波段调制解调器。跟踪接收机解调出天线方位误差电压送天线控制组合，实现对天线跟踪。C 波段调制解调器接收中频信号完成解调。信道译码、解密后输出复合数据流送地面控制站。视距 C 波段链路设备采用定向天线和全向天线切换使用，定向天线主要用于完成远距的高速侦察信息传输，全向天线用于近距信号传输。

视距 UHF 波段链路设备接收地面控制站送来的上行遥控数据，经加密后在终端处理及进行信道编码和调制，经信道组合内的上变频器放大滤波后，通过射频前端放大后送天线发射出去，同时根据链路控制指令控制地面设备工作状态。地面 UHF 波段天线接收到下行射频信号经射频前端放大后分为两路信号，分别送入信道组合，输出两路中频信号在终端处理机进行解调，纠错解码，解密后经接口变换送地面控制站。

实操任务

任务一　地面数据终端选址

一、任务情境描述

布站是地面站维修维护工作中很重要的一个环节，布站主要包括选址、方舱调平、线缆连接以及天线安装等环节。其中，选址是十分重要的环节，是关系到地面数据终端能够与无人机进行正常通信的前提。

二、任务学习目的

（1）能够理解布站选址的原因。

（2）能够掌握选址的步骤以及注意事项。

三、任务操作工单

<table>
<tr><td colspan="6">无人机地面站系统实训工作单</td></tr>
<tr><td>工卡标题</td><td colspan="5">视距链路地面数据终端选址</td></tr>
<tr><td>工卡编号</td><td colspan="2">GCS-GDT-M01</td><td>工作区域</td><td colspan="2"></td></tr>
<tr><td>场所/载体</td><td colspan="2">地面站</td><td>学习模块</td><td colspan="2">无人机通信数据终端</td></tr>
<tr><td>版次</td><td colspan="2"></td><td>工时</td><td colspan="2">4 h</td></tr>
<tr><td>编写</td><td></td><td>审核</td><td></td><td>批准</td><td></td></tr>
<tr><td colspan="4">安全注意事项：
（1）严格遵守操作流程要求。
（2）确认地面站各席位正常加电。
（3）实训场不得追逐打闹。
（4）不得随意拆装地面站</td><td></td><td></td></tr>
<tr><td colspan="6">1. 工作任务</td></tr>
<tr><td colspan="4">完成 GDT 选址</td><td></td><td></td></tr>
<tr><td colspan="6">2. 工作准备</td></tr>
<tr><td colspan="4">电源或者发电机电源满足 220（1±10%）V/50 Hz，电压超过此范围，设备有损坏风险</td><td></td><td></td></tr>
<tr><td colspan="4">3. 工作步骤</td><td></td><td></td></tr>
<tr><td>工序</td><td colspan="3">内容描述</td><td>工作者</td><td>检查者</td></tr>
<tr><td>1</td><td colspan="3">地面站与飞机跑道之间无障碍物</td><td></td><td></td></tr>
<tr><td>2</td><td colspan="3">地面站和飞机跑道之间应预留足够的距离，以确保整个跑道都覆盖在信号中</td><td></td><td></td></tr>
<tr><td>3</td><td colspan="3">GDT 舱周围没有任何高楼或者高地，这可能导致信号反射</td><td></td><td></td></tr>
<tr><td>4</td><td colspan="3">选址完成后，使用设备检查使用的频段内是否存在干扰频率</td><td></td><td></td></tr>
<tr><td>5</td><td colspan="3">结束工作，整理并清洁场地</td><td></td><td></td></tr>
</table>

任务二　视距链路地面数据终端布站

一、任务情境描述

布站是地面站维修维护工作中很重要的一个环节，布站主要包括选址、方舱调平、接线缆连接以及天线安装等环节。其中，布站是在确定选址之后，需要学员能够辨识各个设备以及其所处的位置，具备视距链路数据终端相关基础知识。

二、任务学习目的

（1）能够辨识各个设备并知道其在方舱内的位置。

（2）能够掌握布站的步骤以及注意事项。

（3）能够按照要求完成布站程序。

三、任务操作工单

<table>
<tr><td colspan="6">无人机地面站系统实训工作单</td></tr>
<tr><td>工卡标题</td><td colspan="5">视距链路地面数据终端布站</td></tr>
<tr><td>工卡编号</td><td colspan="2">GCS-GDT-M02</td><td>工作区域</td><td colspan="2"></td></tr>
<tr><td>场所/载体</td><td colspan="2">地面站</td><td>学习模块</td><td colspan="2">无人机通信数据终端</td></tr>
<tr><td>版次</td><td colspan="2"></td><td>工时</td><td colspan="2">4 h</td></tr>
<tr><td>编写</td><td></td><td>审核</td><td></td><td>批准</td><td></td></tr>
<tr><td colspan="4">安全注意事项：
（1）严格遵守操作流程要求。
（2）实训场不得追逐打闹。
（3）不得随意拆装地面站。
警示：在使用期间，需要将光纤架高，以防踩踏、车辆碾轧或者因其他情况被破坏</td><td></td><td></td></tr>
<tr><td colspan="6">1. 工作任务</td></tr>
<tr><td colspan="4">完成 GDT 布站</td><td></td><td></td></tr>
<tr><td colspan="6">2. 工作准备</td></tr>
<tr><td colspan="4">电源或者发电机电源满足 220（1±10%）V/50 Hz，电压超过此范围设备有损坏风险</td><td></td><td></td></tr>
<tr><td colspan="4">3. 工作步骤</td><td></td><td></td></tr>
<tr><td>工序</td><td colspan="3">内容描述</td><td>工作者</td><td>检查者</td></tr>
<tr><td>1</td><td colspan="3">地面站布站：
将地面站布在选定区域，方舱后部与跑道相对应；在 GDT 方舱周围将垫块放在千斤顶下方，将方舱调整水平</td><td></td><td></td></tr>
</table>

续表

2	CCS 与 GDT 舱之间的距离应提前考虑光缆长度以及电源和光缆的铺设问题		
3	线缆连接： （1）连接 GDT 与 CCS 之间的光缆 1 和光缆 2。 （2）安装接地杆，通过接地线连接方舱和接地杆。 （3）将电源线从 GDT 连接到发电机。 （4）连接 CCS 方舱的接地线和发电机的电源电缆		
4	UHF 天线安装： （1）从天线防护罩上取出 UHF 天线，将 UHF 天线接地，天线放置在天线桅杆顶部的紧固件槽中，并拧紧锁定装置。 （2）将 UHF 天线电缆连接好，并通过天线支架上的绑定螺纹固定电缆		
5	结束工作，整理并清洁场地		

思政小课堂

哪怕没信号，也能自动回家的无人机

作为人民空军最具传奇的试飞员之一，雷强驾驶过国内外 22 种不同型号的战斗机，其中包括歼 10 的首飞。可就是如此经验丰富的飞行员，在操控无人机的时候也并不轻松。无人机操控时，只能看到一个屏幕，而数据及其符号是在不停地变化，需要操作者通过这些变化想象出飞机的状态变化。

“当时确实觉得，什么好飞机咱们都飞过了，无人机很简单。但是真正介入以后，感觉无人机并不好飞。有人机飞的时候视觉、听觉、嗅觉、感觉，全身都在帮你判断。”

雷强遇到的挑战，正是“翼龙”在研发过程中最大的困难。与有人机由飞行员直接控制不同，无人机在飞行时，必须通过无线电或卫星与地面站保持联系。一旦信号中断或遭到干扰，飞机就可能面临失控的危险。因此，在研发的时候，李屹东和团队专门为“翼龙”设计了通信中断后自动返航的功能。

几年前的一天，用户派出“翼龙”无人机执行任务飞出几十千米后，由于飞行员操作失误，地面站与飞机之间的信号突然中断，飞机失联了。就在用户和我方服务组紧张万分，想尽办法定位、寻找飞机的下落时，塔台突然传来的消息，飞机已经在跑道中央平稳滑行。

这一次的有惊无险，不仅验证了“翼龙”无人机断链返航功能的可靠，也为李屹东和整个团队注入了更强的信心。

（文章来源：https://baijiahao.baidu.com/s?id = 1722848342889472927&wfr = spider&for = pc）

理论知识考核

理论考核单元	GCS402 无人机指挥控制站系统认知		
学生姓名		提交日期	
理论知识考核说明： （1）阅读表格中的问题，并完成作答。 （2）教师根据学生完成情况打分。 （3）单元考核通过需要理论知识得分率不小于 80%			得分
简答题（每题 5 分）			
1	视距链路地面数据终端的主要设备有哪些？		
2	视距链路地面数据终端有哪些天线？		
3	阐述视距链路地面数据终端的工作原理。		
判断题（每题 1 分）			
4	视距链路地面数据终端主要负责人眼能看到的距离内的信息传输。（　　）		
5	视距链路地面数据终端 UHF 波段的天线是地面定向天线。（　　）		
6	调制、解调在基带组合中进行。（　　）		
填空题（每空 1 分）			
7	无人机视距链路由（　　）波段、（　　）波段。其中主用链路为（　　）。		
8	无人机地面数据终端天线包括（　　）、（　　）、（　　）、（　　）。		

续表

不定项选择题（每题 2 分）			
9	以下属于终端处理机功能的是（　　）。 A. 调制　　B. 扩频 C. 放大　　D. 遥控		
10	以下属于信道组合功能的是（　　）。 A. 上变频　　B. 编码 C. 下变频　　D. 调制		
11	以下属于变频组合功能的是（　　）。 A. 上变频　　B. 放大 C. 下变频　　D. 调制		
12	以下（　　）在 GDT 机柜中。 A. 信道组合　　B. C 射频前端 C. UHF 射频前端　　D. 天线控制组合		
13	以下起到发送与接收共用天线的器件是（　　）。 A. 功率放大器　　B. 双工器 C. 滤波器　　D. 天线控制组合		
14	以下起到选择特定频率的信号作用的器件是（　　）。 A. 功率放大器　　B. 双工器 C. 滤波器　　D. 天线控制组合		
15	以下起到控制天线工作状态的设备是（　　）。 A. 功率放大器　　B. 双工器 C. 滤波器　　D. 天线控制组合		
16	以下起到驱动天线转动的设备是（　　）。 A. 功率放大器　　B. 双工器 C. 天线伺服系统　　D. 天线控制组合		

理论知识考核成绩				
得分		=		%
总分				
考核结果	□ 考核通过		□ 考核未通过	
教师签名		日期		

实操技能考核

<table>
<tr><td>实操考核单元</td><td colspan="4">GCS402 视距链路地面数据终端</td></tr>
<tr><td>学生姓名</td><td></td><td>提交日期</td><td colspan="2"></td></tr>
<tr><td>实操任务要求</td><td colspan="4">学生需要完成以下任务：
（1）能够在既定场景中选择合适的场景作为选址。
（2）能够按照步骤完成 GDT 布站</td></tr>
</table>

<table>
<tr><td colspan="2">考核说明：
（1）阅读实操任务要求，完成任务操作。
（2）考核结果栏由教师完成，Y 表示操作步骤正确，P 表示操作步骤部分正确，N 表示操作步骤错误</td><td>Y</td><td>P</td><td>N</td></tr>
<tr><td colspan="5">学生能否正确完成以下任务操作步骤</td></tr>
<tr><td>1</td><td>在场景中选择可以作为 GDT 布站的区域</td><td></td><td></td><td></td></tr>
<tr><td>2</td><td>正确摆放 GDT 方舱</td><td></td><td></td><td></td></tr>
<tr><td>3</td><td>方舱调平</td><td></td><td></td><td></td></tr>
<tr><td>4</td><td>连接 GDT 与 CCS 之间的光缆 1 和光缆 2</td><td></td><td></td><td></td></tr>
<tr><td>5</td><td>安装接地杆，通过接地线连接方舱和接地杆</td><td></td><td></td><td></td></tr>
<tr><td>6</td><td>将电源线从 GDT 连接到发电机</td><td></td><td></td><td></td></tr>
<tr><td>7</td><td>连接 CCS 方舱的接地线和发电机的电源电缆</td><td></td><td></td><td></td></tr>
<tr><td>8</td><td>从天线防护罩上取出 UHF 天线，将 UHF 天线接地，天线放置在天线桅杆顶部的紧固件槽中，并拧紧锁定装置</td><td></td><td></td><td></td></tr>
<tr><td>9</td><td>将 UHF 天线电缆连接好，并通过天线支架上的绑定螺纹固定电缆</td><td></td><td></td><td></td></tr>
<tr><td>10</td><td>整理场地</td><td></td><td></td><td></td></tr>
</table>

<table>
<tr><td colspan="3">实操任务考核成绩</td></tr>
<tr><td>综合评估结果</td><td>☐ 考核通过</td><td>☐ 考核未通过</td></tr>
<tr><td colspan="3">评语（未通过时说明原因）：</td></tr>
</table>

<table>
<tr><td>教师签名</td><td></td><td>日期</td><td></td></tr>
</table>

课堂笔记

问题/线索/关键字 （课后）	

课后总结与思考

单元三　天线认知与升降操作

学习目标

1. 知识目标

（1）掌握天线的工作原理。

（2）掌握天线升降的注意事项。

（3）掌握信号发射与接收的基本原理。

2. 能力目标

（1）能够分辨天线。

（2）能够进行天线的安装与升降操作。

（3）能够进行定向天线的安装与升降操作。

3. 素质目标

（1）培养树立榜样，勇往直前的学习精神。

（2）培养敢于从零开始，虚心求教，乐于分享的工作态度。

（3）提升团队意识和奉献精神。

理论知识

知识点一　天线与馈线基础知识

一、天线的概念与分类

天线是任何无线电设备和系统必不可少的前端（对接收机）或后端（对发射机）器件，用来实现传输线中的射频电流能量与空中传播的电磁波能量之间的转换，即对线上和空中的电信号起到沟通和连接的作用。

天线品种繁多，以供不同频率、不同用途、不同场合、不同要求等不同情况下使用。对于众多品种的天线，进行适当的分类是必要的。天线按用途可分为通信天线、电视天线、雷达天线等；按工作频段可分为短波天线、超短波天线、微波天线等；按方向性可分为全向天线、定向天线等；按外形可分为线状天线、面状天线和抛物面天线等，如图 4-8 所示。天线的组成一般分为 4 个部分，即天线罩、天线振子、反射板和馈电网络，如图 4-9 所示。

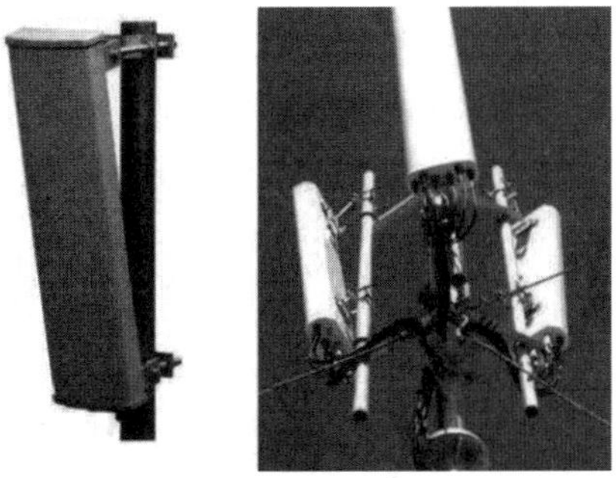

（a）基站定向天线　　（b）全向路由器天线

（c）雷达天线　　（d）卫星通信天线

图 4-8　天线的分类

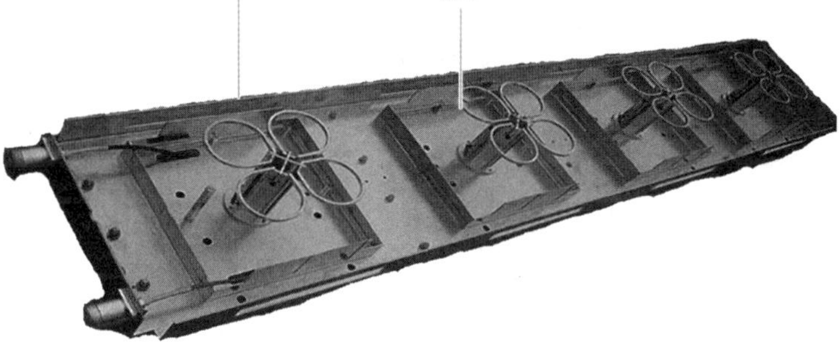

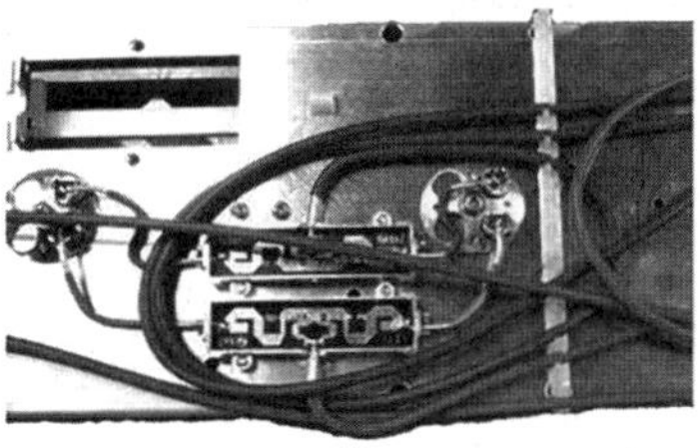

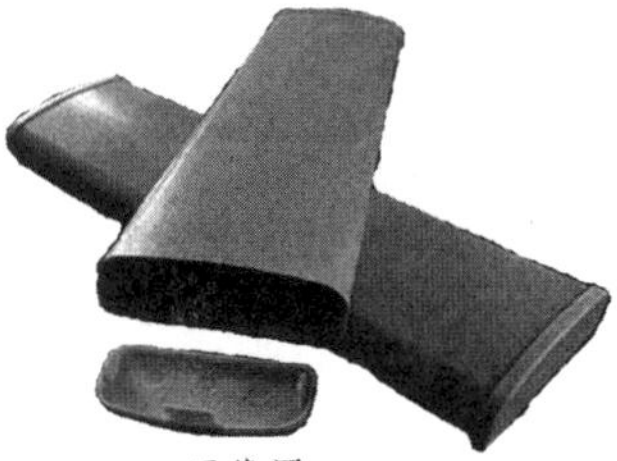

图 4-9　天线结构

二、天线的发射与原理

导线上有交变电流流动时，就可以发生电磁波的辐射，辐射的能力与导线的长度和形状有关。如图 4-10 所示，若两导线的距离很近，电场被束缚在两导线之间，因而辐射很微弱；将两导线张开，电场就散播在周围空间，因而辐射增强。当导线的长度 L 远小于波长 λ 时，辐射很微弱；导线的长度 L 增大到可与波长相比拟时，导线上的电流将大大增加，因而就能形成较强的辐射。所以当天线发射单元（天线阵子）的导线长度为对应波长的 1/2 时，天线的理论辐射性最强。

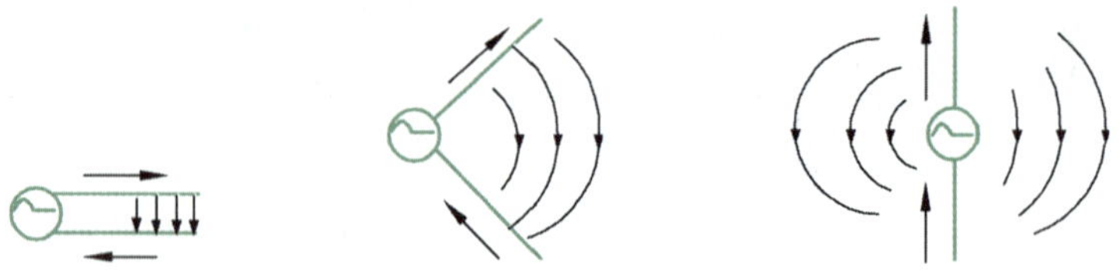

图 4-10　天线电磁辐射

三、天线方向性

发射天线的基本功能其一是把从馈线取得的能量向周围空间辐射出去，其二是把大部分能量朝所需的方向辐射。垂直放置的半波对称振子具有平放的"面包圈"形的立体方向图，如图 4-11（a）所示。立体方向图虽然立体感强，但绘制困难，平面方向图描述天线在某指定平面上的方向性。从图 4-11（b）可以看出，在振子的轴线方向上辐射为零，最大辐射方向在水平面上；而从图 4-11（c）可以看出，在水平面上各个方向上的辐射一样大。

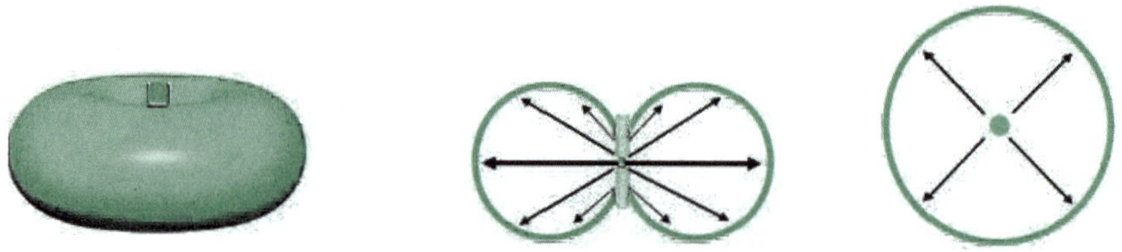

（a）立体图　（b）垂直面 E 面　（c）水平面 H 面

图 4-11　天线方向性

利用反射板可把辐射能控制到单侧方向，平面反射板放在阵列的一边构成扇形区覆盖天线。图 4-12 所示的水平面方向图说明了反射面的作用，反射面把功率反射到单侧方向，提高了增益。

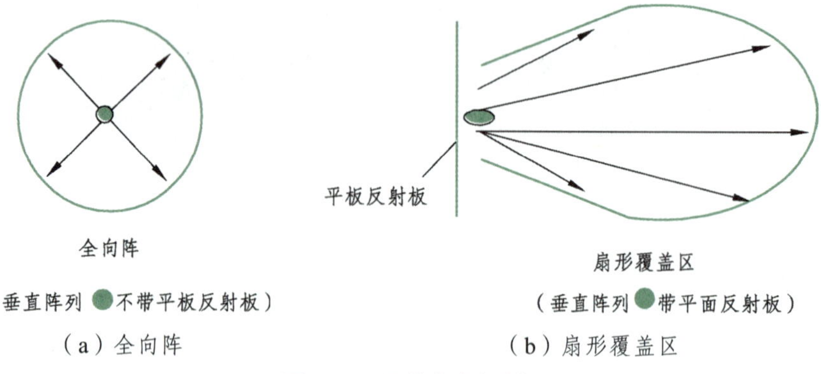

（a）全向阵　（b）扇形覆盖区

图 4-12　天线定向辐射

抛物反射面的使用，更能使天线的辐射，像光学中的探照灯那样，把能量集中到一个小立体角内，从而获得很高的增益。不言而喻，抛物面天线的构成包括两个基本要素：抛物反射面和放置在抛物面焦点上的辐射源。

四、天线增益

增益：指在输入功率相等的条件下，实际天线与理想的辐射单元在空间同一点处所产生的信号的功率密度之比。它定量地描述一个天线把输入功率集中辐射的程度。

增益显然与天线方向图有密切的关系，方向图主瓣越窄，副瓣越小，增益越高。可以这样来理解增益的物理含义，在一定的距离上的某点处产生一定大小的信号，如果用理想的无方向性点源作为发射天线，需要 100 W 的输入功率，而用增益为 $G = 13$ dB = 20 的某定向天线作为发射天线时，输入功率只需 100/20 = 5 W。换言之，某天线的增益，就其最大辐射方向上的辐射效果来说，与无方向性的理想点源相比，将输入功率放大的倍数。

五、波瓣宽度

方向图通常都有两个或多个瓣，其中辐射强度最大的瓣称为主瓣，其余的瓣称为副瓣或旁瓣。在主瓣最大辐射方向两侧，辐射强度降低 3 dB（功率密度降低一半）的两点间的夹角定义为波瓣宽度（又称波束宽度或主瓣宽度或半功率角），如图 4-13（a）所示。波瓣宽度越窄，方向性越好，作用距离越远，抗干扰能力越强。

10 dB 波瓣宽度，顾名思义它是方向图中辐射强度降低 10 dB（功率密度降至 1/10）的两个点间的夹角，如图 4-13（b）所示。

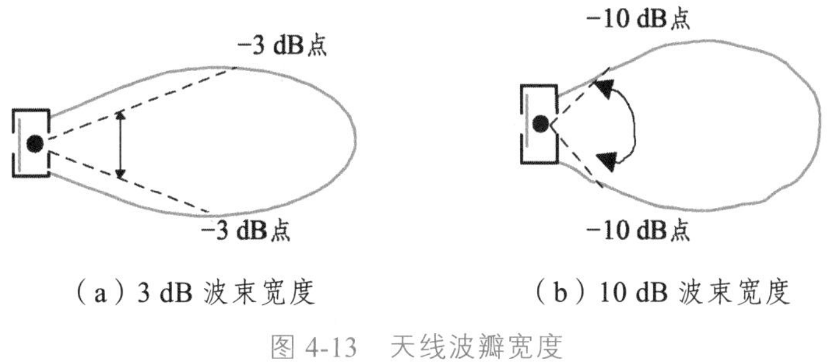

图 4-13　天线波瓣宽度

六、天线的极化

电场与地平面的方向就是天线极化方向。一般使用的天线为单极化的。图 4-14 所示为两种基本的单极化的情况：垂直极化（最常用）和水平极化。除此以外还有另两种单极化的情况：+45°极化与 −45°极化，它们仅仅在特殊场合下使用。

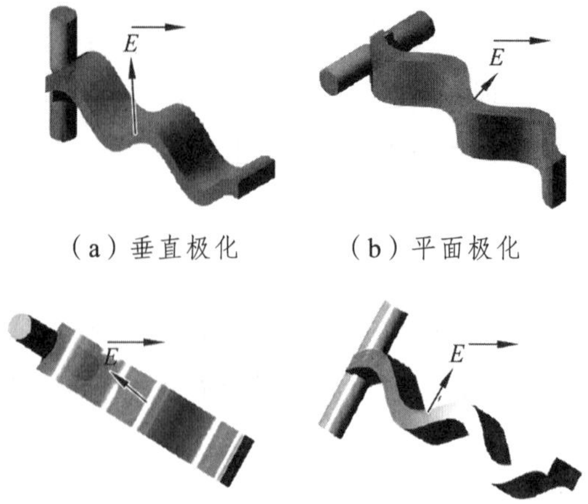

（a）垂直极化　　（b）平面极化

（c）+45°极化　　（d）−45°极化

图 4-14　天线极化方式

垂直极化波要用具有垂直极化特性的天线来接收，水平极化波要用具有水平极化特性的天线来接收。右旋圆极化波要用具有右旋圆极化特性的天线来接收，而左旋圆极化波要用具有左旋圆极化特性的天线来接收。当来波的极化方向与接收天线的极化方向不一致时，接收到的信号都会变小，也就是说，发生极化损失。例如，当用 +45°极化天线接收垂直极化或水平极化波时，或者当用垂直极化天线接收 +45°极化或 −45°极化波时，都要产生极化损失。用圆极化天线接收任一线极化波，或者用线极化天线接收任一圆极化波，也必然发生极化损失。

当接收天线的极化方向与来波的极化方向正交时，如用水平极化的接收天线接收垂直极化的来波，或用右旋圆极化的接收天线接收左旋圆极化的来波时，天线就完全接收不到来波的能量，这种情况下极化损失为最大，称极化完全隔离。

七、分贝概念及转换

分贝（dB）是一个比值，是一个纯计数方法，没有任何单位标注。在不同领域有着不同的名称，因此它也代表不同的实际意义。在无线通信领域，衡量一个地点的通信信号强度也可以用 dB 表示。在天线技术方面，dB 是衡量天线性能的一个参数，名为增益。它是指在输入功率相等的条件下，实际天线与理想天线在空间同一点处所产生的信号的功率密度之比。

设已知功率为 AW，将其转换为以 dBw 为单位的 B，转换公式为

$$B\text{dBw} = 10\lg(A)$$

设已知功率为 CmW，将其转换为以 dBm 为单位的 D，转换公式为

$$D\text{dBm} = 10\lg(C)$$

八、自由空间通信损耗

自由空间损耗，指的是电磁波在空气中传播时的能量损耗，电磁波在穿透任何介

质的时候都会有损耗。自由空间传播指天线周围为无限大真空时的电波传播，它是理想传播条件。电波在自由空间传播时，其能量既不会被障碍物所吸收，也不会产生反射或散射。

设发射机工作频率为 f，收、发天线间距离为 R，那么电波在无环境干扰时，传播途中的电波损耗 L_0 有以下表达式：

$$L_0(\mathrm{dB}) = 32.44 + 20\lg f(\mathrm{MHz}) + 20\lg R(\mathrm{km})$$

九、天线馈线

天线馈线是用来连接天线与接收机或发射机的线缆、波导等装置的统称，主要用来传输低频、高频电流或电磁波信号，尤其可用于输送微波信号的能量。当多波导信号共用一个天线时，馈线还具备对各波导信号发端汇合、收端分离的功能。馈线系统通常包括馈线、阻抗变换器、极化分离器、波导滤波器及各种连接元器件。

天线馈线的基本要求有以下 4 点：

（1）馈线应是电磁波传输的封闭系统。

（2）阻抗匹配要好，对电磁能的损耗、衰减要小，传输效率尽量高。

（3）功率大时不应发生过热、击穿等现象。

（4）设计合理，结构简单，便于制造，经济耐用，安装、调整和维护方便。

典型的基站天线馈线系统如图 4-15 所示。

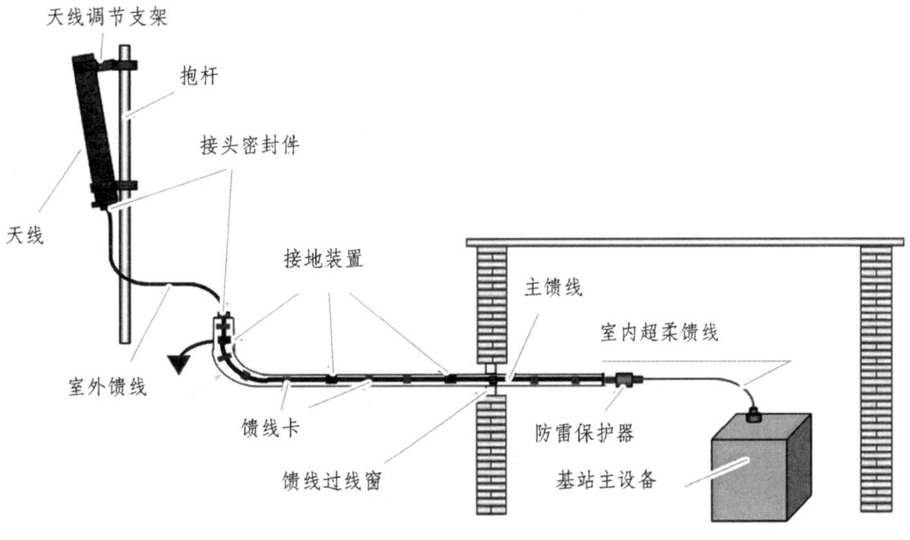

图 4-15　基站的天线馈线系统

知识点二　无线电信号的调制与发射

无线电系统利用无线电波实现数据的传输和参数的测量等功能，通常需要无线电台发射经过调制、载有一定信息的无线电信号，这一任务主要由无线电发射机、发射天线及其附属设备来完成。

一、调制的作用与分类

调制是对各种信号变换方式的总称。在无线电通信系统中，信号以电磁波形式通过天线辐射出去，如果要获得较高的辐射效率，天线的尺寸必须与发射信号波长差不多，一般天线长度应大于波长的 1/4，正常的基带信号频率是很低的，那么它的波长必然很长。如果一个基带信号为 2 kHz，那么直接通过天线辐射传输，至少需要 17 km 的天线，很明显无法实现。再比如说 GSM 的 900 MHz 频率，天线尺寸仅为 8cm。所以通过调制，把基带信号的频谱搬移至较高的载波频率上，天线尺寸就下降了。发射机把频率较低的基带信号转移到频率较高的载频上，再通过天线传播到空间，以实现远距离信号传输的目的，这个过程就称为调制。而接收机天线接收到空间传播的已调载波信号，经放大、滤波、解调、解码等信号处理的逆过程，恢复或还原出所传送的消息或内容，即完成了一次完整的通信过程。

因此，信号调制的作用主要体现在以下 3 个方面：

（1）将消息或信号变换成易于传输的方式。

（2）提高系统性能，特别是抗干扰能力。

（3）有效地利用频带，或使多路信号或消息可以在同一个信道中进行传输。

调制方式包括连续波调制和脉冲调制两大类，前者又分为线性调制、非线性调制和数字调制，后者包括脉冲模拟调制和脉冲数字调制。在连续波调制中基带信号是模拟信号的称为模拟调制，其系统称为模拟调制通信系统或模拟通信系统；基带信号是数字信号的为数字调制，其系统称为数字通信系统。模拟调制是使载波信号的参数（幅度、频率或相位）随模拟的基带信号而变化，又包括了幅度调制（AM）、频率调制（FM）和相位调制（PM），其中 AM 为线性调制，FM、PM 为非线性调制。在一些实际系统中，还常采用复合调制的方式，即用相同或不同的调制方式对载波信号进行多级多次调制，使载波的多个参数随基带信号或中间信号的变化而改变，以达到进一步提高信号传输性能的目的，但付出的代价是提高了系统的复杂程度。常见的调制方式与应用见表 4-1。

表 4-1　调制方式与应用举例

调制方式			应用举例
正弦波调制	模拟调制	常规双边带调幅 AM	广播
		单边带调制 SSB	载波通信、短波无线电话通信
		双边带调制 DSB	立体声广播
		残留边带调制 VSB	电视广播、传真
		频率调制 FM	微波中继、卫星通信、广播
		相位调制 PM	中间调制方式
	数字调制	振幅键控 ASK	数据传输
		频移键控 FSK	数据传输
		相移键控 PSK、DPSK	数据传输
		其他高效调制 QAM、MSK 等	数字微波、空间通信

续表

调制方式			应用举例
脉冲调制	脉冲模拟调制	脉幅调制 PAM	中间调制方式、遥测
		脉宽调制 PDM	中间调制方式
		脉位调制 PPM	遥测、光纤传输
	脉冲数字调制	脉码调制 PCM	市话中继线、卫星、空间通信
		增量调制 DM	军用、民用数字电话
		差分脉码调制 DPCM	电视电话、图像编码
		ADPCM 等其他方式	中继数字电话

二、发射机的功能与组成

发射机的功能就是以足够的功率、合适的载波频率、适当的调制方式和较高的功率效率，产生所需的能用于传输的信号。按发射机的组成结构划分，可分为单级振荡式和主振放大式两类。单级振荡式发射机的组成如图 4-16 所示，无线电信息先经过适当的编码，再对振荡器的射频信号进行调制；然后经过功率放大器，馈送至天线，把已调制的射频信号发射出去。其主要优点是简单、经济、体积小、质量轻；缺点是频率（或相位）的稳定度低，不易进行复杂波形的调制。

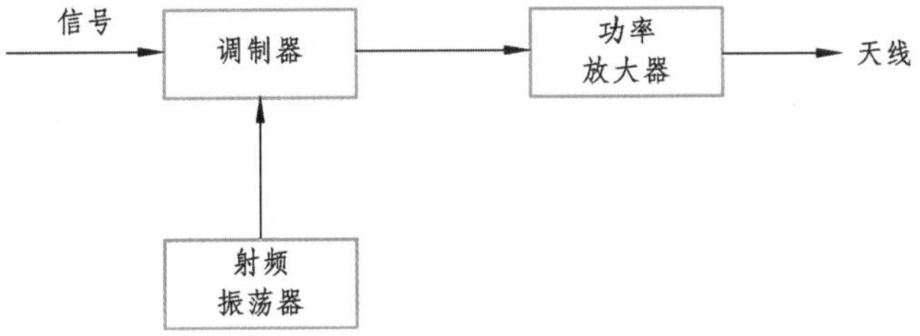

图 4-16　单机振荡发射机

主振放大式发射机的射频振荡器由多级电路组成，如图 4-17 所示，第一级产生射频信号，称为主控振荡器；其他各级放大射频信号，以提高信号的功率电平，称为射频放大链。其中，主控振荡器主要用来提供足够的频率准确度和稳定度，一般采用高精度和高稳定度的石英振荡器或原子钟，来满足系统在这方面的较高要求。调制器的调制信号可以加到射频放大链的其中一级，也可以同时加到其中的若干级；当需要进行复杂调制时，还可以对各级分别进行不同方式的调制。为了保证各级电路的协调工作，由控制器负责协调各部分电路的工作。

在某些无线电设备中，要求发射机能在许多频道中的任一频道上工作，此时，主控振荡器应具备能在人工、机械或电信号控制下迅速改变射频频率的能力。另外，为了提高发射机的某项性能指标，或达到所需要的工作频率，通常还会在主控振荡器与射频放大链之间加入若干级兼有适当功率增益的混频、倍频、分频等频率变换电路。

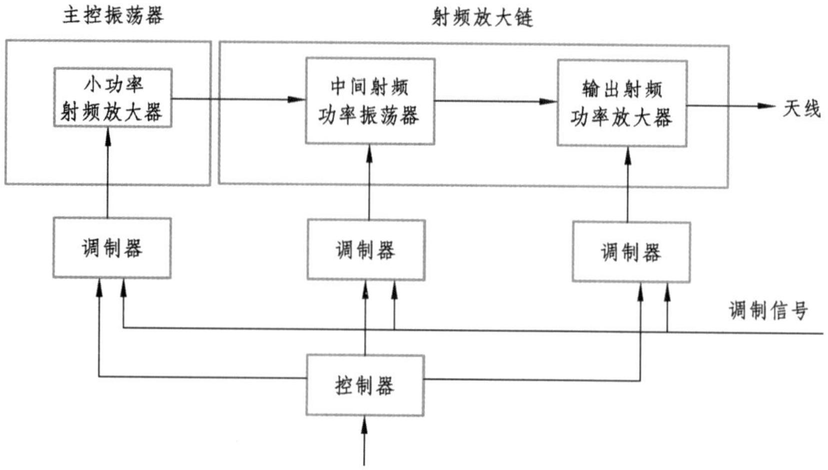

图 4-17 主振放大式发射机

各种无线电设备根据其传输的信号类型、工作距离、工作频率、可靠性等技术参数，对发射机提出了不同的性能要求，并作为发射机设计、制造、测试和应用的基本依据。常用的发射机技术指标有工作频率或波段、输出功率、信号格式、信号稳定度、邻道干扰和总效率。

知识点三 无线电信号的接收与处理

无线电信号的接收可以简单地理解为无线电信号发射的逆过程。无线电接收机的任务，是将接收天线收到的微弱射频信号，从混杂有各种干扰和噪声的背景中提取出来，经过滤波、放大、解调、解码后，送入显示器或终端处理器，以得到所需要的信息。一般到达接收机的无线电信号非常微弱，往往需要低噪声、高增益的高频放大后才能推动解调器的正常工作。但由于器件、工艺结构等方面的因素，直接实现高增益的高频放大有一定的技术难度，并且频率越高，困难越大。故一般接收机不是采用直接放大的方式，而通常采用超外差的接收方式。

超外差式接收机主要由 3 部分组成：高频部分（包括低噪声高频放大器、混频器和本地振荡器等）、中频放大器部分、解调器和视频放大器部分。其工作流程如图 4-18 所示。

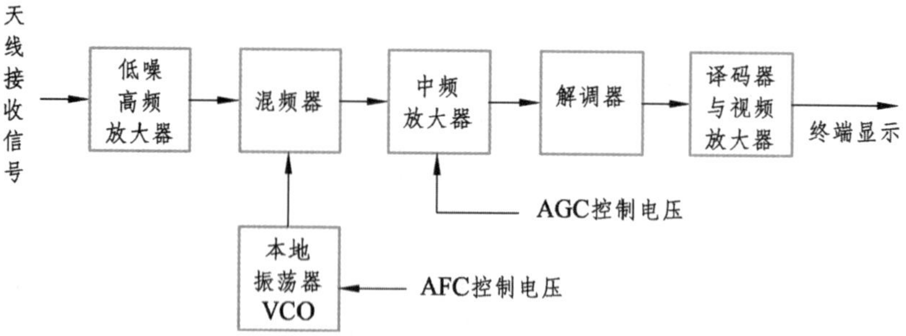

图 4-18 超外差式接收机工作流程

低噪高频放大器放大来自接收天线的信号，滤除高频放大器通带以外的干扰和天线噪声。在混频器中，低噪高频放大器输出的射频调制信号与来自本地振荡器的高频信号进行混频，其输出信号的中心频率等于本地振荡频率与射频信号的载频之差，并且其调制形式不变，仍含有载波的信息特征，这样就得到了频率降低后的中频调制信号。

中频信号在多级中频放大器中进行放大和匹配滤波，提供大部分的增益和选择性以获得最大的输出信噪比，再送到解调器中。在解调器中检出调制的低频信号，经视频（音频）放大器放大后送到终端设备，最终得到所需的信息内容。

超外差式接收机容易得到稳定的高增益信号放大，方便对带外噪声或干扰的抑制，可灵活地适应于不同的载波频率，易于实现自动增益控制（AGC），因此获得了广泛的应用。

为了保证接收机的正常工作，接收机里还常常包括一些辅助电路，如增益控制电路（手动或自动）、自动频率控制（AFC）电路、各种抗干扰电路和滤波电路等，它们对获得较好的通信或导航性能也起着重要的作用。

接收机的主要性能指标有接收灵敏度、选择性、保真度、抗干扰能力、动态范围和恢复时间、噪声系数和工作稳定性。

实操任务

任务一　C 天线组合升降

一、任务情境描述

天线升降是无人机地面数据终端维护工作中很重要的一个环节。天线的是辐射与接收电磁波信号的终端装置，对于建立飞机与地面站通信链路来说，也是十分重要的，因此在天线升降过程中，需严格按照操作规程要求，做到准确操作。C 定向天线需要在伺服系统的驱动下转动，实现无人机与地面站视距链路的建立，实现无线通信，因此，掌握 C 天线的识别、升降操作及其注意事项十分重要。

二、任务学习目的

（1）能够掌握天线升起的步骤。
（2）能够掌握天线升起的注意事项。

三、任务操作工单

无人机地面站系统实训工作单					
工卡标题	C 天线组合升降				
工卡编号	GCS-GDT-M03		工作区域		
场所/载体	地面站		学习模块	指挥控制站	
版次			工时	4 h	
编写		审核		批准	
类别	名称	规格	单位	数量	备注
设备					
安全注意事项： （1）严格遵守地面站席位流程要求。 （2）实训场不得追逐打闹。 （3）不得随意拆装地面站。 警告： （1）用户在为天线底座添加紧固螺母时，应遵循从外部到内部的顺序。 （2）确保打开车顶滑盖后天线表面固定销松开，否则工业电视支架容易损坏。在天线升起操作中，禁止进入天线底座下方！					
1. 工作任务					
完成 C 天线升起					
2. 工作准备					
所有线缆应连接良好，确保电源为 220（1±10%）V/50 Hz					

续表

3. 工作步骤			
工序	内容描述	工作者	检查者
1	GDT 设备通电，在配电柜上设置配电箱上的开关		
2	在天线防护罩中解锁方舱滑盖保护锁（首次打开方舱滑盖时实施此操作，在未移动方舱滑盖时，不需要锁定方舱滑盖）		
3	点击“OPEN”打开方舱滑盖		
4	取下天线底座固定螺母，并将其放置在固定位置		
5	松开天线表面锁螺栓，取下螺母，并将其放置在天线底座托盘上		
6	点击“UP”，升起 C 波段天线		
7	天线升到顶后电机自动停止，托盘锁紧螺母固定		
8	关闭方舱滑盖，当滑盖接触天线底座时，操作将自动停止		
9	天线升起操作结束		
10	整理工具并清洁场地		

任务二　UHF 天线升降

一、任务情境描述

天线升降是无人机地面数据终端维护工作中很重要的一个环节，天线的是辐射与接收电磁波信号的终端装置，对于建立飞机与地面站通信链路来说，也是十分重要的，因此在天线升降过程中，需严格按照操作规程要求，做到准确操作。UHF 为一根安装在升降杆上的全向天线，负责近距离低速数据传输。因此，掌握 UHF 天线升降的步骤以及注意事项对于维护人员十分重要。

二、任务学习目的

（1）能够掌握 UHF 天线的升起操作步骤。

（2）能够掌握 UHF 天线升起操作的注意事项。

三、任务操作工单

无人机地面站系统实训工作单					
工卡标题	UHF 天线组合升降				
工卡编号	GCS-GDT-M04		工作区域		
场所/载体	地面站		学习模块	地面数据终端	
版次			工时	4 h	
编写		审核		批准	

续表

<table>
<tr><td>类别</td><td>名称</td><td>规格</td><td>单位</td><td>数量</td><td>备注</td></tr>
<tr><td rowspan="2">设备</td><td></td><td></td><td></td><td></td><td></td></tr>
<tr><td></td><td></td><td></td><td></td><td></td></tr>
<tr><td colspan="4">安全注意事项：
（1）严格遵守地面站席位流程要求。
（2）实训场不得追逐打闹。
（3）不得随意拆装地面站。
警告：注意电缆在天线升起过程中没有断裂。在风速 17～20 m/s 时，天线需要通过三根电缆连接到接地螺柱进行固定。在风速为 10～13 m/s 时，禁止升起天线操作</td><td></td><td></td></tr>
<tr><td colspan="6">1. 工作任务</td></tr>
<tr><td colspan="4">完成 UHF 天线升起</td><td></td><td></td></tr>
<tr><td colspan="6">2. 工作准备</td></tr>
<tr><td colspan="4">所有线缆应连接良好，确保电源为 220（1±10%）V/50 Hz</td><td></td><td></td></tr>
<tr><td colspan="4">3. 工作步骤</td><td></td><td></td></tr>
<tr><td>工序</td><td colspan="3">内容描述</td><td>工作者</td><td>检查者</td></tr>
<tr><td>1</td><td colspan="3">将天线升起控制盒的插头连接在控制盒的插座</td><td></td><td></td></tr>
<tr><td>2</td><td colspan="3">打开方舱配电箱上的天线控制器开关</td><td></td><td></td></tr>
<tr><td>3</td><td colspan="3">单击天线控制盒上的上升键，执行天线升起的操作</td><td></td><td></td></tr>
<tr><td>4</td><td colspan="3">天线在上升到设计高度后自动停止</td><td></td><td></td></tr>
<tr><td>5</td><td colspan="3">关闭天线升起控制盒，并安装插座的保护盖</td><td></td><td></td></tr>
<tr><td>6</td><td colspan="3">整理工具并清洁场地</td><td></td><td></td></tr>
</table>

思政小课堂

向下扎根，种子只有深入泥土才能焕发生机

一级上士李士超性格沉稳，每次遇到航电问题，大家第一个想到的都是他。刚被定岗在航电专业时，仅有高中文化的李士超对自己信心不足，但他不想就此错过书写自己人生的机会。带着本领恐慌，李士超开始了逆袭之路。

驻训场大风肆虐，李士超拿着一张电路图，披上大衣就往外跑。从厂家老师那里回来，这位老兵又开始了加训。那段时间，李士超用掉了3盒笔，老师讲的话他都一字不差地记下来。有人说他死记硬背效率不高，李士超头也不抬："我就是要用最笨的办法赶上大家。"靠最"笨"的办法，李士超成了全连最厉害的航电专家。每次实操训练，他都会带上那张标记得密密麻麻的航电图。不到2个月，李士超已经不再用这张图了，无人机的"七经八脉"他都已经谙熟于心。经过反复修改和实践检验，他把这张图塑封起来，成了航电专业的"武功秘籍"。这张图不仅是"武功秘籍"，还是"助推引擎"。

参与感是每名官兵自我价值实现的基本需求。列兵伊米拉尼被分到了动力专业，对于毫无专业基础的他来说，连队火热的氛围显得有些"违和"。伊米拉尼消沉了一段时间，甚至找到班长希望换个专业："我是不是很没用，同年兵都开始实操训练了。"班长范泽旭没有回答，手里拿着李士超的航电图，给他讲起了李士超从"小白"到"大拿"的故事。

"李班长的基础可能还不如你，只要你肯学，一定不比任何人差。"看着这张满是标记的航电图，伊米拉尼陷入了沉思。从那以后，伊米拉尼跟随厂家老师和专业骨干，乐此不疲地吸收着新知识。

事实上，连队官兵大多是白手起家。面对新生事物，从学习、适应到胜任岗位，年轻的战友们想尽了办法。有人把自己关在模拟训练室埋头苦练；有人购买航模和理论书籍认真研读；有人把漫画和游戏从兴趣列表中划掉，打开无人机领域的短视频。

那天，连队终于迎来了自主首飞。机组有序配合顺利完成了地检，坐在副控上的霍日兴完成了起飞前的检查。控制站挤满了人，所有人屏住呼吸，等待放飞的指令。

"无人机可以放飞。"对讲机里传来营长岳阳的指令。

"发动机工作正常，可以加速。"

"加速后发动机工作正常，可以继续加速。"

"地速正常，准备离地。"

无人机轰鸣着冲向蓝天，灿烂的阳光照射在机身上，像一团火苗点燃了所有人的

希望。霍日兴冷静地检查着各项参数，等到无人机正式进入航线后，他站起身来和大家击掌庆贺，眼里满是喜悦和自豪。

“在这场奔向梦想的旅途中，我们每名官兵都是一粒种子，只有深入泥土才能焕发生机。”岳阳在复盘会上深情地说，“无人机靠我们托举飞天，我们也在无形中被它牵引着破土生长。”

（文章来源：http://www.81.cn/xue-xi/2022-12/24/content_10204903.htm）

理论知识考核

<table>
<tr><td colspan="2">理论考核单元</td><td colspan="3">GCS403 地面站天线认知与操作</td></tr>
<tr><td colspan="2">学生姓名</td><td></td><td>提交日期</td><td></td></tr>
<tr><td colspan="4">理论知识考核说明：
（1）阅读表格中的问题，并完成作答。
（2）教师根据学生完成情况打分。
（3）单元考核通过需要理论知识得分率不低于 80%</td><td>得分</td></tr>
<tr><td colspan="5">简答题（每题 5 分）</td></tr>
<tr><td>1</td><td colspan="3">超外差式接收机主要组成有哪些？</td><td></td></tr>
<tr><td colspan="5"></td></tr>
<tr><td>2</td><td colspan="3">C 波段天线升降的注意事项有哪些？</td><td></td></tr>
<tr><td colspan="5"></td></tr>
<tr><td>3</td><td colspan="3">绘制全向天线和定向天线的方向图。</td><td></td></tr>
<tr><td colspan="5"></td></tr>
<tr><td colspan="5">判断题（每题 1 分）</td></tr>
<tr><td>4</td><td colspan="3">当接收天线的极化方向与来波的极化方向完全正交时，天线才能收到来波的能量。（　　）</td><td></td></tr>
<tr><td>5</td><td colspan="3">视距链路地面数据终端 UHF 波段的天线是地面定向天线。（　　）</td><td></td></tr>
<tr><td>6</td><td colspan="3">基站天线是全向天线。（　　）</td><td></td></tr>
<tr><td colspan="5">填空题（每空 1 分）</td></tr>
<tr><td>7</td><td colspan="3">天线按方向性分类，可分为（　　）、（　　）。</td><td></td></tr>
<tr><td>8</td><td colspan="3">模拟调制包括（　　）、（　　）、（　　）。</td><td></td></tr>
<tr><td>9</td><td colspan="3">如果用理想的无方向性点源作为发射天线，需要 200 W 的输入功率，而用增益为 $G = 13\ \text{dB} = 20$ 的某定向天线作为发射天线时，输入功率为（　　）。</td><td></td></tr>
</table>

续表

<table>
<tr><td colspan="3">不定项选择题（每题 2 分）</td></tr>
<tr><td>10</td><td>如图所示，是（　　）天线的方向图。
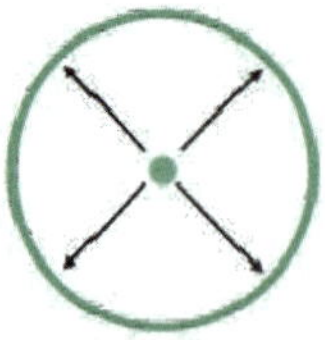
水平面 H 面
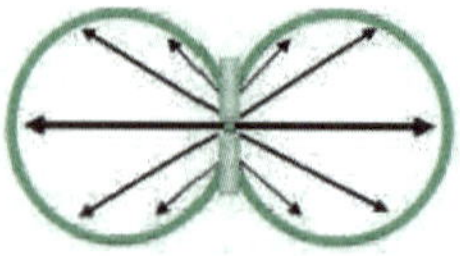
垂直面 E 面

立体图
A. 全向天线　　B. 定向天线
C. 球形天线　　D. 八字天线</td><td></td></tr>
<tr><td>11</td><td>以下属于全向天线的是（　　）。
A. 八木天线　　B. 鞭状天线
C. 抛面天线　　D. 偏馈天线</td><td></td></tr>
</table>

<table>
<tr><td colspan="5">理论知识考核成绩</td></tr>
<tr><td>得分</td><td></td><td rowspan="2">=</td><td rowspan="2"></td><td rowspan="2">%</td></tr>
<tr><td>总分</td><td></td></tr>
<tr><td>考核结果</td><td colspan="2">☐ 考核通过</td><td colspan="2">☐ 考核未通过</td></tr>
<tr><td>教师签名</td><td></td><td>日期</td><td colspan="2"></td></tr>
</table>

课堂笔记

问题/线索/关键字（课后）	

课后总结与思考

单元四　卫星链路地面数据终端

学习目标

1. 知识目标

（1）掌握卫星链路地面数据终端功能。
（2）掌握卫星通信的特点。
（3）掌握抛物面天线原理。

2. 能力目标

（1）能够分辨不同的卫星天线。
（2）能够阐述不同卫星天线的特点。

3. 素质目标

（1）培养艰苦朴素的工作作风。
（2）了解我国大型无人机自主研发生产的艰辛历程。
（3）树立自信自强的国产智能无人机发展道路观念。

理论知识

知识点一　卫星通信的介绍

一、卫星通信概述

卫星通信是地球站之间或航天器与地球站之间利用人造卫星作为中继的一种微波通信方式。卫星通信系统由空间设备通信卫星、地面设备地球站、跟踪遥测及指令分系统以及监控管理分系统四大功能部分组成，如图 4-19 所示。

（1）空间设备。即通信卫星，由若干转发器、数副天线位置和姿态控制、遥测和指令，以及电源分系统组成，其主要作用是转发各地球站信号。

（2）地球站。由天线、发射、接收、终端分系统及电源、监控和地面设备组成，主要功能是将需要发射的信号传至卫星和从卫星接收信号。

（3）地面的跟踪遥测及指令分系统。此系统并不直接用于通信，而是用来保障通信的正常进行。

（4）监控管理分系统。此系统对在轨卫星的通信性能及参数进行监测与控制。

目前，卫星通信系统主要有固定业务卫星通信系统、移动业务卫星通信系统和广播业务卫星通信系统。

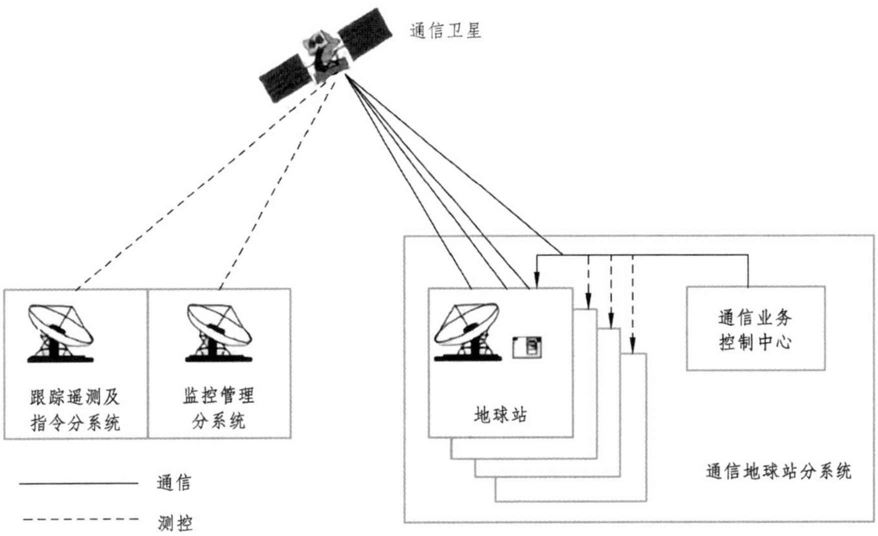

图 4-19　卫星通信系统的组成

二、卫星通信系统的特点及分类

1. 卫星通信的特点

卫星通信具备以下优势：

（1）覆盖面积大，通信距离远，建站成本与通信距离基本无关。

（2）组网灵活，便于多址连接。不受地理条件的限制，不管是固定站还是移动站，不同种类的业务可组网在同一个卫星通信网内。

（3）通信容量大。卫星通信工作在微波频段，可用带宽范围很大。

（4）通信质量好可靠性高。电磁波主要在接近真空的外层空间传播。

（5）经济效益、社会效益好。卫星通信不受地理和环境条件的限制，具有建设快、投资少、经济效益高的优点。

卫星通信的缺点：

（1）传输时延大。

（2）存在回声效应。

（3）存在通信盲区，如两极地区。

（4）存在日凌中断、星蚀和雨衰现象。

（5）卫星发射和控制技术复杂，有一定商业风险。

2. 卫星通信的分类

卫星通信的应用按业务分类如下：

（1）军用和民用业务：军事通信卫星、海事通信卫星、电视直播卫星等。

（2）具备广播特性的业务：电视广播、音频广播、数据广播。

（3）地面通信手段无法到达的业务：海洋、沙漠、偏远山区。

（4）抗自然灾害能力要求高的业务。

（5）稀路由广域覆盖业务：点多面广的企业内部专用通信网。

（6）其他适合应用：远程教育、远程培训、远程医疗、资源共享等。

按照工作轨道区分，卫星通信系统一般分为以下 3 类。

低轨道卫星通信系统（LEO）：距地面 500 ~ 2 000 km，传输时延和功耗都比较小，但每颗星的覆盖范围也比较小，典型系统有 Motorola 的铱星系统。低轨道卫星通信系统由于卫星轨道低，信号传播时延短，所以可支持多跳通信；其链路损耗小，可以降低对卫星和用户终端的要求，可以采用微型/小型卫星和手持用户终端。但是低轨道卫星系统也为这些优势付出了较大的代价：由于轨道低，每颗卫星所能覆盖的范围比较小，要构成全球系统需要数十颗卫星，如铱星系统有 66 颗卫星、GLOBALSTAR 有 48 颗卫星、Teledisc 有 288 颗卫星。同时，由于低轨道卫星的运动速度快，对于单一用户来说，卫星从地平线升起到再次落到地平线以下的时间较短，所以卫星间或载波间切换频繁。因此，低轨系统的系统构成和控制复杂、技术风险大、建设成本也相对较高。

中轨道卫星通信系统（MEO）：距地面 2 000 ~ 20 000 km，传输时延大于低轨道卫星，但覆盖范围也更大，典型系统是国际海事卫星系统。中轨道卫星通信系统可以说是同步卫星系统和低轨道卫星系统的折中，中轨道卫星系统兼有这两种方案的优点，同时又在一定程度上克服了这两种方案的不足。中轨道卫星的链路损耗和传播时延都比较小，仍然可采用简单的小型卫星。如果中轨道和低轨道卫星系统均采用星际链路，当用户进行远距离通信时，中轨道系统信息通过卫星星际链路子网的时延将比低轨道系统低。而且由于其轨道比低轨道卫星系统高许多，每颗卫星所能覆盖的范围比低轨道系统大得多，当轨道高度为 10 000 km 时，每颗卫星可以覆盖地球表面的 23.5%，因而只要几颗卫星就可以覆盖全球。若有十几颗卫星就可以提供对全球大部分地区的双重覆盖，这样可以利用分级接收来提高系统的可靠性，同时系统投资要低于低轨道系统。因此，从一定意义上说，中轨道系统可能是建立全球或区域性卫星移动通信系统较为优越的方案。当然，如果需要为地面终端提供宽带业务，中轨道系统将存在一定困难，而利用低轨道卫星系统作为高速的多媒体卫星通信系统的性能要优于中轨道卫星系统。

高轨道卫星通信系统（GEO）：距地面 35 800 km，即同步静止轨道。理论上，用 3 颗高轨道卫星即可以实现全球覆盖。传统的同步轨道卫星通信系统的技术最为成熟，自从同步卫星被用于通信业务以来，用同步卫星来建立全球卫星通信系统已经成为建立卫星通信系统的传统模式。但是，同步卫星有一个不可克服的障碍，就是较长的传播时延和较大的链路损耗，严重影响它在某些通信领域的应用，特别是在卫星移动通信方面的应用。首先，同步卫星轨道高，链路损耗大，对用户终端接收机性能要求较高。这种系统难以支持手持机直接通过卫星进行通信，或者需要采用 12 m 以上的星载天线（L 波段），这就对卫星星载通信有效载荷提出了较高的要求，不利于小卫星技术在移动通信中的使用。其次，由于链路距离长，传播延时大，单跳的传播时延就会达到数百毫秒，加上语音编码器等的处理时间则单跳时延将进一步增加，当移动用户通过卫星进行双跳通信时，时延甚至将达到秒级，这是用户特别是语音通信用户所难以忍受的。为了避免这种双跳通信就必须采用星上处理使得卫星具有交换功能，但这必将增加卫星的复杂度，不但增加系统成本，也有一定的技术风险。表 4-2 中统计了覆盖我国区域的同步轨道卫星。

表 4-2　覆盖我国区域的在轨同步轨道通信卫星

名称	位置（东经）	转发器（波段）	使用寿命/年
亚洲一号	122°	24C	12
亚洲二号	100.5°	24C + 9Ku	15
亚洲三号	105.5°	28C + 16Ku	15
亚洲四号	122°	28C + 20Ku	15
亚太一号	138°	24C	10
亚太一号 A	134°	24C	10
亚太-IIR	76.5°	28C + 16Ku	15
中卫一号	87.5°	18C + 20Ku	15
鑫诺一号	110.5°	24C + 14Ku	15
鑫诺一号 B	85°	6Ku	12
中星八号	115.5°	36C + 16Ku	>15
INTERSAT 602、604、701、702、703、704、802、804	国际通信卫星组织（INTERSAT）的同步轨道卫星至今已发展了九代，目前在轨的卫星约 30 颗，视其设计年代不同分别具有不同的技术参数		

三、无人机卫星通信介绍

卫星中继是延伸作用距离，实现对无人机超视距远距离测控与信息传输的最有效方式。适合作为中继平台的卫星一般是地球同步卫星，具有传输容量大、覆盖范围宽、连续性好的特点，但由于机上要安装一定尺寸的跟踪天线，一般只适合于大型无人机使用。采用近地轨道卫星组成多卫星平台，则可适合于小型无人机使用，但传输容量较小。无人机卫星通信天线如图 4-20 所示。

图 4-20　无人机卫星通信天线

卫星中继无人机数据链由机载设备、卫星转发设备、测控站设备组成，如图 4-21 所示。由于卫星上的转发设备是共用设备，因此，卫星中继无人机测控与信息传输系统实际上只包括机载设备和测控站设备。卫星中继无人机测控与信息传输系统依靠卫星中继链路实现远距离测控与信息传输，但一般仍然要配置地空视距链路，用于视距内的测控与信息传输（包括无人机起降的测控）。有时为了提高可靠性，确保最基本的测控数据（也可以包括低速率的侦察数据）的双余度可靠传输，还增配备用简单的低频段的窄带卫星中继链路。卫星中继无人机数据链的作用距离取决于卫星上转发天线波束的覆盖范围。当一次中继不能满足要求时，可考虑采用多级中继。

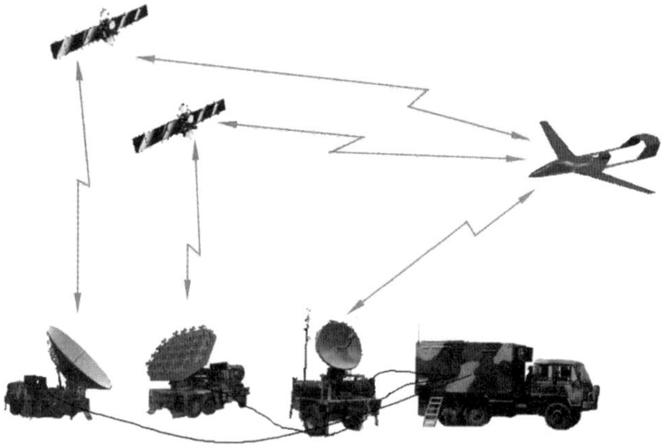

图 4-21　卫星中继无人机数据链示意

目前，采用卫星中继数据链是实现无人机系统超视距测控和信息传输的主要技术手段。卫星中继数据链利用地球同步轨道的通信卫星进行中继传输，只要在卫星天线的波束覆盖范围内，通信不受距离和地理条件的限制，可以满足无人机在任务飞行时大范围机动、远距离数据传输的要求，与视距数据链相比，优势明显。近年来，大型无人机在赈灾工作中表现抢眼。通过卫星中继实现灾区通信的示意图如图 4-22 所示。

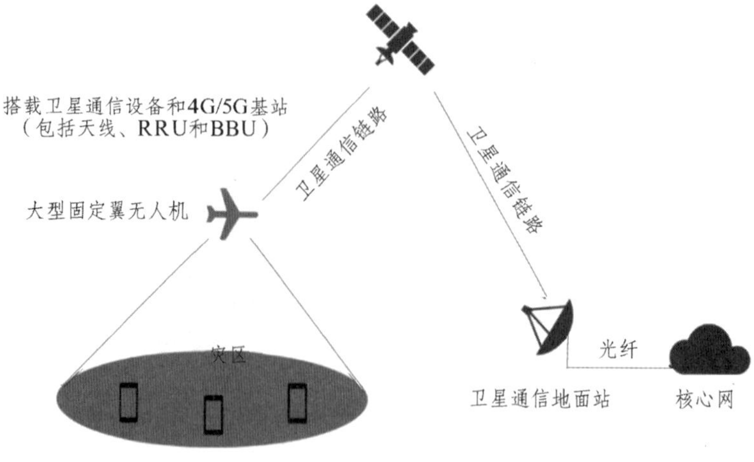

图 4-22　无人机赈灾通信示意图

知识点二 卫星链路地面数据终端系统认知

无人机卫通中继数据链系统使用 Ku 频段中继卫星，卫通地面站配备 6.2 m 口径抛物面天线(见图 4-23)，卫通机载设备配备 0.7 m×0.6 m 口径抛物面天线(见图 4-24)，反向链路数据传输速率最高可达 4 Mb/s。Ku 波段卫通地面站，采用了 6.2 m 口径、可收放式卫星通信天线，使用户能在万里外安全的后方基地，就可以控制战场上空的无人机。卫通机载天线自动跟踪卫星，在无人机飞行过程中，特别是在无人机大角速率盘旋过程中，一直保持对卫星的稳定跟踪，保证遥测信号和侦察图像稳定流畅。

图 4-23 卫星链路地面数据终端天线

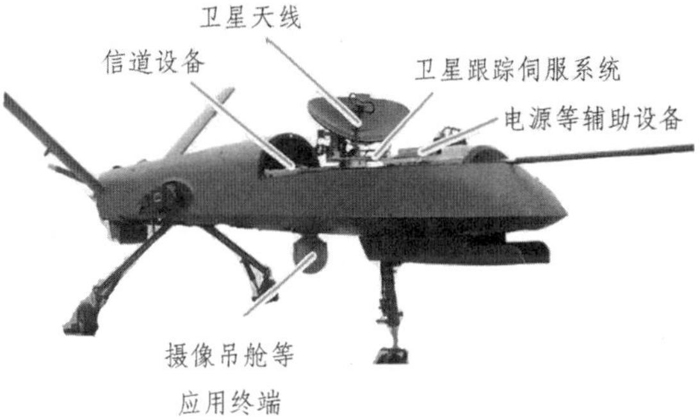

图 4-24 卫星链路机载数据终端天线

知识点三 常用卫星天线介绍

天线是卫星通信系统的重要组成部分，是地球站射频信号的输入和输出通道。天线系统性能的优劣将影响整个通信系统的性能。地球站与卫星之间的距离遥远，为保证信号的有效传输，大多数地球站采用反射面型天线。反射面型天线的特点是方向性好，增益高，便于电波的远距离传输。

反射面的分类方法很多，按反射面的数量可分为双反射面天线和单反射面天线；按馈电方式分为正馈天线和偏馈天线；按频段可分为单频段天线和多频段天线；按反射面的形状分为平板天线和抛物面天线等。

1. 抛物面天线

抛物面天线是一种单反射面型天线，利用轴对称的旋转抛物面作为主反射面，将馈源置于抛物面的焦点 F 上，馈源通常采用喇叭天线或喇叭天线阵列，如图 4-25 所示。发射时信号从馈源向抛物面辐射，经抛物面反射后向空中辐射，如图 4-26 所示。由于馈源位于抛物面的焦点上，电波经抛物面反射后，沿抛物面法向平行辐射。接收时，经反射面反射后，电波汇聚到馈源，馈源可接收到最大信号能量。

抛物面天线的优点是结构简单，较双反射面天线便于装配。缺点是天线噪声温度较高；由于采用前馈，会对信号造成一定的遮挡；使用大功率功放时，功放重量带来的结构不稳定性必须被考虑。

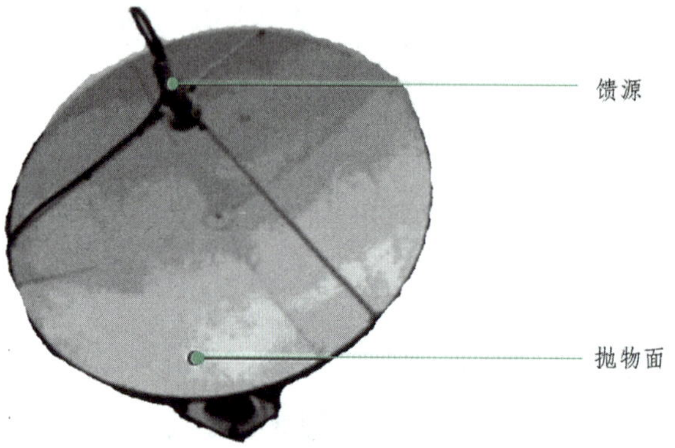

图 4-25　抛物面天线结构

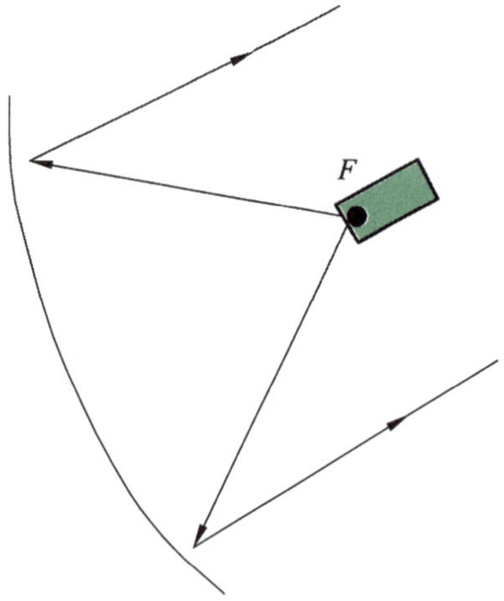

图 4-26　抛物面天线原理

2. 卡塞格伦天线

卡塞格伦天线是一种双反射面天线，它由两个反射面和一个馈源组成，如图 4-27 所示。主反射面是一个旋转抛物面，副反射面为旋转双曲面，馈源置于旋转双曲面的实焦点 F_1 上，抛物面的焦点与旋转双曲面的焦点重合，即都位于 F_2 点。从馈源辐射出来的电磁波被副反射面反射向主反射面，在主反射面上再次被反射，由于主反射面的焦点与副反射面的焦点重合，经主副反射面的两次反射后，电波平行于抛物面法向方向定向辐射，如图 4-28 所示。

图 4-27　卡塞格伦天线

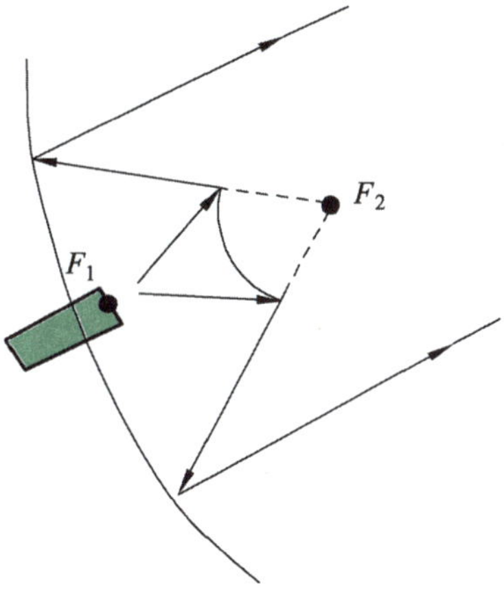

图 4-28　卡塞格伦天线原理

对经典的卡塞格伦天线来说，副反射面的存在遮挡了一部分能量，使得天线的效率降低、能量分布不均匀，必须进行修正。修正型卡塞格伦天线通过天线面修正后，天线效率可提高到 0.7 ~ 0.75，而且能量分布均匀。目前，大多数地球站采用的都是修正型卡塞格伦天线。

卡塞格伦天线的优点是天线的效率高，噪声温度低，馈源和低噪声放大器可以安装在天线后方的射频箱里，这样可以减小馈线损耗带来的不利影响。缺点是副反射面及其支架会造成一定的遮挡。

3. 格里高利天线

格里高利天线也是一种双反射面天线，也由主反射面、副反射面及馈源组成，如图 4-29 所示。与卡塞格伦天线不同的是，它的副反射面是一个椭球面。馈源置于椭球面的一个焦点 F_1 上，椭球面的另一个焦点 F_2 与主反射面的焦点重合。格里高利天线的许多特性都与卡塞格伦天线相似，不同的是椭球面的焦点是一个实焦点，所有波束都汇聚于这点。

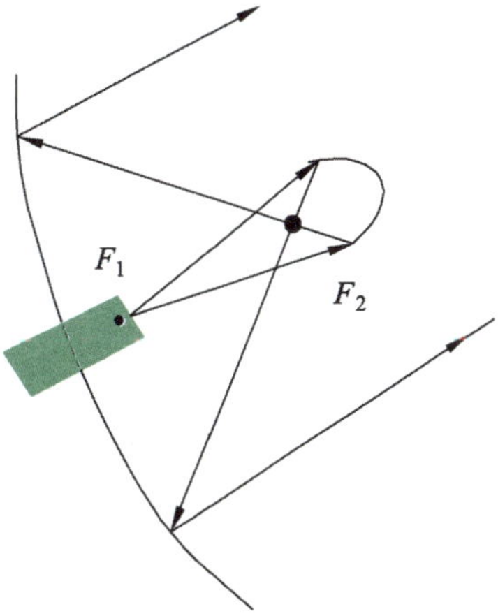

图 4-29　格里高利天线

4. 偏馈天线

无论是抛物面天线，还是卡塞格伦天线，都有一个缺点，总有一部分电波能量被副反射面阻挡，造成天线增益下降，旁瓣增益增高。可以使用天线偏馈技术解决这个问题。所谓偏馈天线，就是将馈源和副反射面移出天线主反射面的辐射区（见图 4-30 和图 4-31），这样就不会遮挡主波束，从而提高天线效率，降低旁瓣电平。偏馈型天线广泛应用于口径较小的地球站。这类天线的几何结构比轴对称天线的结构更复杂，特别是双反射面偏馈型天线，其馈源、焦距的调整更复杂。

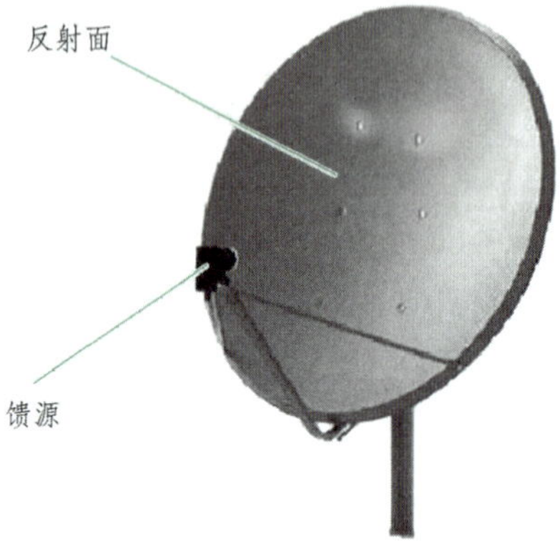

图 4-30　偏馈天线结构

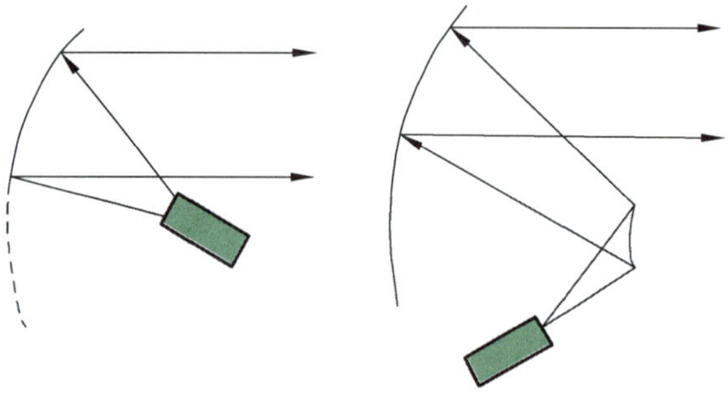

图 4-31　偏馈天线原理

思政小课堂

航空人与“翼龙”的故事

翼龙Ⅰ-D是“翼龙”家族的最新成员，采用了全新的材料、布局和发动机。这些创新提升了飞机的性能，但也为首飞带来了许多未知的风险。过去两天，由于飞机状态和天气原因，首飞时间就曾一再推迟。这天中午，天气好转，翼龙Ⅰ-D被拖出机库，准备首飞前的滑行测试。但此时，地面站数据却显示，飞机的一些参数存在偏差。为了确保首飞安全，李屹东决定重新对飞机进行检查。飞机放飞的时间，不得不再次推迟。在等待的过程中，“翼龙”无人机试飞员雷强，一直在地面站附近来回踱步。

“翼龙”系列无人机是一款服务于应用的高端飞行器。自诞生以来，“翼龙”已经在国外成功经受了无数次实战的考验，受到了用户的赞誉。

今天的“翼龙”已成为国际无人机市场上的“明星品牌”。但就在十几年前，中国还根本没有研发制造高端军用无人机的技术。20世纪60年代，我国的军用无人机，与遥控航模类似，智能化程度远远比不上今天的绝大多数民用无人机。而且，在当时我国的无人机技术与西方发达国家的技术差距悬殊。

尽管我国通过自主研制三代战斗机歼10，已经使高端无人机的很多关键问题迎刃而解。但在当时，大部分科研人员，正致力于我国四代机的研发工作。因此，当无人机项目启动的时候，面临的是一个“三无”的窘境。

“无人，无钱，无时间。‘翼龙’项目的起步，并没有任何的外部的立项、投资，都是我们自己从其他项目里边的剩下来的物资，加上少量的资金，以及少量的人员，把它攒起来的。”

两年的时间，研发团队硬是靠着七拼八凑和三代机的技术基础，组装出了第一架“翼龙”无人机。但前期不够规范的研发流程，却为“翼龙”随后的发展埋下了隐患。“翼龙”研制成功后不久就获得了来自国外的第一笔量身定制的订单，并要求研发团队在一年内交付第一批产品。

此前科研样机的攻关，还远远达不到让“翼龙”标准化生产的条件。此时，“翼龙”团队亟需一位经验丰富、能够独当一面的总师，统筹“翼龙”研发、生产过程中的每一个环节。当时，接任总师的李屹东，作出了在今天看来极具魄力和挑战的决定。“我们下决心把这个推倒重来。”

由于技术基础过硬，交付的第一批“翼龙”无人机系统在用户国的试飞相对顺利，“翼龙”获得了用户的初步认可。李屹东带领团队完成了“翼龙”规范化的研发生产流程，甚至创下了当年立项、当年首飞、当年交付的奇迹。“翼龙”也以它的出色表现，让越来越多的国家信赖这个中国品牌和这支中国团队。

（文章来源：https://www.sohu.com/a/304672816_269515?_trans_=000019_wzwza）

理论知识考核

理论考核单元	GCS404 卫星链路地面数据终端		
学生姓名		提交日期	
理论知识考核说明： （1）阅读表格中的问题，并完成作答。 （2）教师根据学生完成情况打分。 （3）单元考核通过需要理论知识得分率不低于 80%			得分
简答题（每题 5 分）			
1	卫星链路地面数据终端相比与视距链路具有哪些优点？		
2	卫星通信系统由哪几部分组成？		
3	常见的地面卫星天线有哪些种类？以下天线分别属于什么天线？ 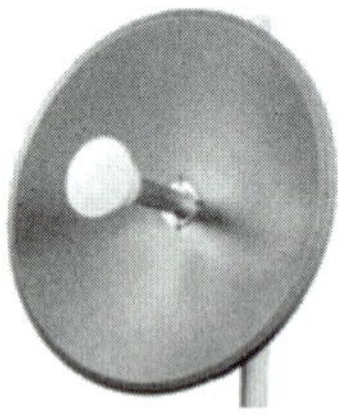 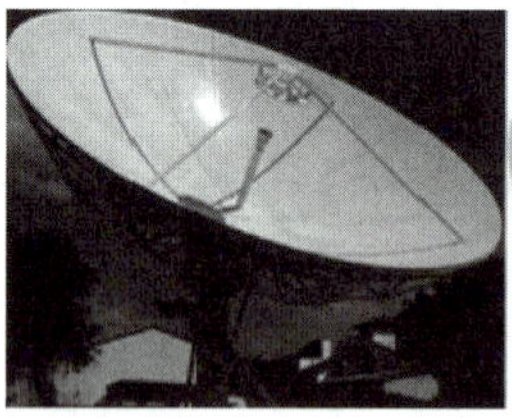 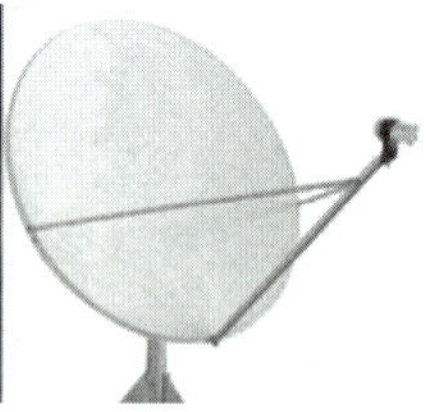		
判断题（每题 1 分）			
4	大型无人机一般采用近地轨道卫星作为通信卫星。（　）		
5	具有卫星通信系统的无人机可以不用配备视距链路通信设备。（　）		

续表

<table>
<tr><td colspan="6">不定项选择题（每题 2 分）</td></tr>
<tr><td>6</td><td colspan="4">以下属于无人机卫星通信数据终端功能的是（　　）。
A. 增加通信距离　　B. 视距内数据传输
C. 提高可靠性　　D. 减少机动带来的信号中断</td><td></td></tr>
<tr><td>7</td><td colspan="4">以下属于无人机卫星地面数据终端天线的是（　　）。
A. 盘锥天线　　B. 抛物面天线
C. 鞭状天线　　D. 卡塞格伦天线</td><td></td></tr>
<tr><td colspan="6">理论知识考核成绩</td></tr>
<tr><td colspan="2">得分</td><td></td><td rowspan="2">=</td><td rowspan="2"></td><td rowspan="2">%</td></tr>
<tr><td colspan="2">总分</td><td></td></tr>
<tr><td colspan="2">考核结果</td><td colspan="2">☐ 考核通过</td><td colspan="2">☐ 考核未通过</td></tr>
<tr><td colspan="2">教师签名</td><td></td><td>日期</td><td colspan="2"></td></tr>
</table>

课堂笔记

问题/线索/关键字 （课后）	

课后总结与思考

模块五　无人机机载数据终端认知与维护

引导案例/知识背景

相对于有人机而言，无人机对维修保障的依赖程度更大。在无人机的设计中，不需要考虑飞行员安全的因素，因此无人机机载系统的可靠性和冗余度相对有人机较低，甚至为了无人机的经济性也会在部分硬件的质量上做出让步，这也导致了无人机在飞行和使用中更加容易出现故障。对比美军的 F-16 战斗机和先锋无人机、全球鹰无人机、捕食者无人机等，在相同的飞行小时数下，无人机故障率整体相对更高。

维修保障系统是无人机系统的重要组成部分，无人机维修保障与有人机差别较大。维修保障系统和飞行器平台、地面控制站共同构成完整的无人机系统。无人机系统效能的发挥依赖高效的维修保障系统来完成诸如综合检测、故障检测、维修和勤务保障，以及转场运输等项目。相对有人机，无人机的维修保障具有其自身的特点，如除了硬件故障外，故障模式较多地表现为复杂的软件故障、系统交联故障等；由于结构件和机载设备数量相对减少造成检修空间缩小，维护和排故难度加大、对检测设备要求较高等。

学习导图

- 模块五　无人机机载数据终端认知与维护
  - 单元一　无人机机载数据终端系统认知
    - 知识点一　无人机机载数据终端的功能
    - 知识点二　无人机机载数据终端设备组成
    - 知识点三　链路机载天线安装布局
    - 知识点四　其他机载数据终端介绍
  - 单元二　无六载数据终端使用与维护
    - 知识点一　机载设备信息流程介绍
    - 知识点二　视距链路机载终端组成
    - 知识点三　机载数据链设备使用与维护要点
    - 任务一　机载天线折装

单元一　无人机机载数据终端系统认知

学习目标

1. 知识目标

（1）掌握无人机机载数据终端组成。
（2）理解无人机机载数据终端的功能。
（3）理解机载全向天线、定向天线的作用。

2. 能力目标

（1）能够阐述无人机机载数据终端的功能。
（2）能够分辨不同类型的机载数据终端。

3. 素质目标

（1）学习“翼龙精神”，了解总设计师风采。
（2）体会航空报国、追求卓越的内涵。
（3）培养潜心研究、“十年磨一剑”的工作态度。

理论知识

知识点一　无人机机载数据终端的功能

无人机机载数据终端（Aerial Data Terminal，ADT），是无人机完成对外数据交换的桥梁。它承担向飞行控制系统和任务载荷系统转发地面控制站控制指令的任务，同时承担向地面站转发传感器数据的任务，完成空地之间所有的数据交换。机载数据终端的可靠性、稳定性、隐蔽性和小型化程度均是考核无人机生存能力的重要参数。随着无人机的应用逐渐推广，主要包括民用森林防护、天气监视、大地测量，警用灾情侦测、人员救援、区域巡逻，侦察跟踪、攻击战斗等。高性能 ADT 的需求越来越大，主要体现在作用距离、误码性能和指令延迟等方面的要求不断提高。

对于典型的中大型无人机，机载数据终端主要用于实现对无人机遥控、遥测、跟踪定位、侦查信息传输、中继等功能，具体功能包括：

（1）实现对无人机飞行控制、任务载荷工作控制及机载系统控制的遥控指令的实时传输。

（2）接收并实时下传无人机的飞行参数、任务载荷设备状态参数、机载系统状态遥测参数给地面控制站。

（3）实现对无人机侦察信息的实时传输。

（4）与链路地面数据终端协同工作，实现对无人机的跟踪定位。

（5）实现对无人机前视视频的获取和图像延迟补偿计算。

（6）通过无人机中继，实现指挥控制站与空管等其他超短波平台的双向语音通信。

知识点二　无人机机载数据终端设备组成

无人机系统链路机载数据终端主要由视距链路机载终端（C 波段视距链路机载终端和 UHF 波段视距链路机载终端）、卫通链路机载数据终端（Ka 波段卫通链路机载数据终端）、语音中继电台以及图像采集处理系统 4 部分组成，其详细组成如图 5-1 所示。

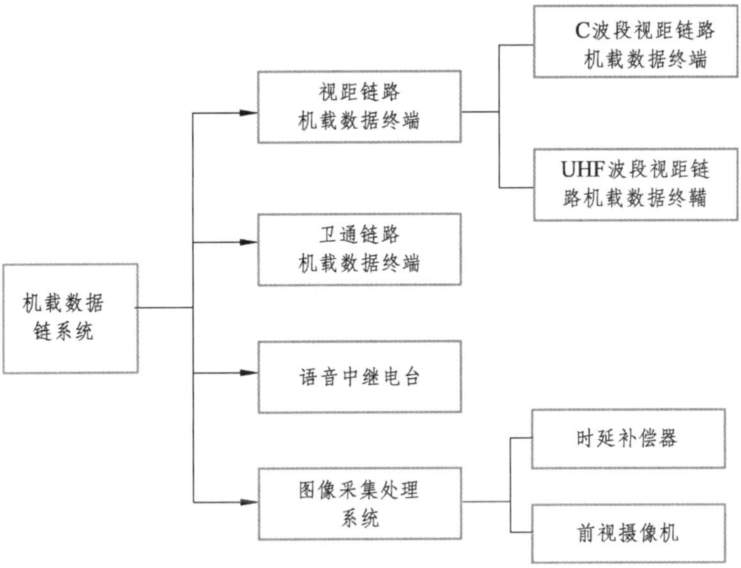

图 5-1　机载数据终端系统组成

链路机载数据终端配有上下行全双工的 C 波段、UHF 波段和卫通三条链路。其中 C 波段和卫通为宽带，可以传输高速率数据，如图像与遥测数据组成的复合数据；而 UHF 波段为窄带，只能用于传输低速率数据，如遥控和遥测数据。一般情况下，视距内 C 波段和 UHF 波段冗余备份工作。

C 视距链路、UHF 视距链路和卫通链路能够完全相互监控。当三条链路中任一链路锁定时，地面可以通过该无线链路监控所有的链路机载数据终端。链路机载数据终端通过无线接收到地面控制站的 C 链路、UHF 链路和卫通链路的遥控信息后，完成对机载相关测控设备自身的控制，同时输出遥控指令至机载飞控计算机、任务计算机等其他机载设备，完成对飞机及机载任务设备的控制。

UHF 视距链路设备下行只传送单遥测信号，接收机载计算机发送过来的遥测信号，与链路机载数据终端的链路遥测信号复接成遥测帧，通过 UHF 发送至地面控制站。C 视距链路设备可以将飞机中的 EO、前视摄像机等图像信号压缩后和载机遥测帧、载荷帧复接后通过 C 链路和卫通链路发送至地面控制站。语音中继电台可与空管等其他超短波电台实现互联互通，为无人机指挥控制站与不同平台提供实时、可靠的语音通信能力。图像采集处理系统由前视摄像机和时延补偿器组成。其中前视摄像机采集前视数字视频，时延补偿器接受来自 EO 的视频，压缩复接后通过 C 和 Ka 链路传输至地面控制站。

知识点三　链路机载天线安装布局

链路机载天线主要包括 C 定向天线组合、C 机顶全向天线、UHF 天线和话音机载 V/UHF 天线（见图 5-2 ~ 图 5-4），具体安装位置如下：

（1）C 定向天线组合：前机身机腹（C 定向天线、C 机腹全向天线、C 定向天线罩）。

（2）C 机顶全向天线：中机身机背。

（3）UHF 天线：左右 V 尾翼尖（一收一发）。

（4）机载 V / UHF 天线：左机翼、右机翼。

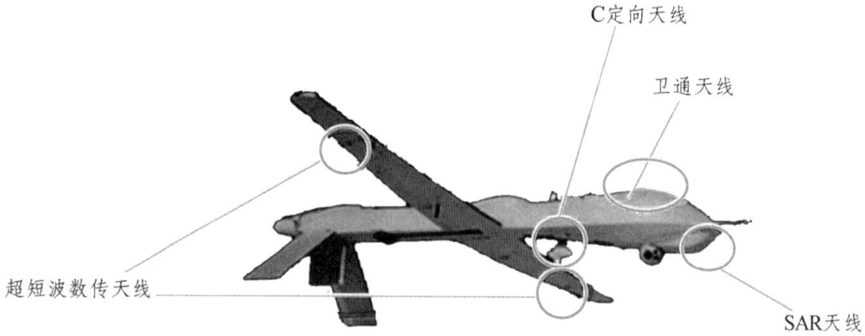

图 5-2　链路机载天线安装布局 1

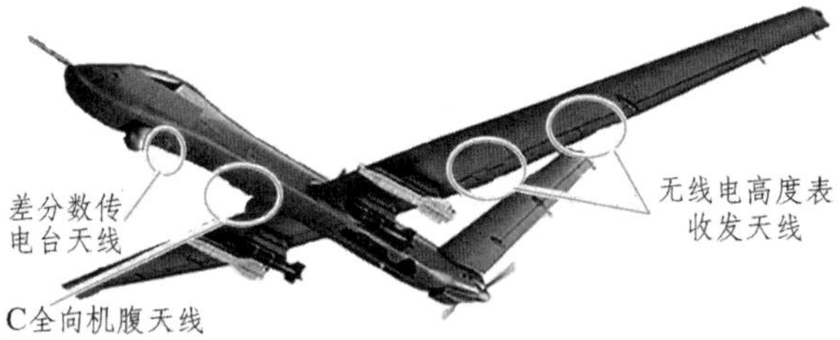

图 5-3　链路机载天线安装布局 2

图 5-4　链路机载天线安装布局 3

知识点四　其他机载数据终端介绍

1. 语音中继电台

语音中继电台由 1 台收发信机、2 副机载 V/UHF 天线和配套视频电缆组成。一般具备 2 路频段内收发通道，可同时实现 2 路半双工语音通信功能，以及和航管语音通信、无线电静默、自检测试等功能

2. 图像采集与处理设备

图像采集数据系统由前视摄像机和时延补偿器组成，前视摄像机主要用于前视图像的采集和处理；时延补偿器主要完成 EO（光电侦查瞄准设备）目标辅助跟踪定位及语音中继台设备管理功能。

3. 机载卫星通信设备

如图 4-24 所示，典型无人机卫星通信设备由卫星天线、卫星跟踪伺服系统、电源等辅助设备信道设备和摄像吊舱等应用终端组成，可以实现超视距信息传输、中继覆盖等功能，具备抗干扰、低截获、高空侦察、实时跟踪等特点。

思政小课堂

李屹东与“翼龙”的故事

跟周围不少同事一样，李屹东是一名“航二代”，初中时，李屹东就立下了成为一名飞机设计师的志向。“当时选专业的时候，其实大家很容易想到的就是学飞机设计，但是我母亲就说，如果要搞这一行，就去学空气动力学。”

1984年，李屹东考上了北京航空航天大学空气动力学专业。毕业时，李屹东拒绝了种种诱惑回到成都，因为他知道，那里才是离梦想最近的地方。

“在航空界里边，当时叫‘10号工程’，就是歼10飞机的研制刚刚在成都（开始）。这是最大的诱惑。”

就这样，李屹东满怀激情和憧憬来到成都飞机设计研究所，他最喜欢在完成自己的工作后，帮助同事画图、做试验，他急切地希望自己能快速成长起来，真正参与飞机总体设计的工作中。四年后，李屹东终于迎来了他梦寐以求的一刻。

“当时是宋总，就是宋文骢院士，他就每年都会出一些题目，那么这个时候就开始构思，当时叫新一代的战斗机，就是类似于现代的四代机，这么一些概念设计。”

李屹东或许不曾想到，这项四代机预研的课题他一做就是十几年；直到后来，他开始担任“翼龙”系列无人机的总设计师。从研发分系统到总体设计，二十多年的历练和沉淀，让李屹东对飞机设计的每一个环节都有了真正的理解。

“翼龙”交付使用后，用户就向李屹东和团队提出了一个近乎苛刻的新要求，移动目标能打不？这个移动靶标的传奇在于，参加各种的演习，各种的对抗，各种的武器打，都没把它打掉。

面对这道最新考题，李屹东和团队心里并没有底。无人机攻击地面移动靶标，这个在今天看来很轻松的问题，在当时并不容易。但是，李屹东和团队清楚，如果拒绝这个要求，那么“翼龙”以后的发展必然会受到阻碍。

“用户说你不能打的话，我就给你扔到海里边去了。我们分析了半天，好像也没有什么原因不能打，觉得好像可以的，可以的那就打吧。”

无人机起飞、瞄准、发射，这辆曾经在各种演习炮火中一直幸存的靶车，被“翼龙”发射出的导弹一发命中。这样的结果并非侥幸。

随后几年，“翼龙”系列无人机在实战中始终保持了90%以上的命中率，真正用实力赢得了客户的信任。

当中国的无人机技术已经走在世界前列，作为总设计师，李屹东更多的是在思考“翼龙”今后将要面对的挑战。

“未来‘翼龙’家族该怎么走，我们在研究的是一种综合解决措施，既要有隐身，也有要其他的能力，能够让未来的无人机能够在更强的环境下，能够生存，能够发挥它的作用。”

从艰难起步，到奋力追赶，再到如今成为国际无人机市场的一面旗帜，“翼龙”的成长正是中国航空事业发展的缩影。当一架又一架“翼龙”冲上云霄，那是李屹东和团队正在用行动和成果，践行航空报国的庄严承诺。

（文章来源：https://www.sohu.com/a/304672816_269515?_trans_ = 000019_wzwza）

理论知识考核

<table>
<tr><td colspan="2">理论考核单元</td><td colspan="4">GCS501 卫星链路地面数据终端</td></tr>
<tr><td colspan="2">学生姓名</td><td></td><td>提交日期</td><td colspan="2"></td></tr>
<tr><td colspan="4">理论知识考核说明：
（1）阅读表格中的问题，并完成作答。
（2）教师根据学生完成情况打分。
（3）单元考核通过需要理论知识得分率不低于 80%</td><td colspan="2">得分</td></tr>
<tr><td colspan="6">简答题（每题 5 分）</td></tr>
<tr><td>1</td><td colspan="3">阐述无人机系统链路机载数据终端组成与功能。</td><td colspan="2"></td></tr>
<tr><td></td><td colspan="5"></td></tr>
<tr><td>2</td><td colspan="3">标出图中天线的名称。</td><td colspan="2"></td></tr>
<tr><td></td><td colspan="5">
</td></tr>
<tr><td colspan="6">判断题（每题 1 分）</td></tr>
<tr><td>3</td><td colspan="4">UHF 视距链路设备下行只传送单遥测信号。（　　）</td><td></td></tr>
<tr><td>4</td><td colspan="4">无人机机载数据终端 GDT，是无人机完成对外数据交换的桥梁。（　　）</td><td></td></tr>
<tr><td colspan="6">填空题（每空 1 分）</td></tr>
<tr><td>5</td><td colspan="4">链路机载数据终端配（　　）、（　　）和（　　）三条链路。</td><td></td></tr>
<tr><td>6</td><td colspan="4">（　　）可与空管等其他超短波电台实现互联互通，为无人机指挥控制站与不同平台提供实时，可靠的语音通信能力。</td><td></td></tr>
<tr><td>7</td><td colspan="4">链路机载天线主要包括（　　）、（　　）、（　　）以及话音机载 V/UHF 天线。</td><td></td></tr>
<tr><td colspan="6">不定项选择题（每题 2 分）</td></tr>
<tr><td>8</td><td colspan="4">（　　）可以实现超视距信息传输、中继覆盖等功能。
A. C 波段通信设备　　B. 卫星通信设备
C. UHF 通信设备　　D. 语音通信设备</td><td></td></tr>
<tr><td colspan="6">理论知识考核成绩</td></tr>
<tr><td colspan="2">得分</td><td></td><td rowspan="2">=</td><td rowspan="2"></td><td rowspan="2">%</td></tr>
<tr><td colspan="2">总分</td><td></td></tr>
<tr><td colspan="2">考核结果</td><td colspan="2">☐ 考核通过</td><td colspan="2">☐ 考核未通过</td></tr>
<tr><td colspan="2">教师签名</td><td></td><td>日期</td><td colspan="2"></td></tr>
</table>

课堂笔记

问题/线索/关键字（课后）	

课后总结与思考

单元二　无人机机载数据终端使用与维护

学习目标

1. 知识目标

（1）掌握无人机机载数据终端的使用方法。

（2）掌握无人机机载数据终端的维护方法。

（3）理解无人机机载数据终端设备之间的连接关系。

2. 能力目标

（1）具备机载定向天线/全向天线的拆卸与安装能力。

（2）具备语音中继台、图像采集系统功能检查的能力。

（3）具备常规航空接插件、接口类型识别的能力。

3. 素质目标

（1）培养团结协作精神和岗位职责意识。

（2）树立无人机飞行安全意识和风险管控意识。

（3）培养认真严谨的航空工作作风。

（4）树立无人机技术领域自信，投身无人机及航空事业。

知识点一　机载设备信息流程介绍

机载设备的信息主要分为数据信息、监控信息两类，主要包括：

（1）飞控计算机发送来的下行遥测信息。

（2）图像前端送来的多路图像数据。

（3）收发组合接收解调的遥控信息。

脱离外部飞控计算机的情况下，机载信号与信息处理单元作为本地监控中心使用，对机载设备的工作状态、参数配置进行配置和集中监视、管理。可通过监测串口外接外部计算机作为整个机载设备的本地监控终端，具体的数据信息、监控信息流程如图 5-5 所示。

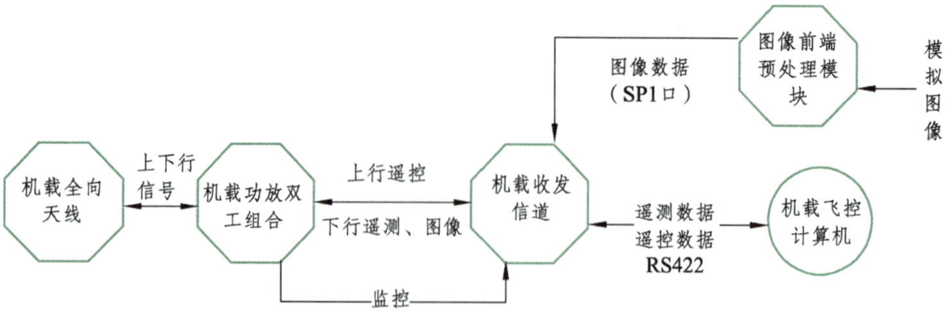

图 5-5　机载设备信息流程

知识点二　视距链路机载终端组成

视距链路机载终端由机载 C 波段链路机载数据终端和 UHF 波段链路机载数据终端组成，如图 5-6 所示。C 波段链路机载数据终端由定向天线组合、机顶全向天线、射频前端和收发组合组成。UHF 波段链路机载数据终端由机顶天线、机腹天线、射频前端和收发组合组成。

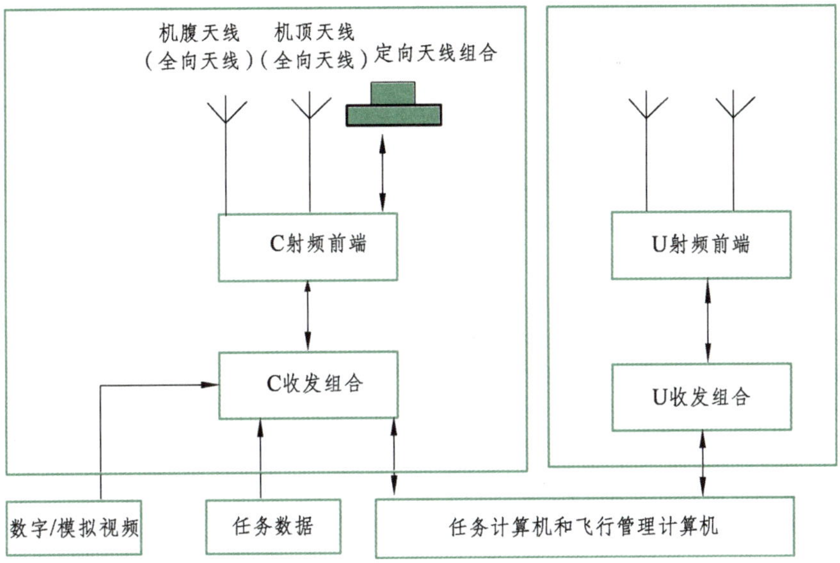

图 5-6　C/UHF 视距链路机载终端组成

C 波段天线收到上行 C 波段信号，经射频前端进行放大、滤波等处理后送密码机进行解密，随后输出上行数据给数据处理单元。数据处理单元根据链路数据控制机载设备工作状态，同时将上行指令转发至其他机载计算机。数据处理单元接收飞机遥测数据，视频数据以及载荷数据，同设备的状态数据统一进行组帧，随后送密码机进行加密，将加密后的数据进行信道编码、滤波、放大后送天线发往地面数据终端。

UHF 波段接收天线收到上行 UHF 波段信号，送射频前端进行放大，滤波等处理后送密码机进行解密，随后输出上行数据至数据处理单元。数据处理单元根据链路数据控制机载设备工作状态，并将上行指令转发至其他机载计算机。数据处理单元接收飞机遥测数据，同设备的状态数据统一进行信源组帧，组帧后送密码机进行加密，将加密后的数据进行信道编码，滤波放大后送发射天线发往地面数据终端。

知识点三　机载数据链设备使用与维护要点

无人机机载数据终端使用与维护工作主要包括：

1. 外观检查

检查天线是否有晃动，螺钉是否有松动，观察天线的射频插件是否完好无损/棍叉接插件是否松动。加电情况下，射频前端风扇是否转动。

2. C 波段机顶全向天线检查

观察机顶/机腹天线是否有晃动，螺钉是否有松动，观察天线射频接插件是否完好无损。

3. C 波段定向天线组合

观察定向天线是否有晃动，螺钉是否有松动。

4. C 波段射频前端检查

观察接插件是否松动，螺钉是否有松动，加电情况下射频前端风扇是否转动。

5. C 波段收发组合检查

观察接插件是否松动，螺钉是否有松动，加电且温度相对较高的情况下，风扇是否转动。

6. UHF 波段发射接收天线

观察发射/接收天线是否有晃动，螺钉是否有松动，观察天线的射频接插件是否完好无损。

7. UHF 波段射频前端检查

观察接插件是否松动，螺钉是否松动。

8. UHF 波段收发组合

观察接插件是否松动，螺钉是否松动，加电情况下，射频前端风扇是否转动。

9. 语音中继台

观察接插件连接是否正确，有无松动，加电的情况下，收发信机必须接天线或负载。

10. 前视摄像机

确认与摄像机连接的线缆接头是否牢固，前视摄像机随机载数据链系统上电，不需单独上电。通电后，通过地面站观察是否有视频输出。

11. 时延补偿器

确认时延补偿器盖板是否安装严密、航空插头是否紧固以及按钮开关是否可控。

实操任务

任务一　机载天线拆装

一、任务情境描述

机载天线拆装是无人机维修维护工作中很重要的一个环节，天线安装与维护效果直接影响的通信信号传输的质量。天线本身又暴露在外界自然环境中，做好天线的拆装收纳也是无人机机载设备必需的工作环节。

二、任务学习目的

（1）提升动手能力。

（2）直观了解机械与电子设备的联系。

（3）理解天线操作步骤的重要性。

三、任务操作工单

<table>
<tr><td colspan="6">无人机机载数据终端使用与维护工单</td></tr>
<tr><td>工卡标题</td><td colspan="5">机载天线设备拆装</td></tr>
<tr><td>工卡编号</td><td colspan="2">GCS-ADT-M01</td><td>工作区域</td><td colspan="2"></td></tr>
<tr><td>场所/载体</td><td colspan="2">停机坪/无人机</td><td>学习模块</td><td colspan="2">机载天线</td></tr>
<tr><td>版次</td><td colspan="2"></td><td>工时</td><td colspan="2">4 h</td></tr>
<tr><td>编写</td><td></td><td>审核</td><td></td><td>批准</td><td></td></tr>
<tr><td>类别</td><td>名称</td><td>规格</td><td>单位</td><td>数量</td><td>备注</td></tr>
<tr><td rowspan="2">设备</td><td></td><td></td><td></td><td></td><td></td></tr>
<tr><td></td><td></td><td></td><td></td><td></td></tr>
<tr><td colspan="4">安全注意事项：
（1）严格遵守机载天线操作流程要求。
（2）确认各个天线位置正确、外观无损坏。
（3）实训场不得追逐打闹。
（4）不得随意拆装无人机机载设备</td><td></td><td></td></tr>
<tr><td colspan="6">1. 工作任务</td></tr>
<tr><td colspan="4">完成天线、射频前端和收发组合的拆卸与安装</td><td></td><td></td></tr>
<tr><td colspan="6">2. 工作准备</td></tr>
<tr><td colspan="4">需要技术人员1名，航空机械工具箱，M3、M4、M5螺钉和螺栓，布置范围要有防雷击措施</td><td></td><td></td></tr>
</table>

续表

3. 工作步骤			
工序	内容描述	工作者	检查者
1	机顶天线组合设备拆装 （1）拆卸，将连接天线的电缆拧开。 （2）拆卸，将连接机体的螺钉拧开。 （3）安装，将螺钉安装在机体上。 （4）安装，将连接天线的电缆拧到天线上		
2	射频前端设备拆装 （1）拆卸，将射频前端电缆从面板上拧下。 （2）拆卸，将射频前端的螺钉拧开。 （3）安装，将螺钉安装在射频前端上。 （4）安装，安装射频前端面板上的电缆		
3	收发组合设备拆装 （1）拆卸，将收发组合电缆从面板上拧下。 （2）拆卸，将收发组合减振器上的螺钉拧开。 （3）安装，将减振器上的螺钉。 （4）安装，安装收发组合面板上的电缆		
4	收尾工作 （1）机载设备外部检查。 （2）工具收纳，清洁场地		

思政小课堂

无人机试验要过多少关　全方位“体检”必不可少

人做体检时，首先会测量身高、体重等基本信息。无人机做“体检”，这些步骤同样必不可少。除了在静态条件下对无人机的机长、翼展、机高等方面进行测量，还会通过风洞和飞行试验，检测无人机几何外形、飞行姿态等参数的变化规律。

俯冲、跃升、盘旋……受检无人机如同一只轻盈的风筝，随着指令输入不断变换飞行姿态。检测人员在测试车内，通过车内仪器屏幕，能实时监测数百公里外无人机的飞行状态。

体形检测只是“外科检查”，之后还要进行“内科检查”。

拆下无人机外壳，机臂、发动机、桨叶相互连接；燃油、润滑油、液压油管纵横交错；打开战斗部，传爆管与机身紧密贴合……因其内部结构复杂，必须对无人机逐系统、逐装置检查核对。

此外，地面终端也是“内科检查”的重点。以美军“死神”无人机为例，检测地面终端时，要分别检测地面控制车、发射运输车、综合保障车等终端控制平台。

检查完“内科”，并不意味着可以顺利“出院”了，检测人员还要考核无人机的通用质量特性。

有人会问：什么是通用质量特性？无人机的通用质量特性又包含哪些内容？

通用质量特性是无人机的一项重要指标，包括可靠性、保障性、测试性、安全性和运输适应性等各种指标参数，涉及所有装备承制单位和使用人员，制定统一标准予以规范。

以运输适应性为例，无人机在运输过程中难免会“磕磕碰碰”，对机身造成损坏。检测人员要将这一过程中发生损坏的情况全部登记在案，为后期工作提供“诊断”依据。

完成以上检测内容后，无人机只算闯过第一道关口，对无人机的性能检验才是真正意义上的“试羽”。

（文章来源：http://www.81.cn/bq/2021-11/05/content_10105165.htm）

理论知识考核

理论考核单元	GCS502 卫星链路地面数据终端		
学生姓名		提交日期	
理论知识考核说明： （1）阅读表格中的问题，并完成作答。 （2）教师根据学生完成情况打分。 （3）单元考核通过需要理论知识得分率不低于 80%			得分
简答题（每题 5 分）			
1	根据下图，阐述无人机机载数据终端的信息传输流程。		
	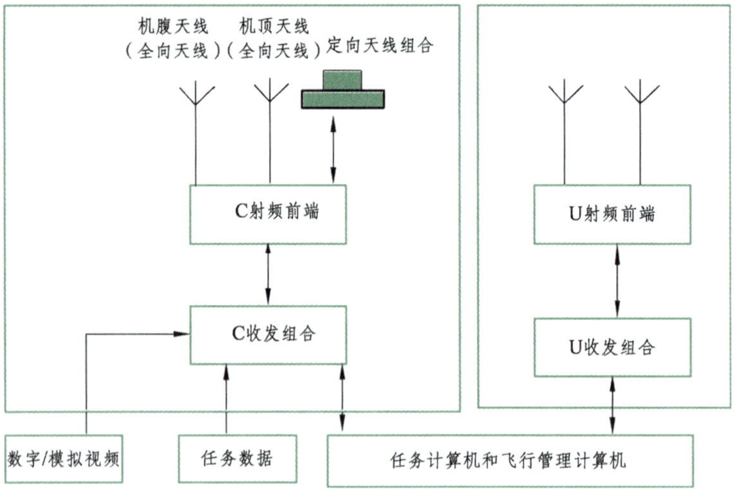		
填空题（每空 1 分）			
2	C 波段链路机载数据终端由（　　）、（　　）、（　　）和收发组合组成。		
3	UHF 波段链路机载数据终端由（　　）、（　　）、（　　）和收发组合组成。		
4	链路机载天线主要包括（　　）、（　　）、（　　）以及话音机载 V/UHF 天线。		
不定项选择题（每题 2 分）			
5	C 波段天线收到上行 C 波段信号，经（　　）进行放大，滤波等处理后送密码机进行解密，随后输出上行数据给数据处理单元。 A. 变频组合　　B. 射频前端 C. 收发组合　　D. 滤波器		

理论知识考核成绩				
得分		=		%
总分				
考核结果	☐ 考核通过		☐ 考核未通过	
教师签名		日期		

课堂笔记

问题/线索/关键字（课后）	

课后总结与思考

模块六　无人机起降引导站认知与维护

引导案例/知识背景

统计数据表明，在飞机的起飞和降落阶段，飞行事故发生的概率最大。国际民航组织为保障飞机在起降阶段能够获得高精度的定位信息，统一规范了民用有人飞机的精密进场/着陆定位精度。其中，精度要求最高的三类着陆要求横向精度不小于 4 m、垂直精度不小于 0.5 m。无人机自主着陆精度目前还没有统一标准规范，但基本要求是要优于Ⅲ类着陆标准，而当前常规中大型无人机组合导航精度为 20 m 左右，无法满足自主着陆精度要求。因此，可在机场跑道附近设置差分 GPS/BDS 地面站，利用 GPS 和 BDS 差分增强技术、自主完好性监测技术，由地面起降引导系统提供差分增强信息，机载系统完成差分增强处理，实现定位精度提升和自主完好性风险降低，为无人机提供满足要求的起降定位精度，降低无人机在起降阶段的安全风险。

无人机起降引导站由起降引导单元以及机场特征点标定设备组成。起降引导单元主要用于提高无人机起降阶段的定位精度。机场特征点标定设备用于在地面差分站引导单元的配合下，完成对无人机滑行和起降引导所需的机场特征点标定工作。

学习导图

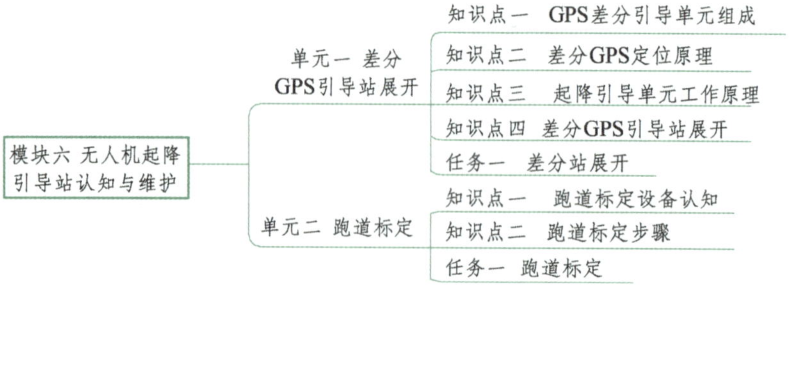

单元一　差分 GPS 引导站展开

学习目标

1. 知识目标

（1）掌握差分站的组成结构。

（2）掌握差分 GPS 工作原理。

（3）掌握差分站展开的步骤以及注意事项。

2. 能力目标

（1）能够分辨起降引导站各个组成结构。

（2）能够完成起降引导站的展开操作。

3. 素质目标

（1）培养团结协作精神和岗位职责意识。

（2）培养认真严谨的航空工作作风。

（3）培养良好的学习习惯。

理论知识

知识点一　GPS 差分引导单元组成

差分站主要由直流电源、基准站接收机、地面数传电台、GPS 卫星天线、电台发射天线、维护电缆以及防雨箱组成，如图 6-1 ~ 图 6-6 所示。

其中，基准站通过 GPS 天线接收 GPS 卫星信号，生成定位和差分修正信息，将修正信息通过数传发射模块发送至机载数传电台，机载数传电台将解调后的信息发送至航姿内嵌 GPS 移动站板卡，GPS 移动站板卡收到修正信息后加以解析并实时修正自身的 GPS 定位信息，得到精度更高的差分定位信息。

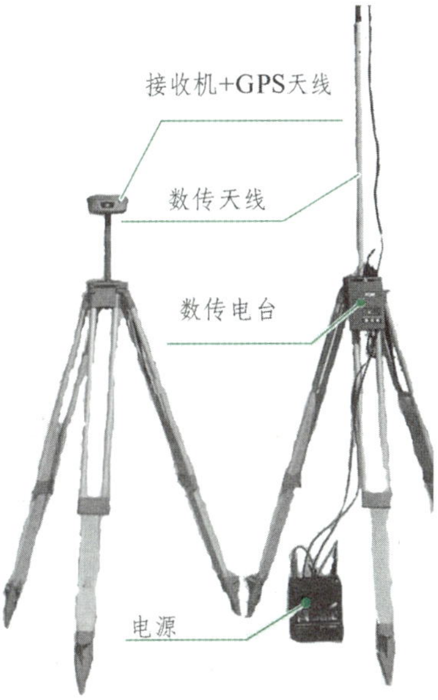

图 6-1　差分站组成

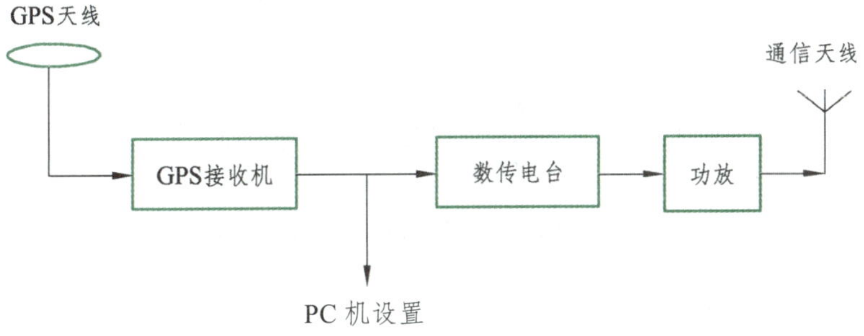

图 6-2　差分站组成框图

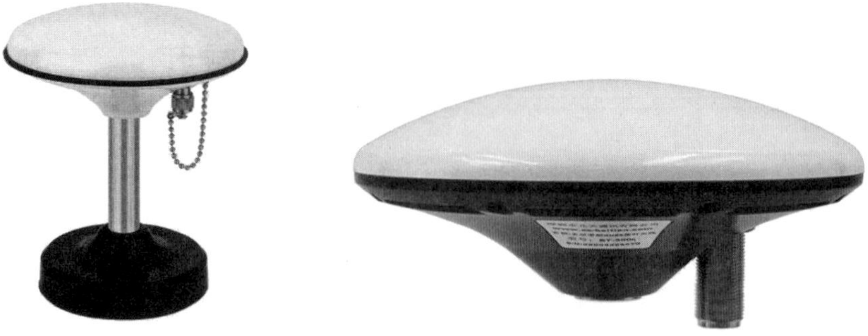

图 6-3　GPS 天线

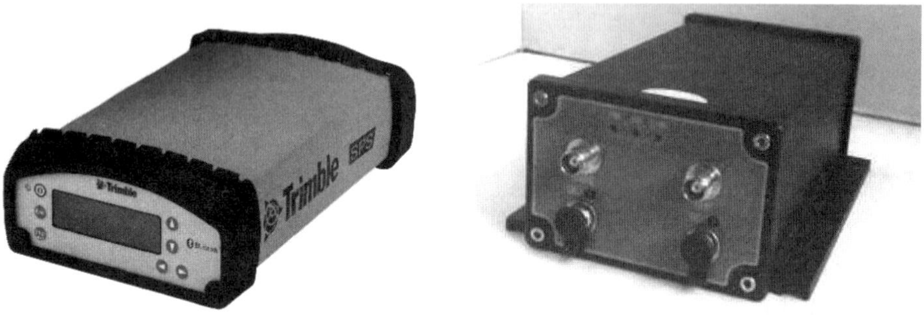

图 6-4　GPS 接收机

图 6-5　地面数传电台以及数传天线

图 6-6　防雨箱

知识点二　差分 GPS 定位原理

GPS 的基本原理是测量出已知位置的卫星到用户接收机之间的距离，然后综合多颗卫星的数据就可知道接收机的具体位置，如图 6-7 所示。因为需要计算三维位置及偏差，所以需要至少 4 颗卫星。卫星和用户接收机之间的距离通过光速乘以时间得到，也就是卫星在太空中向接收发射信号，经过时间 t 接收机接收信号，那么两者之间的距离 $s=ct$ 。

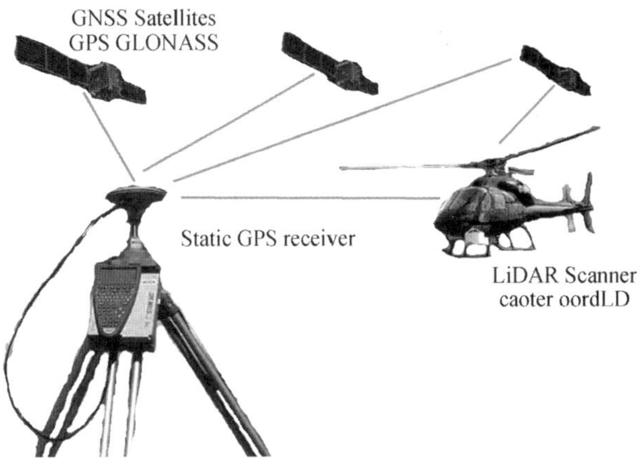

图 6-7　GPS 定位

通常情况下，GPS 能提供 5 m 左右的定位精度，可以满足大多数情况下的定位需求。在无人机起降阶段有更高精度的定位需求。基于 GPS 的特性，很难提供亚米级的定位。

高精度定位的核心就是消除误差，卫星定位精度不高，是因为误差累积导致，只要把可控的误差降低到最低，就能获得更高精度的定位结果。

差分 GPS 使用一台 GPS 基准接收机（基准站）和一台用户接收机（移动站），利用实时或事后处理技术，就可以使用户测量时消去公共的误差源（卫星轨道误差、卫星钟差、大气延时、多路径效应）。

GPS 定位是利用一组卫星的伪距、星历、卫星发射时间等观测值来实现的，同时还必须知道用户钟差。在这一定位过程中，存在着三部分误差：第一部分是对每一个用户接收机所公有的，如卫星钟误差、星历误差、电离层误差、对流层误差等；第二部分为不能由用户测量或由校正模型来计算的传播延迟误差；第三部分为各用户接收机所固有的误差，如内部噪声、通道延迟、多径效应等。利用差分技术，第一部分误差完全可以消除，第二部分误差大部分可以消除，其主要取决于基准接收机和用户接收机的距离，第三部分误差则无法消除。

根据差分 GPS 基准站发送的信息方式可将差分 GPS 定位分为三类，即位置差分、伪距差分和载波相位差分。这三类差分方式的工作原理是相同的，即都是由基准站发送修正数据，由用户站接收并对其测量结果进行修正，以获得精确的定位结果。所不同的是，发送修正数据的具体内容不一样，其差分定位精度也不同。

一、位置差分原理

这是一种最简单的差分方法，任何一种 GPS 接收机均可改装和组成这种差分系统。安装在基准站上的 GPS 接收机观测 4 颗卫星后便可进行三维定位，解算出基准站的坐标。由于存在着轨道误差、时钟误差、SA 影响、大气影响、多径效应以及其他误差，解算出的坐标与基准站的已知坐标是不一致的，存在误差。基准站利用数据链将此改正数发送出去，由用户站接收，并且对其解算的用户站坐标进行改正。

最后得到的改正后的用户坐标已消去了基准站和用户站的共同误差，如卫星轨道误差、SA 影响、大气影响等，提高了定位精度。以上过程的先决条件是基准站和用户站观测同一组卫星的情况。位置差分法适用于用户与基准站间距离在 100 km 以内的情况。

二、伪距差分原理（DGPS）

卫星信号从太空传向地面，经过对流层、电离层等大气层受到阻碍，延迟了地面获取信号的时间，因此通过这种方法测得的距离并不是精确的，我们称之为伪距。

通常，DGPS 指 RTD，即 Real Time Differential，伪距差分。基准站上，观测所有卫星，根据基准站已知坐标和各卫星的坐标，求出每颗卫星每一时刻到基准站的真实距离。再与测得的伪距比较，得出差分改正数，将其传输至用户接收机，提高定位精度。从而实现亚米级定位。

在基准站上的接收机要求可见卫星的距离，并将此计算出的距离与含有误差的测量值加以比较。利用一个α-β滤波器将此差值滤波并求出其偏差。然后将所有卫星的测距误差传输给用户，用户利用此测距误差来改正测量的伪距。最后，用户利用改正后的伪距来解出本身的位置，就可消去公共误差，提高定位精度。

与位置差分相似，伪距差分能将两站公共误差抵消，但随着用户到基准站距离的增加又出现了系统误差，这种误差用任何差分法都是不能消除的。用户和基准站之间的距离对精度有决定性影响。

由于使用码元宽度较大的 C/A 码，伪距测量的精度只有 20 米左右，采用码元宽度较大的 p 码，精度能达到 2 米左右。由于精度问题，专家们又开发出高精度的载波相位测量，精度能达到厘米级，大大提高了定位精度。

三、载波相位差分原理（RTK）

载波相位差分技术又称之为 RTK 技术（Real Time Kinematic），是建立在及时处理两个测站的载波相位基础上，实时处理两个测站载波相位观测量的差分方法。及时将基准站采集的载波相位发给用户接收机，进行求差解算坐标，从而实时提供观测点的三维坐标，并达到厘米级的高精度。

与伪距差分原理相同，由基准站通过数据链及时将其载波观测值及基准站坐标信息一同传送给用户站。用户站接收 GPS 卫星的载波相位与来自基准站的载波相位，并组成相位差分观测值进行及时处理，能及时给出厘米级的定位结果，如图 6-8 所示。

实现载波相位差分 GPS 的方法分为两类：修正法与差分法。前者和伪距差分相同，基准站把载波相位修正量发送给用户站，以改正其载波相位，之后求解坐标。后者把基准站采集的载波相位发送给用户台进行求差解算坐标。前者是准 RTK 技术，后者为真正的 RTK 技术。

如何修正这些误差，使得定位结果更精准呢？需要基准站通过数据链，将其载波观测值及基准站坐标信息一同传送给用户站，用户站接收 GPS 卫星的载波相位与来自基准站的载波相位，并组成相位差分观测值进行及时处理，能及时给出厘米级的定位结果。

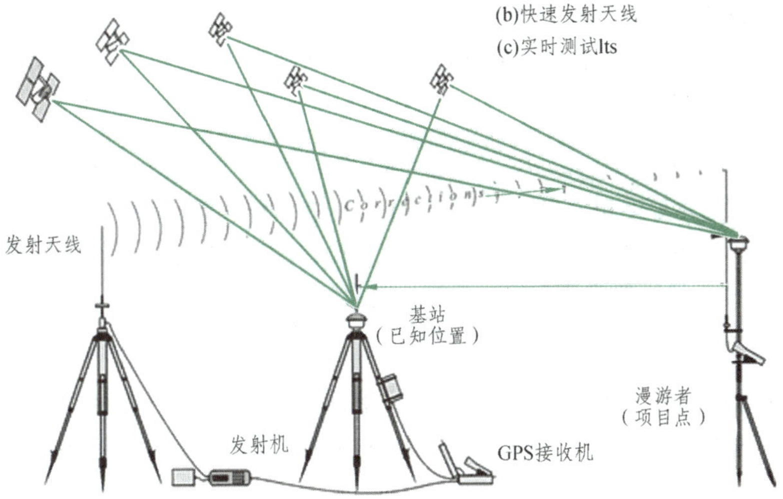

图 6-8　RTK 高精度定位原理

设卫星上某一时刻的载波相位为 φ_1，经过距离 L 后到达接收机时相位为 φ_2，那么载波所经历过的载波相位变化为 $\varphi_2-\varphi_1$。其测距公式为 $L=\lambda(\varphi_2-\varphi_1)$。其中，$L$ 为卫星到接收机的距离；λ 为已知载波的波长；另外，载波相位测量存在整周模糊度。如果所有的误差项都被减小，整周模糊度能被解出来，载波相位测量将转化为精确的伪距测量值并形成精确定位估算。

知识点三　起降引导单元工作原理

如图 6-9 所示，地面设备的 DGPS 参考站位于已知的位置，DGPS 接收机位于无人机上，通过无人机数据链交换测控、遥感与导航定位差分校正数据，差分定位的结果分别送到自动驾驶仪和地面控制站。可根据要求采用自动驾驶仪或在地面站的无人机飞行监控席完成无人机的起飞和着陆。根据无人机的着陆引导要求，可采用伪距差分和载波相位差分相结合的算法，使无人机实现高精度定位。

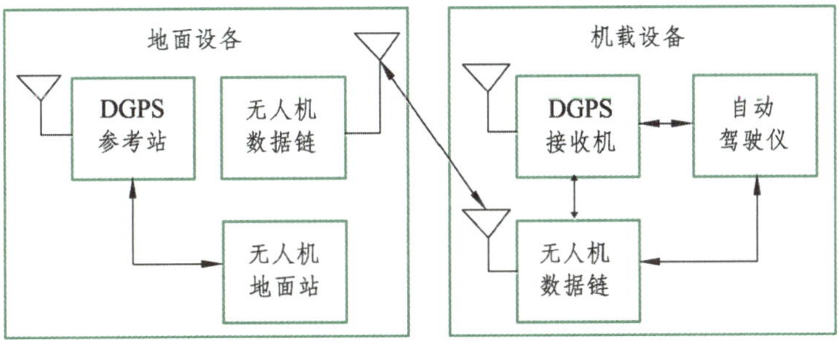

图 6-9　无人机起降引导原理

知识点四　差分 GPS 引导站展开

差分站展开的主要步骤为安装、基准站标定、设置数传电台频率。

1. 安　装

在安装差分 GPS 引导站时需要注意：

（1）发射天线尽量远离大型建筑物或金属平台。

（2）飞机与发射天线为通视距状态，确保飞机始终在差分 GPS 有效作用范围内。

（3）差分 GPS 引导单元架设地必须采取防雷击措施，雷雨天慎用。

2. 基准站标定

基准站标定需要使用专用设备进行基准站配置，标定时间通常在 12～24 h，至少标定 12 h；若已知基准站的准确坐标则可以直接设置为标定坐标。基准站接收机重新展开或者 GPS 天线位置变化后都要重新标定。

3. 设置数传电台频率

在设置数传电台频率需要注意与流动站电台频点一致。作为起降引导使用时需要与机载数传电台的频点设置一致，用于跑道标定时需要与跑道标定设备的电台频率设置一致。

实操任务

任务一　差分站展开

一、任务情境描述

起降引导站能够为无人机在起降阶段提供高精度定位，作为无人机地面站维护人员，差分站展开是一项基础的保障工作。在此之前，需要学习认识差分站的组成结构，掌握差分 GPS 的基本工作原理，以便能够更好地理解展开的步骤以及注意事项。

二、任务学习目的

（1）能够辨识起降引导站设备。
（2）能够掌握差分引导站展开的基本步骤。

三、任务操作工单

<table>
<tr><td colspan="6">无人机地面站系统实训工作单</td></tr>
<tr><td>工卡标题</td><td colspan="5">差分 GPS 引导站展开</td></tr>
<tr><td>工卡编号</td><td colspan="2">GCS-DGPS-M01</td><td>工作区域</td><td colspan="2"></td></tr>
<tr><td>场所/载体</td><td colspan="2">地面站</td><td>学习模块</td><td colspan="2">起降引导站</td></tr>
<tr><td>版次</td><td colspan="2"></td><td>工时</td><td colspan="2">4 h</td></tr>
<tr><td>编写</td><td></td><td>审核</td><td></td><td>批准</td><td></td></tr>
<tr><td>类别</td><td>名称</td><td>规格</td><td>单位</td><td>数量</td><td>备注</td></tr>
<tr><td rowspan="2">设备</td><td></td><td></td><td></td><td></td><td></td></tr>
<tr><td></td><td></td><td></td><td></td><td></td></tr>
<tr><td colspan="4">安全注意事项：
（1）严格遵守操作流程要求。
（2）实训场不得追逐打闹。
（3）不得随意拆装地面站</td><td></td><td></td></tr>
<tr><td colspan="6">1. 工作任务</td></tr>
<tr><td colspan="4">完成差分 GPS 引导站的展开</td><td></td><td></td></tr>
<tr><td colspan="6">2. 工作准备</td></tr>
<tr><td colspan="4">供电、通过对飞机机场跑道和飞机飞行的航道与航迹等参数评估，初步确定差分站的安装位置，保证飞机与发射天线为通视距状态，确保飞机始终在差分 GPS 引导单元的有效作用范围内</td><td></td><td></td></tr>
</table>

续表

3. 工作步骤			
工序	内容描述	工作者	检查者
1	展开支架、保证支架水平		
2	安装主支柱		
3	安装电台发射天线支架		
4	安装电台发射天线：将电台天线电缆穿过电台支架固定环、将天线固定、再将电台发射天线支架推至高位并固定		
5	安装基准站防雨箱，尽量保持上表面水平		
6	安装 GPS 天线以及天线罩		
7	杆状天线安装好，将平行的天线臂旋转升高至 2.1 m 左右的工作位置		
8	连接天线至接收机、电台、发信机的电缆		
9	连接 UPS 电缆，并连接至外部供电设备		
10	基准站标定：基准站在重新展开或位置变化后需要重新标定		
11	数传电台配置：与机上数传电台频点一致		

思政小课堂

中国北斗导航系统

在中国的发展历程中，我们对于科技的投入一直都是在逐年增长，这主要是因为我们深谙“科技就是第一生产力”。而在这样的努力研究下，成果也是非常喜人的，此次北斗导航系统的正式开通，就成为“中国崛起”最为闪亮的标志之一。

从 1994 年开始研发“北斗一号系统”，到如今“北斗三号系统”正式投入使用，对于全球大多数国家来说，都是一个绝对的好消息，代表着大家拥有了除 GPS 之外，又一个功能强大的、全新的卫星定位导航系统。

而在北斗组网后，我们也终于拥有了完全属于自己的导航系统，这就意味着我们以后不用再“受制于人”，无论是车辆、民航还是军方都拥有了自己的独立导航定位信号，这对于每一位中国公民的隐私保护来说，都是意义重大的。

（文章来源：https://new.qq.com/rain/a/20200803A0LDS200）

理论知识考核

理论考核单元	GCS601 差分站展开		
学生姓名		提交日期	
理论知识考核说明： （1）阅读表格中的问题，并完成作答。 （2）教师根据学生完成情况打分。 （3）单元考核通过需要理论知识得分率不低于 80%			得分
简答题（每题 5 分）			
1	简述差分 GPS 引导站的组成与功能。		
2	简述差分 GPS 的工作原理。		
3	简述差分站的布站的三个步骤。		
判断题（每题 1 分）			
4	差分 GPS 引导站的作用是作为流动站提供精确定位信息。（　　）		
5	差分 GPS 引导站需要在标定完成后移动到指定位置安装。（　　）		
6	差分 GPS 的原理是流动站发送给基准站改正数实现提高定位精度的功能。（　　）		
7	利用发送与接收端的载波相位差可以计算伪距。（　　）		
8	载波相位差分的精度可以达到厘米级。（　　）		
不定项选择题（每题 2 分）			
9	以下属于差分 GPS 分类的是（　　）。 A. 伪距差分　　B. 幅度差分 C. 位置差分　　D. 载波相位差分		
10	载波相位差分缩写为（　　）。 A. RTP　　B. RTK C. PTK　　D. GDT		

续表

<table>
<tr><td>11</td><td colspan="5">以下关于差分 GPS 引导站正确的是（　　）。
A. 布站区域需要注意防雷
B. 载波相位差分精度低于伪距差分
C. 具有 GPS 天线以及数传天线
D. 位置差分精度低于伪距差分</td><td></td></tr>
<tr><td>12</td><td colspan="5">以下关于差分 GPS 引导站数传电台正确的是（　　）。
A. 数传电台可以不用安装
B. 数传电台的作用是向 CCS 传输语音信息
C. 数传电台只在基准站才有
D. 数传电台的作用是向流动站传输改正数</td><td></td></tr>
<tr><td colspan="7">理论知识考核成绩</td></tr>
<tr><td colspan="2">得分</td><td></td><td rowspan="2">=</td><td rowspan="2"></td><td colspan="2" rowspan="2">%</td></tr>
<tr><td colspan="2">总分</td><td></td></tr>
<tr><td colspan="2">考核结果</td><td colspan="2">□ 考核通过</td><td colspan="3">□ 考核未通过</td></tr>
<tr><td colspan="2">教师签名</td><td></td><td>日期</td><td colspan="3"></td></tr>
</table>

实操技能考核

实操考核单元	GCS601 差分引导站展开			
学生姓名		提交日期		
实操任务要求	学生需要完成以下任务： （1）能够识别指挥控制站内的主要设备。 （2）完成设备上电			
考核说明： （1）阅读实操任务要求，完成任务操作。 （2）考核结果栏由教师完成，Y 表示操作步骤正确，P 表示操作步骤部分正确，N 表示操作步骤错误		Y	P	N
学生能否正确完成以下任务操作步骤				
1	认识 GPS 天线			
2	认识数传电台天线			
3	认识 GPS 接收机			
4	认识数传电台			
5	能够按照步骤安装主支架，			
6	能够安装数传电台天线支架			
7	能够安装数传电台天线			
8	能够安装 GPS 天线以及天线罩			
9	能够连接线缆			
10	能够进行基准站标定			
11	能够正确设置数传电台频率			
实操任务考核成绩				
综合评估结果	□ 考核通过	□ 考核未通过		
评语（未通过时说明原因）：				
教师签名		日期		

课堂笔记

问题/线索/关键字 （课后）	

课后总结与思考

单元二　跑道标定

学习目标

1. 知识目标

（1）认识跑道标定设备。
（2）掌握跑道标定步骤。
（3）理解跑道航向角的计算。

2. 能力目标

（1）能够模拟进行跑道标定。
（2）能够使用跑道标定设备。

3. 素质目标

（1）培养团结协作精神和岗位职责意识。
（2）培养认真严谨的航空工作作风。
（3）培养良好的学习习惯。

理论知识

知识点一　跑道标定设备认知

全自主控制的无人机（从起飞、巡航到着陆全程自动控制），需要预先在航路文件中设置起降机场跑道上的某些特征点（起飞点、着陆点、备降着陆点等）的坐标值，包括经度、纬度、高度以及特征点之间的距离。这样，无人机的导航控制算法才能通过实时对比无人机的当前位置信息（机载 GPS 传感器输出的无人机位置的数据）与跑道特征点的位置信息，对无人机进行安全起降自动控制。

因此，要在某机场部署、使用无人机，需要首先在跑道上找到满足该型无人机要求的特征点，并对这些点进行标定以获得准确的坐标信息。用精确的地理测绘、测量仪器得到的坐标虽然精度极高，但不满足要求，因为无人机是根据机载 GPS 传感器的数据进行制导控制，即跑道特征点的坐标信息，必须要相对于无人机准确，而不需要绝对准确。

目前，常规的特征点标定方法是飞机标定法，即将无人机放置在跑道特征点的位置，人工记录下机载 GPS 传感器输出的几组坐标值，求平均值后，得到该点坐标，然后将无人机牵引到跑道上的下一个特征点，再记录，直到用无人机标定完所有的跑道特征点。

另一种特征点标定的方法是利用跑道标定设备，其主要包括电源模块、GPS 模块、GPS 接收天线、数传电台模块、数传电台天线以及控制和显示模块，如图 6-10 所示。其中，电源模块为 GPS 模块和差分电台模块提供电源；GPS 模块通过与其相连的 GPS 接收天线接收 GPS 定位信息并解算成位置信息；数传电台模块通过数传天线接收差分信息，并将差分信息传输给 GPS 模块；GPS 模块利用差分信息修正位置信息，并将修正后的位置信息传给控制和显示模块；控制和显示模块在其设定时间段内，对收到的位置信息进行加权平均计算，将过程和结果可视化，控制和显示模块还对 GPS 模块和差分电台模块的工作状态进行监控。在地面差分站引导单元的配合下，完成对无人机滑行和起降引导所需的机场特征点标定工作，如图 6-11 所示。

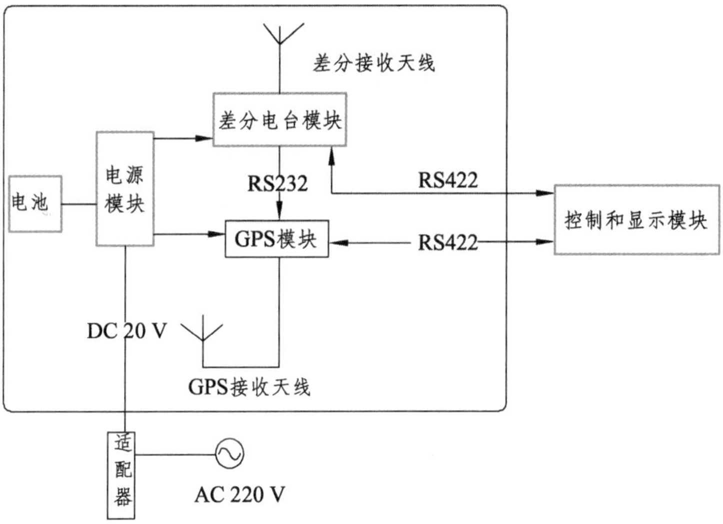

图 6-10　标定设备系统框图

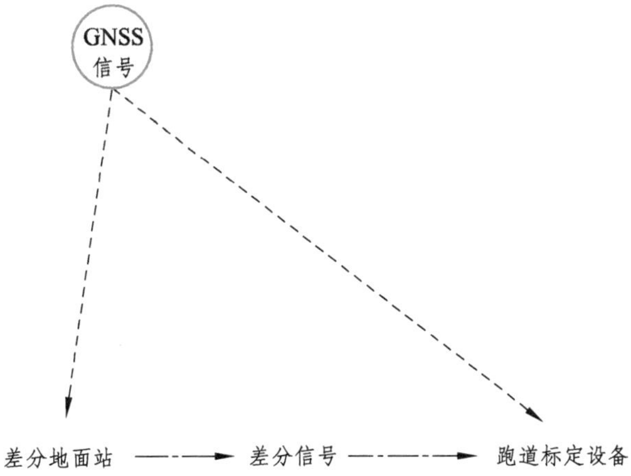

图 6-11　标定设备原理

知识点二　跑道标定步骤

跑道标定步骤如下：

（1）将基准站固定在已有机场附近，并使基准站通电。

（2）基准站标定。

（3）将移动站通电，之后监测移动站的差分 GPS 板是否进入了差分工作模式，当移动站的差分 GPS 板处于差分工作模式之后，进入步骤（4）。

（4）如图 6-12 所示，将移动站置于所述已有机场的跑道中心线上，确定 7 个点，其步骤如下：

① 在跑道中心线上确定 P1/P6 两个点，以确定跑道长度。

② 在跑道中心线上确定 P2/P5 两个点，距离跑道两端距离为 100 m，作为理想的起飞点。

③ 在跑道中心线上确定 P3/P4 两个点，距离跑道两端 400 m，作为理想的着陆点。

④ 确定跑道中心点 P7。

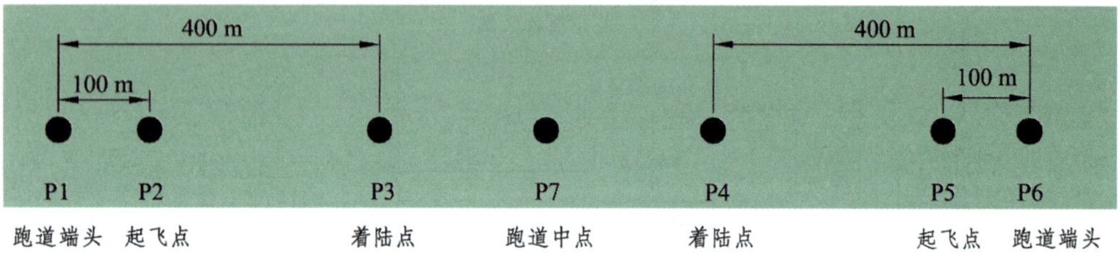

图 6-12　特征点标定示意

实操任务

任务一　跑道标定

一、任务情境描述

要在机场部署、使用无人机，需要首先在跑道上找到满足该型无人机要求的特征点，并对这些点进行标定以获得准确的坐标信息。

二、任务学习目的

（1）能够辨识跑道标定设备。
（2）能够理解跑道标定的基本步骤。
（3）能够正确使用标定设备。

三、任务操作工单

<table>
<tr><td colspan="6">无人机地面站系统实训工作单</td></tr>
<tr><td>工卡标题</td><td colspan="5">GCS-602 跑道标定</td></tr>
<tr><td>工卡编号</td><td colspan="2">GCS-DGPS-M02</td><td>工作区域</td><td colspan="2"></td></tr>
<tr><td>场所/载体</td><td colspan="2">地面站</td><td>学习模块</td><td colspan="2">起降引导站</td></tr>
<tr><td>版次</td><td colspan="2"></td><td>工时</td><td colspan="2">4 h</td></tr>
<tr><td>编写</td><td></td><td>审核</td><td></td><td>批准</td><td></td></tr>
<tr><td>类别</td><td>名称</td><td>规格</td><td>单位</td><td>数量</td><td>备注</td></tr>
<tr><td rowspan="2">设备</td><td></td><td></td><td></td><td></td><td></td></tr>
<tr><td></td><td></td><td></td><td></td><td></td></tr>
<tr><td colspan="4">安全注意事项：
（1）严格遵守操作流程要求。
（2）实训场不得追逐打闹。
（3）不得随意拆装地面站</td><td></td><td></td></tr>
<tr><td colspan="6">1. 工作任务</td></tr>
<tr><td colspan="4">完成差分 GPS 引导站的展开</td><td></td><td></td></tr>
<tr><td colspan="6">2. 工作准备</td></tr>
<tr><td colspan="4">（1）基准站标定完成。
（2）确定跑道上的 7 个点。
（3）将设备的电台频率设置为基准站频率</td><td></td><td></td></tr>
</table>

续表

3. 工作步骤			
工序	内容描述	工作者	检查者
1	放置设备： （1）将设备放置在地面。 （2）展开 GPS 天线。 （3）安装电台。 （4）将设备标记点与地面上的点对齐		
2	跑道标定： （1）打开已有项目（如果是一个新机场，可新建项目）。 （2）进入跑道标定。 （3）选择设备所在的点，如果设备位于 P2 点，则通过软件界面的“上一点”“下一点”选择当前标定的点。 （4）如果之前标定过所选点，则需首先选择“清除点”清除该点，然后选择“标定点”重新标定。 （5）选择“RTK”模式以获得更高的精度，RTK 指示灯显示。 （6）当“PDOP”值小于 1.8 时，可以启动标定，点击“开始标定”，可以开始标定。倒计时结束后，标定将自动结束，或者手动结束。 （7）移动到下一个点，重复之前的操作，直到标定完所有点		
3	跑道坐标系的建立： 使用 P2，P3，P4，P5 坐标数据，建立跑道坐标系。 跑道正方向：P2 经纬度和 P3 的高度作为正向跑道原点，跑道航向为正向跑道航向，将相应坐标输入任务规划软件的机场设置界面，作为 NT/O 坐标。 跑道反方向：P5 经纬度和 P4 的高度作为正向跑道原点，跑道航向为反向跑道航向，将相应坐标输入任务规划软件的机场设置界面，作为 RT/O 坐标		

思政小课堂

天河漫漫　北斗璀璨——北斗卫星背后的研发故事

“北斗的研制，是中国人自己干出来的。‘巨人’对我们技术封锁，不让我们站在肩膀上。唯一的办法，就是自己成为巨人。”北斗一号卫星总指挥李祖洪说。

作为国之重器，自主创新是北斗工程的必由之路。秉承“探索一代，研发一代，建设一代”的创新思路，中国北斗始终把发展的主动权牢牢掌握在自己手中。

北斗一号原创性地提出双星定位的卫星实现方法，打破了国外技术垄断，建立起国际上首个基于双星定位原理的区域有源卫星定位系统——北斗导航卫星试验系统。

北斗二号突破了区域混合导航星座构建、高精度时空基准建立的关键技术，实现星载原子钟国产化，在国际上首次实现混合星座区域卫星导航系统。区域系统建成后，各项技术指标均与 GPS 等国际先进水平相当。

北斗人至今还记得研制首颗北斗二号卫星那段“激情燃烧的岁月”。根据国际电联的规则，频率资源是有时限的，过期作废。时间不等人！在争分夺秒完成前期所有研制任务后，为节省时间，所有参试人员进驻发射场后大干了 3 天体力活，搬设备、扛机柜、布电缆，接下来又是 200 小时不间断地加电测试……这一次，院士、型号老总和技术人员一起排班，很多人因为水土不服而拉肚子、发烧，但大家都带病坚持在岗位上，经受住了次次险情和种种考验。2007 年 4 月 16 日，在成功发射的两天后，北京从飞行试验星获得清晰信号，此时距离空间频率失效仅剩下不到 4 小时——正是这次壮举，有效地保护了我国卫星导航系统的频率资源，拉开了北斗区域导航系统建设的序幕。

在北斗三号全球组网建设中，五院率先提出国际上首个高中轨道星间链路混合型新体制，形成了具有自主知识产权的星间链路网络协议、自主定轨、时间同步等系统方案；研发出国内首个适于直接入轨一箭多星发射的“全桁架式卫星平台”，实现了卫星自主监测和自主健康管理；成功应用星载大功率微波开关、行波管放大器等关键国产化元器件和部组件，打破核心器部件长期依赖进口、受制于人的局面，为全球快速组网建设铺平道路。

（文章来源：http://www.gov.cn/xinwen/2019-01/03/content_5354360.htm）

理论知识考核

理论考核单元	GCS602 跑道标定		
学生姓名		提交日期	
理论知识考核说明： （1）阅读表格中的问题，并完成作答。 （2）教师根据学生完成情况打分。 （3）单元考核通过需要理论知识得分率不低于 80%			得分
简答题（每题 5 分）			
1	为什么要进行跑道标定？		
2	跑道标定设备的组成有哪些？		
判断题（每题 1 分）			
3	跑道标定设备作为差分 GPS 系统的流动站。	（　　）	
4	跑道标定设备电台需要设置与基准站相同。	（　　）	
5	跑道标定需要对跑道标定 9 个点。	（　　）	
不定项选择题（每题 2 分）			
6	以下属于跑道标定设备的是（　　）。 A. GPS 天线　　B. 数传电台 C. GPS 发信机　　D. 定向天线		
7	以下关于跑道标定的描述正确的是（　　）。 A. 跑道标定需要标定特征点的经度、纬度和高度三维坐标 B. 跑道标定需要在 RTK 模式下才能具有更高的精度 C. 跑道标定只需要标定正向跑道特征点 D. 跑道标定只要绝对精度满足要求即可		

理论知识考核成绩				
得分		=		%
总分				
考核结果	☐ 考核通过		☐ 考核未通过	
教师签名		日期		

实操技能考核

<table>
<tr><td>实操考核单元</td><td colspan="6">GCS602 跑道标定</td></tr>
<tr><td>学生姓名</td><td colspan="2"></td><td colspan="2">提交日期</td><td colspan="2"></td></tr>
<tr><td>实操任务要求</td><td colspan="6">学生需要完成以下任务：
（1）能够正确使用跑道标定设备。
（2）能够按照步骤完成跑道标定</td></tr>
<tr><td colspan="4">考核说明：
（1）阅读实操任务要求，完成任务操作。
（2）考核结果栏由教师完成，Y 表示操作步骤正确，P 表示操作步骤部分正确，N 表示操作步骤错误</td><td>Y</td><td>P</td><td>N</td></tr>
<tr><td colspan="7">学生能否正确完成以下任务操作步骤</td></tr>
<tr><td>1</td><td colspan="3">将设备放置在地面</td><td></td><td></td><td></td></tr>
<tr><td>2</td><td colspan="3">展开 GPS 天线</td><td></td><td></td><td></td></tr>
<tr><td>3</td><td colspan="3">安装电台</td><td></td><td></td><td></td></tr>
<tr><td>4</td><td colspan="3">将设备标记点与地面上的点对齐</td><td></td><td></td><td></td></tr>
<tr><td>5</td><td colspan="3">新建项目/打开项目</td><td></td><td></td><td></td></tr>
<tr><td>6</td><td colspan="3">选择设备所在的点</td><td></td><td></td><td></td></tr>
<tr><td>7</td><td colspan="3">选择“RTK”模式</td><td></td><td></td><td></td></tr>
<tr><td>8</td><td colspan="3">确认“PDOP”值</td><td></td><td></td><td></td></tr>
<tr><td>9</td><td colspan="3">开始标定</td><td></td><td></td><td></td></tr>
<tr><td>10</td><td colspan="3">工具整理，场地整洁</td><td></td><td></td><td></td></tr>
<tr><td colspan="7">实操任务考核成绩</td></tr>
<tr><td>综合评估结果</td><td colspan="3">□ 考核通过</td><td colspan="3">□ 考核未通过</td></tr>
<tr><td colspan="7">评语（未通过时说明原因）：</td></tr>
<tr><td>教师签名</td><td colspan="2"></td><td colspan="2">日期</td><td colspan="2"></td></tr>
</table>

课堂笔记

问题/线索/关键字 （课后）	
课后总结与思考	

模块七 无人机指挥控制站应用

引导案例/知识背景

2022年9月5日12时52分，四川省甘孜州泸定县发生6.8级地震，震源深度16 km，造成甘孜州泸定县、雅安市石棉县部分通信受损。多架“四川造”无人机紧急飞赴灾区，助力抗震救灾。5日15时57分，“翼龙”-2H应急救灾型无人机紧急起飞，18时44分飞抵灾区。紧急搭建空中应急通信网络，侦察灾情，实时回传灾情画面，辅助指挥中心调度，为救援团队集结及施救提供强有力保障。

无人机已应用于监视侦查、维稳反恐、边界巡逻等军事领域，近年来在民用和科学研究等领域，如灾情监视、缉私查毒、环境保护、地质勘探、气象观测和森林防火等无人机也得到了广泛应用。无人机地面站系统是无人机系统中一个重要组成部分，它是无人机与操控人员之间的人机交互枢纽系统。无人机地面站系统能够对无人机进行有效监视和精确控制，是确保成功执行任务的关键系统。

学习导图

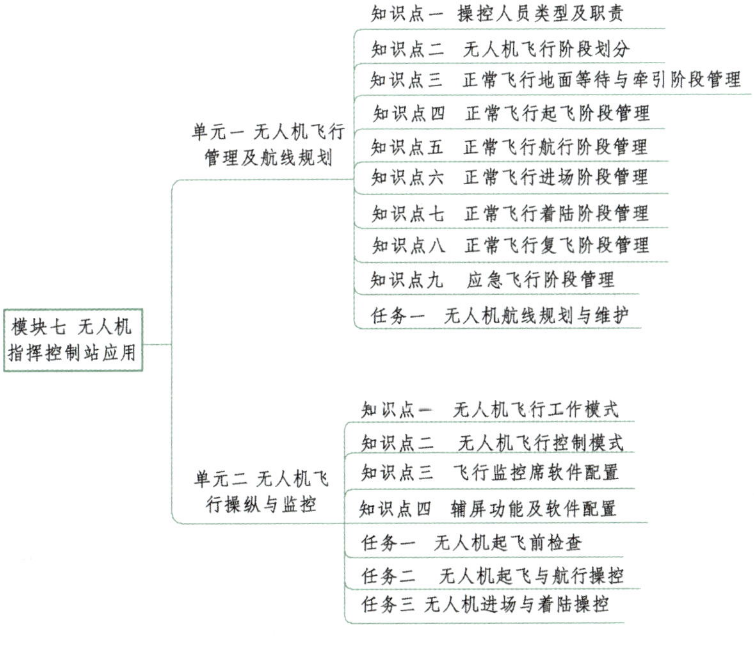

单元一　无人机飞行管理及航线规划

学习目标

1. 知识目标

（1）理解无人机正常飞行阶段管理的原理和基本方法。

（2）理解无人机应急飞行阶段管理的原理和基本方法。

（3）掌握系统支持的典型航点类型及特点。

（4）理解五边飞行的流程及参数要求。

2. 能力目标

（1）能够利用任务规划软件进行规划文件加载、参数检查、航线同步和任务装订。

（2）能够根据任务要求，编辑修改任务规划参数。

3. 素质及思政目标

（1）培养团结协作精神和岗位职责意识。

（2）树立无人机飞行安全意识和风险管控意识。

（3）培养认真严谨的航空工作作风。

（4）引导学生开展职业生涯规划。

理论知识

知识点一　操控人员类型及职责

无人机空勤机组成员包括飞行操控员、任务监控员（备用飞行操作员）、任务规划员和链路操控员。

飞行操作员：负责对无人机飞行操控和状态监视。起飞前，对任务规划员生成的航路规划数据进行确认（离线状态有效），并完成与机场塔台或空管中心的通信联络（模拟）；配合起飞前的飞机参数、状态检查，发出必要的起飞、松刹车等指令；装订场高等必要参数；完成无人机全飞行过程状态监控以及机载设备工作状态监控。必要时，进行相应的飞行应急处理，支持决策任务变更，确保无人机安全飞行。

任务规划员：起飞前，完成全任务阶段任务规划，加载至无人机。任务过程中，进行在线任务实时规划。

任务监控员：起飞前，对任务规划员生成的任务载荷规划数据进行确认（离线状态有效）；起飞后，完成无人机任务阶段任务载荷设备工作状态监控。应急时，作为飞行监控席的备份，可接手无人机操控权限，完成飞行操作员的职责，保障无人机飞行安全。

链路监控员：起飞前，配置通信链路初始化参数，建立地面站与无人机之间的通信连接。任务过程中，监测各通信链路的链路状态及通信质量，根据任务要求对通信链路选择切换，对通信参数进行动态调整。

知识点二　无人机飞行阶段划分

无人机飞行阶段管理包括正常飞行阶段管理和应急飞行阶段管理。

正常飞行阶段是指当飞机平台没有出现影响飞行安全的故障，按照装订的飞行航线正常执行飞行计划的过程，从起飞到着陆全过程定义为 9 个阶段：地面等待、滑出、牵引、起飞、航行、进场、着陆、复飞、停机。

应急飞行阶段是指当飞机平台出现严重故障（单发停车故障、测控失效、双发停车故障等，具体见飞行应急处理一节），系统需改变原定飞行计划，采用应急处理的飞行阶段。应急飞行阶段定义为 4 个阶段：应急航线返航、空滑返航、停车迫降、自毁。

无人机飞行阶段如图 7-1 所示。

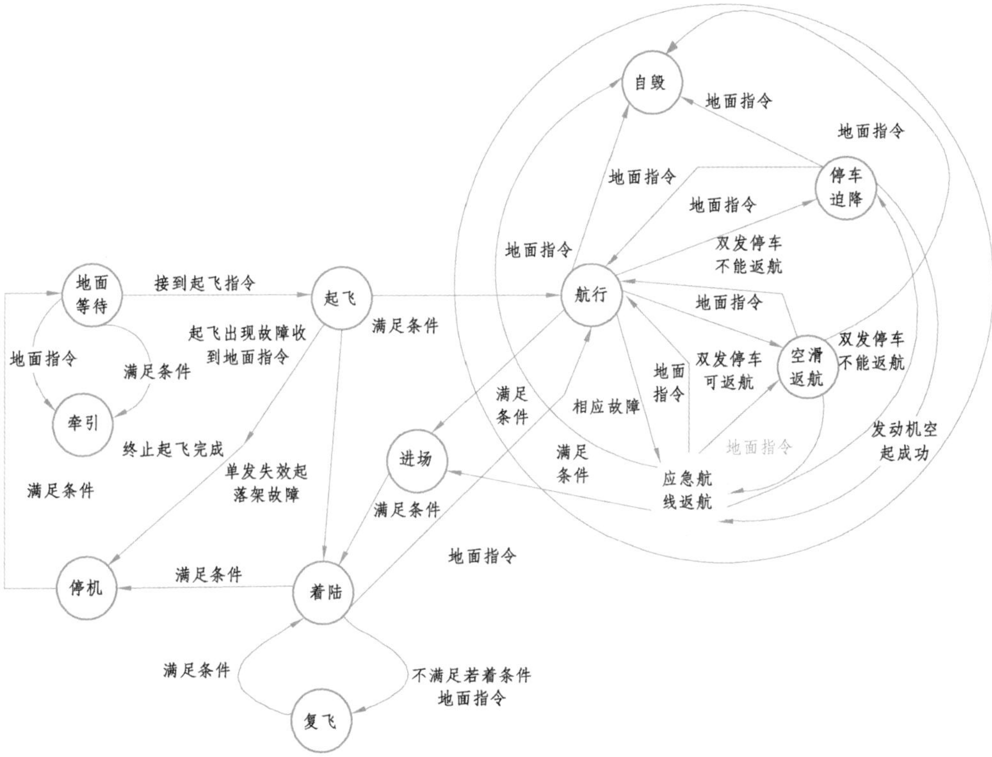

图 7-1　无人机飞行阶段

知识点三　正常飞行地面等待与牵引阶段管理

一、地面等待阶段

地面等待阶段指飞机未执行任何飞行计划的飞行前准备阶段。飞行管理分系统不进行制导律和控制律解算，各个舵面指令为 0，油门量和刹车量保持当前状态。

在等待阶段可以进行地检模式切换，在地检模式，飞行管理分系统接受地面检测系统的指令和数据来完成飞行前准备和检测，同时可接受测控系统发来的应急指令（如发动机停车等）。

在地面等待段提供了异常移动保护，当发动机开车且飞机以超过规定速度移动时，飞机自动关闭发动机。

二、地面牵引阶段

配合牵引车的牵引，实现飞机的拖拉滑行的阶段。当系统处于地面等待阶段，收到测控的进入牵引指令则转入牵引阶段，松开刹车。当系统处于牵引阶段，则飞行管理分系统不进行控制律解算，各个舵面指令为 0，油门量保持当前状态。当系统处于牵引阶段，收到测控的退出牵引指令则系统退出牵引阶段，重新置刹车为最大。

知识点四　正常飞行起飞阶段管理

起飞阶段是指飞行管理分系统控制飞机从起飞点开始滑行并按起飞程序爬升到相对跑道指定高度的过程。如果飞机满足起飞条件，且收到地面站发出的起飞指令，则飞机执行起飞过程。

一、起飞条件

（1）系统方式是自主控制或人工修正控制。

（2）飞行阶段是地面等待。

（3）无线电高度表 1 或 2 有效。

（4）导航系统有效。

（5）场高已装订。

（6）航路数据正确。

（7）经纬度数据有效。

（8）无人机相对于由起飞机场点构成的起飞航段的侧偏绝对值小于 10 m，航向差的绝对值小于 5°。

（9）迫降点已装订。

二、起飞过程

起飞阶段分为起飞滑跑、起飞拉起、起飞爬升、起飞离场、中止起飞等子阶段。

1. 起飞滑跑

如果系统任务模式为非“滑行模式”，系统收到“起飞”指令后，发动机油门固定为最大转速状态，松刹车飞机开始加速滑跑；滑跑过程中横向控制模式为滚转角控制（目标值暂定为 0°）；航向为方向舵纠偏控制模态，通过主机轮差动刹车及方向舵控制飞机的侧偏距、航向角；纵向为俯仰角控制（目标值暂定为 0°）。当飞机指示空速大于设定值后，起飞滑跑段结束。

如果系统任务模式为滑行任务模式，当飞机收到起飞指令后，满足起飞条件，飞机使用综合检测子系统装订的滑行油门作为滑行中使用的油门指令开始滑行。如果飞机满足滑行终止条件（最大滑行速度、滑行终止时间和滑行终止速度），飞机由起飞滑跑段自动转入着陆滑跑段，然后继续执行着陆过程，直到系统停机转等待后，完成整个滑行测试过程。滑行任务模式下的系统工作过程如图 7-2 所示。

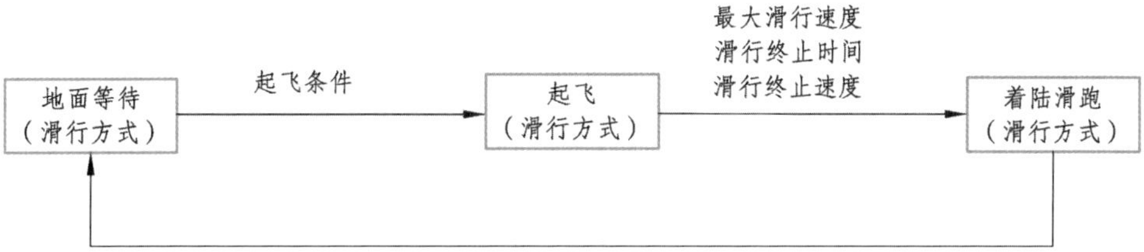

图 7-2　滑行任务模式下的系统工作过程示意

如果系统任务模式为其他任务模式，起飞滑跑段结束，转入起飞拉起段。

2. 起飞拉起

纵向控制为俯仰角控制模态，俯仰角给定值 θ_2^{ref} 。横向控制为滚转角控制模态，给定值为 0°；航向控制为方向舵和刹车纠偏控制模态。发动机转速固定为最大允许转速 95.7%。当飞机相对机场高度大于 11 m 后，起飞拉起子阶段结束。

3. 起飞爬升

当飞机飞行高度相对机场大于 11 m，飞行阶段转为起飞爬升子阶段。纵向控制为俯仰角指示空速保护模态，仰角给定值 θ_2^{ref} 取值策略与起飞拉起段相同。

横向控制为空中纠偏控制模态，航向控制为协调转弯模态，控制目标值为制导律根据飞行计划实时解算值。发动机采用发动机指示空速保护模态。如果系统任务模式为首飞模式，则不设置起落架收起；否则当飞机相对机场高度达到 50 m，系统设置起落架收起，30 s 后，起飞爬升子阶段结束。

4. 起飞离场

起飞爬升子阶段结束后，飞行阶段转为起飞离场子阶段。纵向控制为俯仰角指示空速控制模式，指示空速指令为航路指定的指示空速，发动机转速固定为最大允许转速。

当飞机相对机场高度大于第一个非机场点高度 – 100 m 高度时，纵向控制转为高度控制模态，高度目标值为第一个非机场点高度，发动机转为指示空速闭环控制，指示空速指令为航路指定的指示空速。横向控制为空中纠偏控制模态，航向控制为协调转弯模态，控制目标值为制导律根据飞行计划实时解算值。当飞机飞行高度大于 320 m（暂定）且距起飞机场航段终点的前飞距离大于 600 m（暂定），飞机进入航行阶段。

5. 中止起飞

如果飞机处于起飞滑跑段，指示空速小于 V_1（起飞决断速度）时，出现不宜起飞的故障（具体见飞行应急处理一节），或收到地面控制站的 “中止起飞” 指令，则进入中止起飞阶段。

中止起飞控制：执行发动机停车，纵向为俯仰角保持，横向为滚转角控制模态，航向为方向舵纠偏控制模态，刹车值由当前值逐渐增大到最大（刹车减速，同时继续纠偏控制）。指示空速在 180 km/h 以上减速板开度 20°，指示空速在 150 ~ 180 km/h 减速板开度 40°，指示空速小于 150 km/h 减速板开度 60°。当飞机的地速小于 5 km/h 后，系统由起飞阶段转为停机阶段。

知识点五　正常飞行航行阶段管理

飞机完成起飞阶段进入预定航线后的飞行状态称为航行。在航线飞行中垂直剖面包含爬升、航行和下降过程，水平剖面包含直飞和转弯过程。

一、垂直剖面

1. 爬升段

当飞机当前飞行高度小于航点给定高度 100 m 以上时，进入爬升段。飞机从一个高度爬升到另一个高度，纵向控制为俯仰角指示空速控制模式，指示空速指令为航路指定的指示空速，发动机转速固定为最大允许转速。

2. 平　飞

当飞机进入以给定高度为中心的公差带（±50 m）后进入平飞飞行阶段，在平飞阶段由于干扰或给定新高度控制目标值后，高度超过以给定高度为中心的公差带后（±100 m）退出平飞阶段，转入爬升段或下降段。在平飞阶段，纵向以目标航路点高度为给定高度，进行高度控制；横向为轨迹控制模态，航向为协调转弯控制，控制飞机沿航线飞行；如果航点属性中未装订指示空速值，则指示空速指令值取默认速度，否则进行速度闭环控制，速度给定值由目标航点的属性及速度数值决定。

系统支撑的巡航速度方式包括：默认航点装订速度巡航和按地面站人工给定速度巡航，缺省为默认速度巡航。地面站可以使用取消速度闭环执行定转速控制。根据飞行状态，系统对航点属性中的人工给定速度值进行上下限保护，以保证安全。

3. 下降段

当飞机当前飞行高度高于给定高度，并超过规定的范围（100 m）时，进入下降阶段。纵向控制为基于姿态回路的指示空速控制；该阶段纵向控制为俯仰角指示空速控制模式，指示空速指令采用最快下降速度 – 10 m/s，以保证飞行右边界安全。横向为空中纠偏控制模态，航向为协调转弯控制，控制飞机沿航线飞行；发动机控制为慢车转速。

二、水平剖面

飞机水平剖面飞行过程包含直飞和转弯过程，两个航路点之间形成直线航段，直线航段之间的转弯采用圆弧连接。横向为轨迹控制模态，航向为协调转弯控制，控制飞机沿着给定航线飞行。

航段之间的圆弧交接采用自动内插计算的转弯半径，转弯半径默认为根据当前飞机速度和构型自动内插计算得到。

系统支持的航点的相应水平剖面控制（航点交接）说明如下：

（1）一般航路点，如图 7-3 所示；

（2）过顶航路点，如图 7-4 所示；

（3）圆心航路点（顺时针、逆时针），如图 7-5 所示；

（4）8 字航路点，如图 7-6 所示；

（5）跑道型航点（顺时针、逆时针），如图 7-7 所示；

（6）机场点（同一般航路点）。

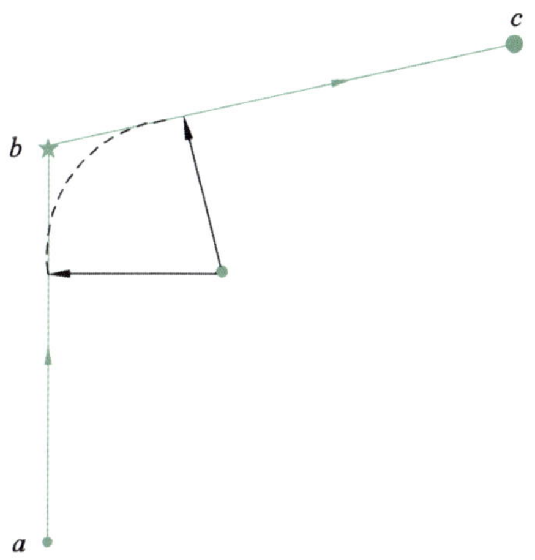

图 7-3　一般点航路点的飞行过程示意

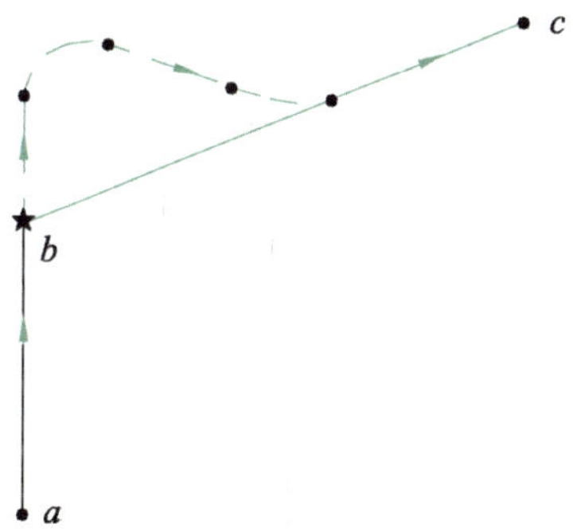

图 7-4　过顶航路点的飞行过程示意

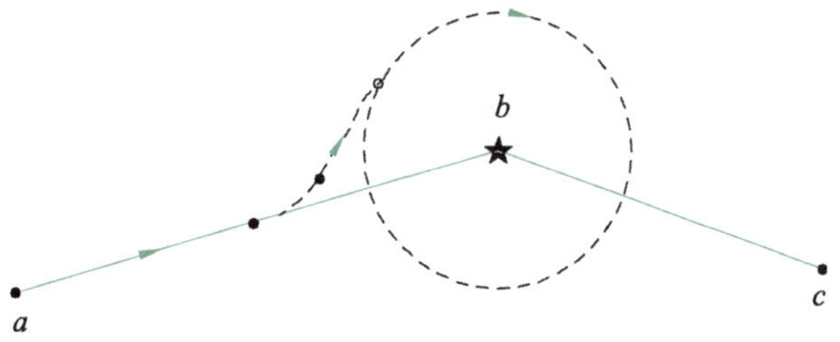

图 7-5　圆心航路点（顺时针）的飞行过程示意

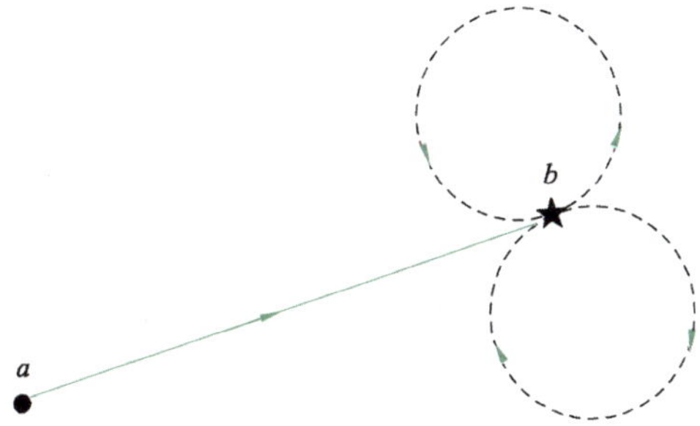

图 7-6　8 字航路点的飞行过程示意

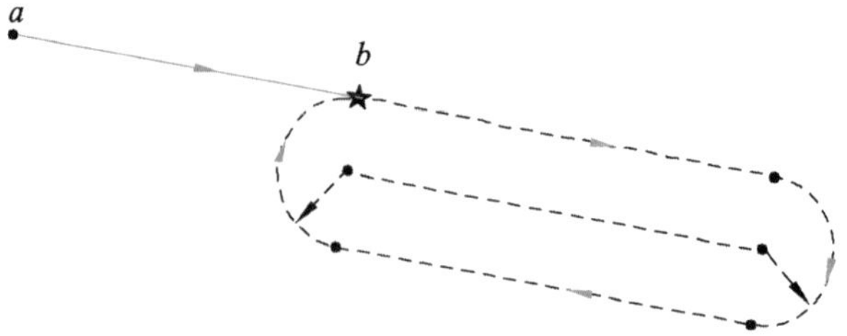

图 7-7　跑道型航路点（顺时针）的飞行过程示意

知识点六　正常飞行进场阶段管理

处于航行阶段与着陆阶段之间的阶段。当飞行管理系统发现当前航路点且下一个航路点都为机场点时，转入该阶段。飞机以此机场着陆航线的第一个航点为目标点飞行，纵向采用高度控制模态，高度给定值为着陆航线目标航点高度值；横向为轨迹控制模态，航向为协调转弯控制，控制飞机沿航线飞行；发动机采用指示空速闭环控制，当飞机飞过着陆航线第一航点后，进入着陆阶段。当飞机下降至场高低于 900 m 发送两台无线电高度表上电指令。

知识点七　正常飞行着陆阶段管理

处于进场段与停机段之间的阶段，飞机进入并沿着陆航线飞行称为着陆阶段。着陆阶段分为 4 个子阶段：五边飞行、下滑、拉平、着陆滑跑。

系统支持起飞机场、着陆机场和备降机场着陆，每个机场都分别有自己的着陆航线。着陆航线独立于飞行航线，通过设计不同航线，可同时支持直接着陆和五边着陆，满足复杂机场起降要求。着陆由一组航点组成（暂定 7 个），形成 6 个航段（第一边、第二边、第三边、第四边、第五边和下滑段）。着陆航线示意如图 7-8 和图 7-9 所示。

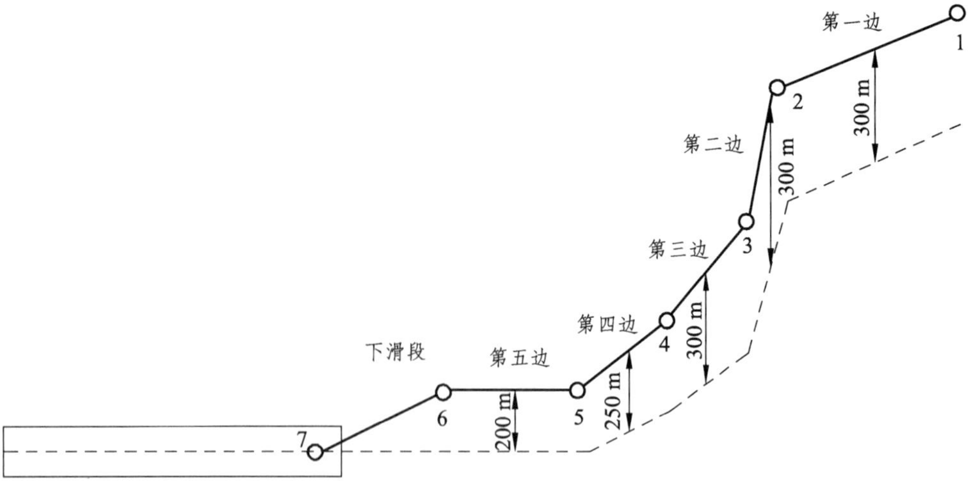

图 7-8　支持的直接着陆航线示意

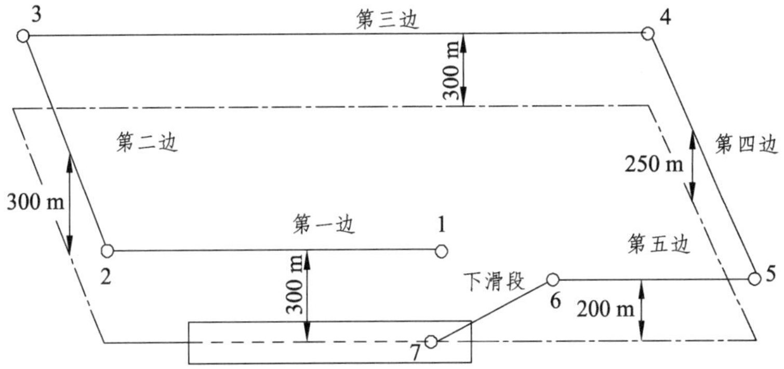

图 7-9　支持的五边着陆航线示意

一、五边飞行

飞机沿装订的着陆航线上进行定高飞行，为着陆做准备。横向为轨迹控制模态，航向为协调转弯控制，控制飞机航迹按照 1 点到 6 点（第一边到第五边）的顺序飞行；纵向为高度控制模态，给定高度为着陆航点相应高度值；发动机油门为指示空速闭环控制，在 3 到 4 点（第三边）的飞行过程中放起落架，6 点为着陆下滑起始点，7 点为理想接地点。

二、下　滑

着陆下滑段的着陆下滑线为自动生成，采用两段式下滑，首先是陡下滑，然后是缓下滑。飞机纵向为高度控制模态，使飞机跟踪下滑线；横向为轨迹控制模态，航向为协调转弯控制，控制飞机沿航线飞行；发动机采用指示空速闭环控制，消除不同机场海拔高度对舵效的影响；减速板开度为 20°。

当飞机下滑至着陆决断高度以上（50 m），如果不满足着陆条件或收到复飞指令，则执行复飞过程，否则继续着陆过程。

三、拉　平

飞机继续下滑，当下滑至拉平高度时（相对机场 15 m），转入拉平阶段。纵向转为升降速度控制，按指数拉平；横向为轨迹控制模态，航向为协调转弯控制，控制飞机沿航线飞行，发动机控制为指示空速闭环控制，指令采用下滑段的指示空速指令；当高度下降到相对高度 3 m 时，横向为空中纠偏控制（目标值 0°），航向为方向舵纠偏控制；发动机控制为慢车转速。

四、着陆滑跑

当系统处于拉平阶段时，且满足下列条件之一时，飞行阶段转入着陆滑跑。

（1）一个主轮轮载信号连续 100 ms 承载。

（2）一个主机轮转速连续 100 ms 超过门限值（门限为 126 km/h）。

（3）收到地面控制站“接地”指令。

在着陆滑跑阶段，纵向为俯仰角控制（目标值为由当前值淡化到 – 5°），横向为滚转角控制（目标值为 0°），航向为方向舵纠偏控制，由方向舵和差动刹车控制飞机沿跑道中心线滑行；刹车指令逐渐增大到最大值；指示空速在 180 km/h 以上减速板开度 20°，指示空速在 150 ~ 180 km/h 以上减速板开度 40°，指示空速小于 150 km/h 减速板开度 60°；转阶段 2 s 后控制发动机停车。当飞机地速小于期望值时（5 km/h），飞机转入等待阶段。

知识点八　正常飞行复飞阶段管理

飞机着陆下滑过程中，未进入着陆窗口（不满足着陆条件），飞机中止着陆重新拉起转入爬升的过程称为复飞。

复飞可以由飞行管理分系统发起，也可以由地面控制站发出的复飞指令发起，复飞必须在第 5 边或者着陆下滑的决断高度之前进行。满足以下条件进入复飞阶段：

（1）飞机处于着陆下滑起始点时，不满足着陆条件（侧偏绝对值大于 100 m，高度差大于 50 m）。

（2）如果系统允许自动复飞，当飞机在着陆下降到决断高度时，不满足着陆条件（侧偏绝对值大于 25 m，待飞距与设定值误差绝对值大于 460 m）。

（3）飞机在着陆下降到决断高度之前，收到遥控复飞指令。

当系统处于复飞阶段，首先进行复飞拉起（复飞拉起子阶段），纵向控制为俯仰角指示空速保护模态；横向为轨迹控制模态，航向为协调转弯控制，控制飞机沿航线飞行；发动机转速固定为最大允许转速并进行空速保护；减速板收起。

如果飞机相对高度大于 50 m，且垂直速度大于 0.0 m/s（向上为正），则进行复飞爬升（复飞爬升子阶段），设置起落架收起，其他控制不变。如果进入复飞爬升时间大于 30 s，转入复飞航行子阶段，沿复飞着陆航线飞行，如果待飞航点数为 7，则将飞行阶段转为相应着陆飞行段，控制逻辑与正常着陆阶段相同。

复飞着陆航线为预先装订好的航线，每一个着陆航线对应一个复飞着陆航线。复飞着陆航线包含完整着陆航点，飞机沿复飞着陆航线可直接完成着陆过程。通过装订复飞着陆航线，提高了复飞航迹的确定性，满足复杂机场起降要求。复飞过程分别如图 7-10、图 7-11 所示。

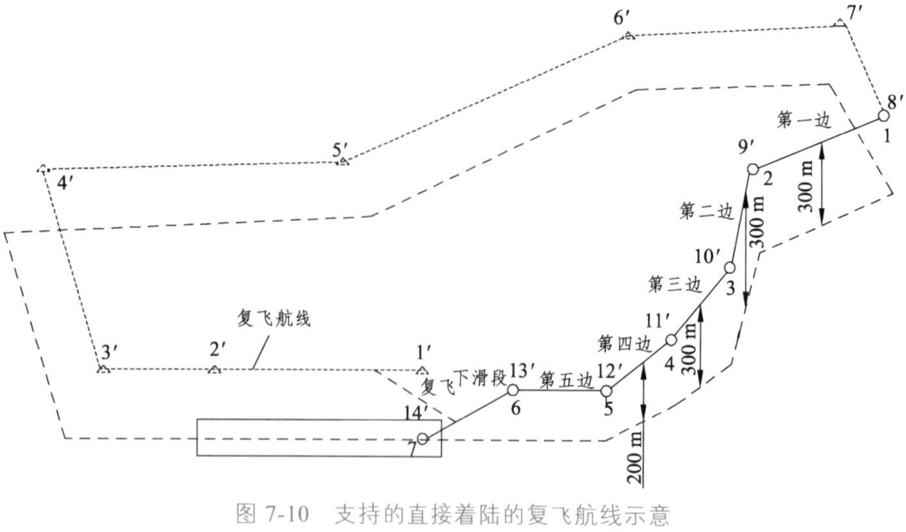

图 7-10　支持的直接着陆的复飞航线示意

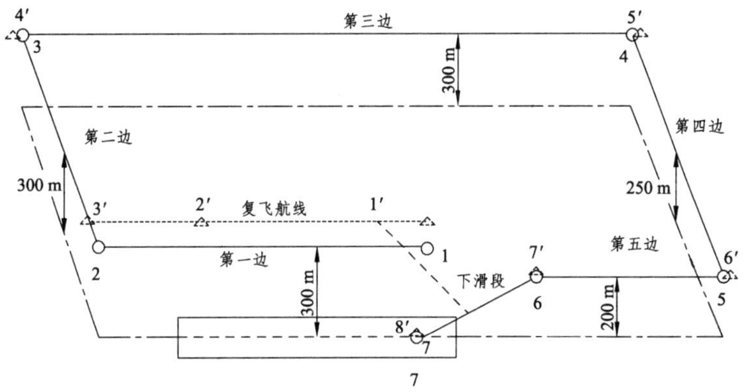

图 7-11 支持的五边着陆的复飞航线示意

知识点九 应急飞行阶段管理

应急飞行阶段是指当飞机平台出现严重故障（测控失效、发动机停车故障等），系统需改变原定飞行计划，采用应急处理的飞行阶段。应急飞行阶段定义为 4 个阶段：应急航线返航、空滑返航、停车迫降、自毁。

一、应急航线返航阶段

当系统出现需应急返航的故障时，进入应急航线返航阶段，飞机自动沿应急航线返航着陆。应急返航航线是事先设计好的满足空域管理要求的确定性返航航线，起飞前需装订给飞行控制与管理计算机。系统支持 3 个着陆机场（起飞机场、着陆机场和备降机场），每一个机场都有 1 条对应的应急返航航线（面向起飞机场的应急返航航线、面向着陆机场的应急返航航线和面向备降机场的应急返航航线）。

飞机需要采用应急航线返航时，分别计算当前位置与 3 个机场的距离，采用距离最近的原则，选择最近机场的对应应急航线，确定返航航线；然后切入此返航航线的最近对应航点，沿此返航航线飞行，实现飞机就近应急返航过程。应急返航示意如图 7-12 所示。

应急返航航线的飞行控制逻辑与正常飞行阶段管理中的航行阶段飞行控制逻辑相同，飞机飞完应急返航航线则转入相应正常着陆航线飞行过程。飞机处于应急返航航线飞行阶段时，如果测控正常，可通过遥控指令“设置起点”到正常航线航点，则飞机又重新转回到相应正常航行阶段。

二、空滑返航阶段

当飞机出现发动机停车故障，且飞机平台当前状态满足空滑返航到最近机场的要求时，则系统转入空滑返航阶段。按照无人机空滑返航的任务需求，将空滑返航划分为掉头调速段、能量管理段和固定航路段。

掉头调速段的目的是使无人机能够进入标称能量轨迹并对准能量调整圆柱。该段的纵向控制模态为指示空速控制，指示空速指令取无人机当前高度对应的标称指示空速值；横侧向控制模态为航向控制，航向指令为发动机停车点与 EMC 切线所在的航向。

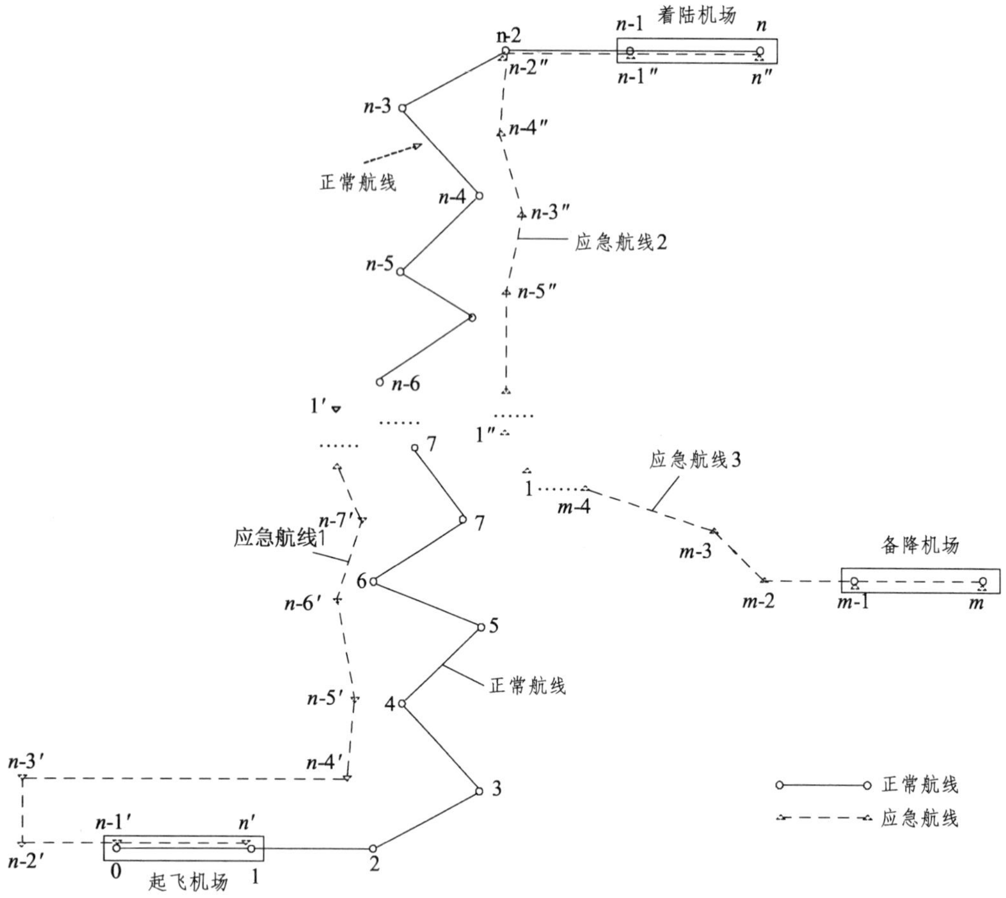

图 7-12 应急返航航线示意

能量管理段的目的是在保证无人机飞行轨迹的前提下对其能量进行调整，使其满足进入进场着陆段的条件。调整的策略通过盘旋绕飞来实现。通过在无人机空滑返航航路中的盘旋点设定一能量管理圆柱（Energy Management Cylinder，EMC），控制无人机在该圆柱内以标称的指示空速飞行并盘旋降高，使得其在该段结束时能够具有满足进场着陆航线的高度和速度，即能量水平。

固定航路段位于跑道的延长线上，其目的是对能量管理段造成的轨迹偏差进行修正，使得无人机在到达最终进近点时能够具有规定的速度、高度和航向。

在无人机到达最终进近点后采用升降速度控制，保证接地时的下沉率要求。另外，由于发动机停车后无人机处于无动力滑翔状态，故在其到达最终进近点之前均需对其速度进行保护，避免发生失速。因此在无人机发动机停车到飞行至最终进近点之前，无人机的纵向控制模态的内回路均采用指示空速控制。

当无人机起落架接地后，其滑跑控制与正常飞行时的滑跑控制相同。

空滑返航阶段，测控正常情况下，可通过地面站发送遥控指令调整飞机状态（包括速度、构型等）。

空滑返航轨迹如图 7-13 所示。

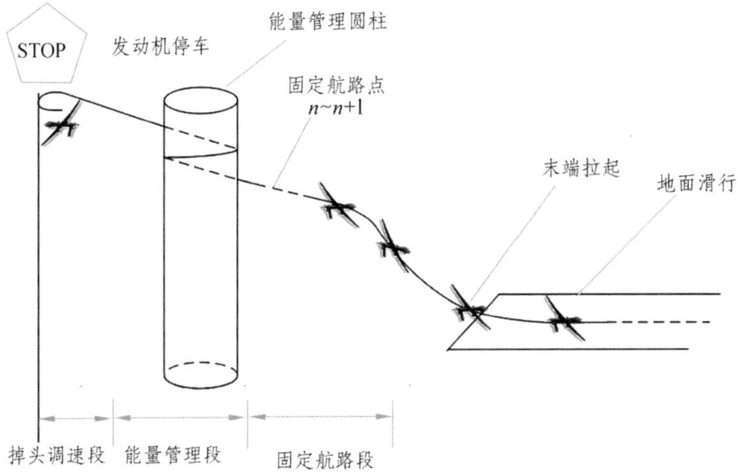

图 7-13　空滑返航轨迹示意

三、停车迫降阶段

当飞机出现发动机停车故障，且飞机平台当前状态无法满足空滑返航到最近机场空滑返航点的要求，则系统转入停车迫降阶段。系统支持 10 个停车迫降点。起飞前需装订空滑返航目标点给飞行控制与管理计算机。

系统进入停车迫降阶段，则以当前点与最近的停车迫降点形成航段，飞机沿此航段迫降。同时，在过程中，控制飞机平台达到发动机启动要求的条件，适时启动发动机。系统纵向控制采用升降舵控制速度模态，其中速度给定值为发动机启动要求的速度；横向为轨迹控制模态，航向为协调转弯控制，控制飞机沿航线飞行。当飞机飞到停车迫降点附近满足条件后，进行盘旋等待，直到相对高度小于设定值后，飞机转向停车迫降点飞行，当相对高度小于设定拉平高度后，执行拉平过程（采用给定俯仰角控制）。

如果在此过程中，发动机成功，则退出停车迫降阶段，飞机爬高到指定高度后转应急返航航线进行返航；如果连续 5 次重启发动机未成功则不再自动重启发动机，调整速度为空滑速度。停车迫降示意如图 7-14 所示。

停车迫降阶段，测控正常情况下，可通过地面站发送遥控指令调整飞机状态（包括航向、速度、构型等）。

四、自毁阶段

自毁阶段是指由于某种原因（如系统出现严重故障，无法安全返航等），需要进行自毁处理的阶段。如果测控正常、系统当前任务模式为作战、收到地面站有效的自毁指令（预指令 + 自毁指令），进入自毁阶段，执行自毁过程；如果测控失效、系统当前任务模式为作战且飞机处于战区（当前航点属性中任务类型决定），则直接进入自毁阶段，执行自毁过程。

自毁过程为：如果飞机处于可控状态（姿态有效、各主翼面舵机无二次故障），控制飞机以最大允许速度冲向地面；否则，控制副翼和升降舵为正最大。同时，当测控无效时，飞行控制与管理计算机清除 NVM 中的航线数据，并给其他机载设备发出自毁指令。

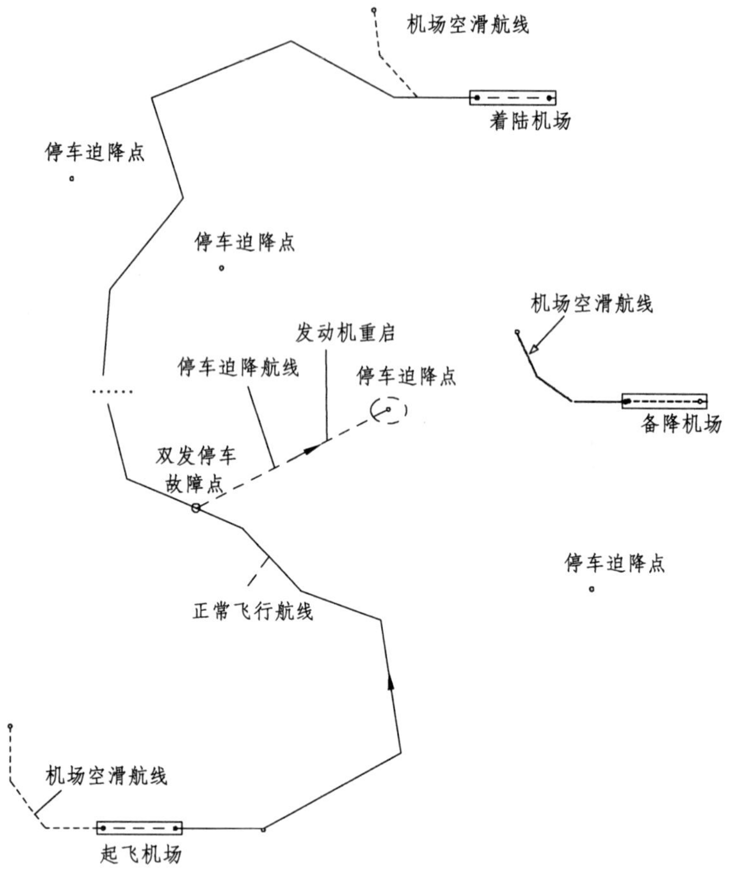
机场空滑航线
着陆机场
停车迫降点
停车迫降点
机场空滑航线
发动机重启
停车迫降航线
停车迫降点
备降机场
双发停车
故障点
正常飞行航线
停车迫降点
机场空滑航线
起飞机场

图 7-14　停车迫降示意

实操任务

任务一　无人机航线规划与维护

一、任务情境描述

航线和航点管理包括航点装订、航点修改、航点删除、航点插入、航线查询、航点查询、设置航线起点等。在起飞前，航路数据的加载、增加、修改和删除可由地面控制站完成。起飞后这些工作由地面控制站的航路管理指令完成航路数据管理。本任务主要通过对无人机规划软件进行初步认识，达到具备无人机航线设计、航线加载和航线维护的能力。

二、任务学习目的

（1）能够了解无人机任务规划软件的组成。
（2）能够理解无人机规划软件的参数及含义。
（3）能够掌握无人机任务规划软件的使用方法。

三、任务操作工单

无人机地面站系统实训工作单					
工卡标题	GCS-701 大型无人机地面站任务规划				
工卡编号	GCS-MP-M01		工作区域		
场所/载体	地面站		学习模块	航线规划	
版次			工时	4 h	
编写		审核		批准	
类别	名称	规格	单位	数量	备注
设备	地面站席位各硬件设备				
	任务规划软件				
安全注意事项： （1）严格遵守地面站席位操作流程要求。 （2）确认地面站各席位正常加电。 （3）实训场不得追逐打闹。 （4）不得随意拆装地面站					
1. 工作任务					
根据无人机典型飞行阶段，规划设计无人机任务及航线					
2. 工作准备					
无人机地面站各设备电线及信号线缆连接正常					

续表

3. 工作步骤			
工序	内容描述	工作者	检查者
1	打开任务规划软件，加载计划，将指定存储位置的任务计划文件“*.fp”加载至任务计划列表中		
2	查看所选计划的名称、编号等，可根据需要直接在任务计划信息画面中修改原计划的名称、编号等，并通过“导出任务计划”操作保存		
3	航线概要信息示查看，检查各类航线及航点信息 （1）正常航线：航线编号下拉列表，可选航线号范围 1～8。 （2）滑出航线：航线编号下拉列表，可选航线号 9。 （3）应急返航航线：航线编号下拉列表，可选航线号范围 10～19。 （4）空滑航线：航线编号下拉列表，可选航线号范围 20～24。 （5）应急迫降航线：航线编号下拉列表，可选航线号 25。 （6）着陆航线：航线编号下拉列表，可选航线号范围 26～30。 （7）复飞着陆航线：航线编号下拉列表，可选航线号 31～35		
4	正常航线类航点参数设置及选项说明 （1）航线号：自动生成项，显示详细信息栏内当前航线编号。 （2）航点号：自动生成项，显示当前航点号。 （3）航点经度：航点经度设置栏内填写该航点经度，可通过下拉列表设置输入数值＋、－符号。 （4）航点纬度：航点纬度设置栏内填写该航点纬度，可通过下拉列表设置输入数值＋、－符号。 （5）航点高度设置：航点高度设置栏内填写该航点高度，范围－500～30 000 m。 （6）航点速度设置栏内填写该航点速度，范围 250～450 km/h；若希望由飞控自行决定该点的飞行速度，则点击航点速度输入框右侧的“NA”按键。 （7）待机距离设置栏内填写该航点待机距离，范围 0～65 536 m。 （8）待机半径设置栏内填写该航点待机半径，范围 0～65 536 m。 （9）待机时间设置栏内填写该航点待机时间，范围 0～65 536 s。 （10）机场标识设置栏为下拉列表，正常航线及应急返航航线可选项为 1～5；其他类航线不能设置，则选项为“无效”。 （11）航点类型设置栏为下拉列表，正常航线可选项为“一般航路点”“机场点”“过顶航路点”“顺时针圆心航路点”“逆时针圆心航路点”“8 字航路点”“顺时针跑道型航点”“逆时针跑道型航点”。 （12）航点任务设置栏为下拉列表，正常航线可选项为“非战区”“战区”。 （13）综合处理设置栏为下拉列表，可选项为“无效”“断电”“上电”、“无动作”。 （14）发射机设置栏为下拉列表，可选项为“无效”“断电”“上电”、“无动作”		

续表

5	着陆航线类航点参数设置及选项说明 （1）航线号自动生成项，显示详细信息栏内当前航线编号。 （2）航点号自动生成项，显示当前航点号。 （3）横坐标设置栏内填写该航点横坐标，范围－100 000～100 000 m。 （4）纵坐标设置栏内填写该航点纵坐标，范围－100 000～100 000 m。 （5）相对机场高度设置栏内填写该航点相对机场高度，范围0～6 000 m。 （6）自卫告警设置栏为下拉列表，可选项为“无效”“断电”“上电”“无动作”。 （7）综合处理设置栏为下拉列表，可选项为“无效”“断电”“上电”“无动作”。 （8）发射机设置栏为下拉列表，可选项为“无效”“断电”“上电”“无动作”		
6	根据设计修改编辑航线及航点参数 （1）删除所选航线。 （2）增加航点		
7	对航线“详细信息”栏中7类航线的所有航线进行合法性检测，并生成检查报告		
8	将编辑好的有效航线同步至飞行监控席、链路监控席、任务监控席用于显示		
9	将编辑好的有效航线发送至情报站进行协同规划		
10	将航线“详细信息”栏中所有航线类型的有效航线加载至无人机		
11	完成任务规划设置，关闭软件		

思政小课堂

军官学院里的“士官教授”

巨孝成，1972年3月出生，1991年12月入伍，中共党员，一级军士长，现任陆军军官学院教练勤务团无人机队技师。多次参加重大演习、专项科研和重要安保任务，荣立二等功3次、三等功2次，多次荣获全军士官优秀人才奖，享受政府特殊津贴，当选第十一届、十二届全国人大代表。

几架国产无人机旁，肩扛“一道杠”的本科学员们目不转睛看着巨孝成做示范，聚精会神地听他讲解，生怕错过某个细节。课后，谈起入伍时只有初中学历、现在被学员们称为“士官教授”的巨孝成，学员们钦佩之情溢于言表，“他是全军赫赫有名的‘无人机金牌操控手’！”“他跟无人机打了20多年交道，对装备技术性能了如指掌，练就了各项数据‘一口清’、电路图表‘一笔成’、装备故障‘一摸准’的硬功夫。”“他闭着眼就能拆装无人机火箭助推器”……

巨孝成获得好评如潮，可不单单因为资格老。入伍20多年来，他数百次在复杂条件下放飞无人机全部成功。百无一失的背后，有日积月累的勤学苦练，有缜密精细的隐患排查，还有惊心动魄的险情处置。一次，无人机完成战场侦测任务后返场。突然，监测无人机飞行状态的视频信号中断，显示屏一片雪花。巨孝成稳住心神，一边研究地图，一边回忆飞机刚才的飞行姿态，随后接连发出指令：“定向”“平飞”“俯冲”……20分钟后，无人机飞了回来，伴随着凌空绽放的洁白“伞花”稳稳落地，毫发无伤！

从一个初中毕业生成长为响当当的“士官教授”，究竟有什么秘诀？巨孝成的回答言简意赅，“一个是细，一个是钻。”“每个细节都能决定飞行的成败。”巨孝成这句口头禅，许多学员耳熟能详。无人机从发射到回收上百个流程，哪个环节出问题，都会给飞行带来巨大隐患。因此，巨孝成早早养成了严谨细致的好作风。这种作风，从他积累的厚厚一摞专业笔记本中可见一斑。

（文章来源：http://www.81.cn/lj/2016-04/04/content_6990527_2.htm）

理论知识考核

考核单元	GCS701 无人机地面站任务管理及航线规划		
学生姓名		提交日期	
理论知识考核说明： （1）阅读表格中的问题，并完成作答。 （2）教师根据学生完成情况打分。 （3）单元考核通过需要理论知识得分率不低于 80%			得分
简答题（每题 5 分）			
1	无人机地面站操控机组成员组成及各自的职责是什么？		
2	描述无人机正常飞行任务由哪些飞行阶段组成？并简述每个阶段的主要流程。		
判断题（每题 1 分）			
3	在无人机地面等待段，当发动机开车且飞机以超过规定的速度移动时，无人机会自动关闭发动机。（　　）		
4	应急飞行阶段定义为 4 个阶段：应急航线返航、空滑返航、停车迫降、着陆。（　　）		
5	无人机起飞条件检查中包括场高装订的检查。（　　）		
6	在航线飞行中水平剖面包含爬升、航行和下降过程，垂直剖面包含直飞和转弯过程。（　　）		
不定项选择题（每题 2 分）			
7	正常航线和应急返航航线共有的航点类型是（　　）。 A. 一般航路点　B. 机场点 C. 过顶航路点　D. 8 字航路点		
8	下图所示的航路点类型是（　　）。 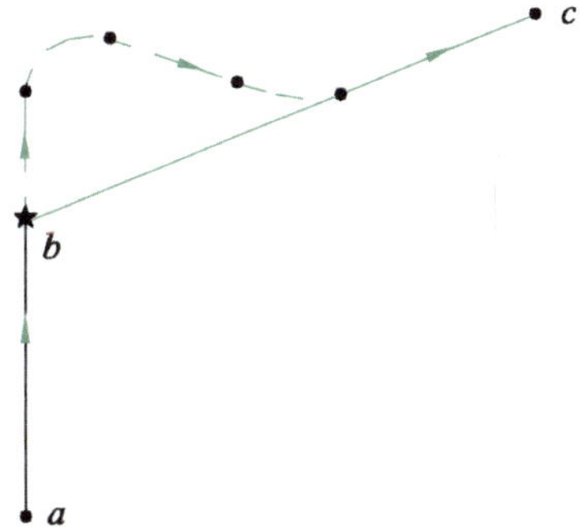 A. 一般航路点　B. 机场点 C. 过顶航路点　D. 8 字航路点		

续表

<table>
<tr><td>9</td><td colspan="4">飞机完成起飞阶段进入预定航线后的飞行状态称为（　　）。
A. 起飞阶段　　B. 航行阶段
C. 进场阶段　　D. 牵引阶段</td><td></td></tr>
<tr><td>10</td><td colspan="4">五边飞行中无人机在第（　　）边的飞行过程中放起落架。
A. 一　　B. 二
C. 三　　D. 四</td><td></td></tr>
<tr><td>11</td><td colspan="4">无人机任务规划系统支持的应急着陆机场有（　　）。
A. 起飞机场　　B. 着陆机场
C. 备降机场　　D. 最近机场</td><td></td></tr>
<tr><td colspan="6">理论知识考核成绩</td></tr>
<tr><td>得分</td><td></td><td rowspan="2">=</td><td rowspan="2"></td><td rowspan="2" colspan="2">%</td></tr>
<tr><td>总分</td><td></td></tr>
<tr><td>考核结果</td><td colspan="2">□ 考核通过</td><td colspan="3">□ 考核未通过</td></tr>
<tr><td>教师签名</td><td></td><td>日期</td><td colspan="3"></td></tr>
</table>

实操技能考核

<table>
<tr><td colspan="2">考核单元</td><td colspan="4">GCS701 无人机地面站任务管理及航线规划</td></tr>
<tr><td colspan="2">学生姓名</td><td></td><td>提交日期</td><td colspan="2"></td></tr>
<tr><td colspan="2">实操任务要求</td><td colspan="4">学生需要完成以下任务：
（1）通过任务规划软件完成无人机航线的加载、检查和同步。
（2）根据要求对任务规划软件的航点参数进行修改</td></tr>
<tr><td colspan="3">考核说明：
（1）阅读实操任务要求，完成任务操作。
（2）考核结果栏由教师完成，Y 表示操作步骤正确，P 表示操作步骤部分正确，N 表示操作步骤错误</td><td>Y</td><td>P</td><td>N</td></tr>
<tr><td colspan="6">学生能否正确完成以下任务操作步骤</td></tr>
<tr><td>1</td><td colspan="2">打开任务规划软件</td><td></td><td></td><td></td></tr>
<tr><td>2</td><td colspan="2">在任务规划软件中加载任务计划文件</td><td></td><td></td><td></td></tr>
<tr><td>3</td><td colspan="2">检查任务规划文件中的航线参数，并能够解释各参数的含义</td><td></td><td></td><td></td></tr>
<tr><td>4</td><td colspan="2">能够根据要求修改正常航线类航点参数</td><td></td><td></td><td></td></tr>
<tr><td>5</td><td colspan="2">同步所有航线或指定航线至在线模式</td><td></td><td></td><td></td></tr>
<tr><td>6</td><td colspan="2">装订所有航线或指定航线到无人机，检查参数是否装订成功</td><td></td><td></td><td></td></tr>
<tr><td>7</td><td colspan="2">关闭任务规划软件</td><td></td><td></td><td></td></tr>
<tr><td colspan="6">实操任务考核成绩</td></tr>
<tr><td colspan="2">综合评估结果</td><td colspan="2">☐ 考核通过</td><td colspan="2">☐ 考核未通过</td></tr>
<tr><td colspan="6">评语（未通过时说明原因）：</td></tr>
<tr><td colspan="2">教师签名</td><td></td><td>日期</td><td colspan="2"></td></tr>
</table>

课堂笔记

问题/线索/关键字 （课后）	
课后总结与思考	

单元二　无人机飞行操纵与监控

学习目标

1. 知识目标

（1）掌握无人机飞行工作及控制模式。

（2）掌握无人机飞行监控席位软硬件布局及功能。

（3）掌握无人机飞行监控席位各设备的操作使用方法。

（4）理解无人机飞行监控席位软件典型功能参数。

2. 能力目标

（1）能够利用飞行监控软件进行起飞前各设备工作状态检查。

（2）能够根据任务要求，完成无人机放飞及航行操控。

（3）能够根据任务要求，完成无人机进场及着陆操控。

3. 素质目标

（1）培养团结协作精神和岗位职责意识。

（2）树立无人机飞行安全意识和风险管控意识。

（3）培养认真严谨的航空工作作风。

（4）树立无人机技术领域自信，引导学生投身无人机及航空事业。

理论知识

知识点一　无人机飞行工作模式

飞行管理分系统包括两种工作模式：任务模式和地检模式。系统上电后，默认模式为任务模式，通过综合检测子系统可切入地检模式。任务模式下，系统进行正常的飞行控制与飞行管理，可以控制飞机完成从起飞到着陆的整个飞行过程。地检模式下，飞行管理分系统可完成飞行前准备（自检测、传感器设置、设备操作等）和系统详细测试等工作。

按照系统的使用要求，兼顾日常训练飞行，飞行管理分系统任务模式分为 4 种：首飞、作战、训练和滑行。首飞、作战和训练任务模式都是指完成整个飞行过程的模式；滑行任务模式用来支持飞机的地面滑行试验。4 种任务模式区别如下：

（1）首飞任务模式下，系统起飞时不进行起落架的收起操作，满足项目首飞（或新机首飞）要求。

（2）作战任务模式下，除特别应急的状态（动力失效等），飞行管理分系统将取消绝大多数自主返航，以确保侦察任务完成为主。

（3）训练任务模式下，当飞机平台出现相应故障后，飞行管理分系统以确保飞机平台安全为主进行故障处理。

（4）滑行任务模式下，飞机不会离地，用来支持飞机的地面滑行试验，可以测试与其他模式相同的起飞滑跑过程和着陆滑跑过程，为实际飞行做好准备。

通过地面检测和地面站指令，系统可以实现工作模式的切换。系统工作模式逻辑关系如图 7-15 所示。

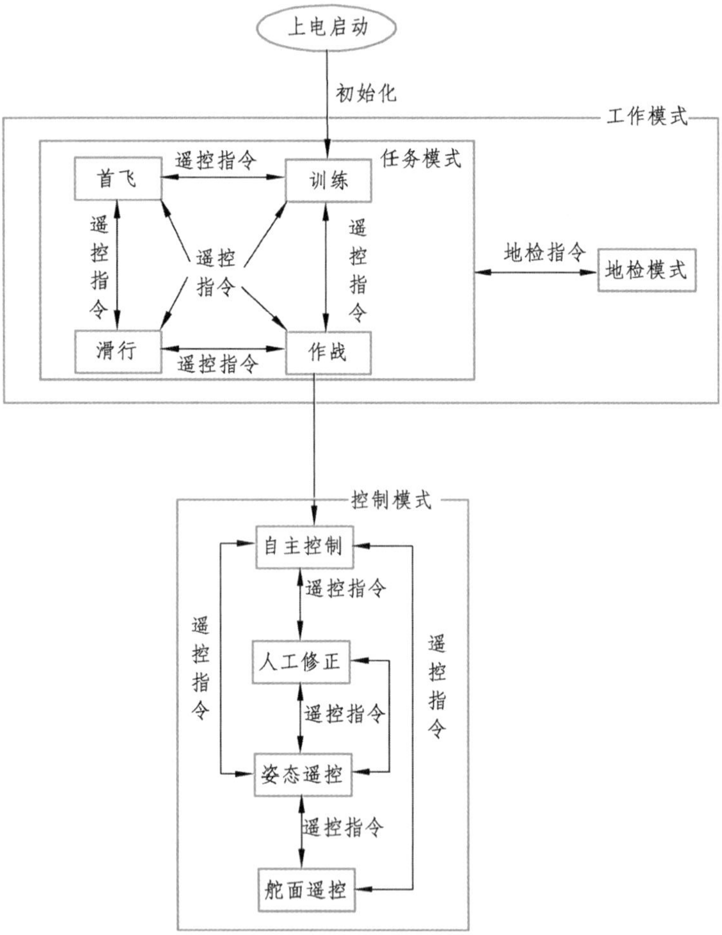

图 7-15　系统工作模式逻辑关系

知识点二　无人机飞行控制模式

无人机飞行管理分系统根据对内回路、外回路工作控制方式的不同提供三种控制模式：自主控制、人工修正和姿态遥控。其中，内回路包括俯仰角控制回路、横滚角控制回路和航向角控制回路；外回路包括速度控制、高度控制、侧偏距控制和升降速度控制。

1. 自主控制

无人机系统默认的飞行控制模式，飞行控制系统的控制内、外回路均工作，解算并输出舵面控制量、发动机转速及刹车控制量等。

2. 人工修正

在自主控制基础上，可通过地面控制站，对特定控制外回路控制目标值进行一定范围的修正。修正参数包括侧偏距、升降速度和高度等。

3. 姿态遥控

飞行控制系统的控制内回路接通，外回路断开，需要地面站给出连续控制目标，飞行员具备较高概率安全控制无人机飞行及返航的模式。

各控制模式之间切换关系如图 7-16 所示。

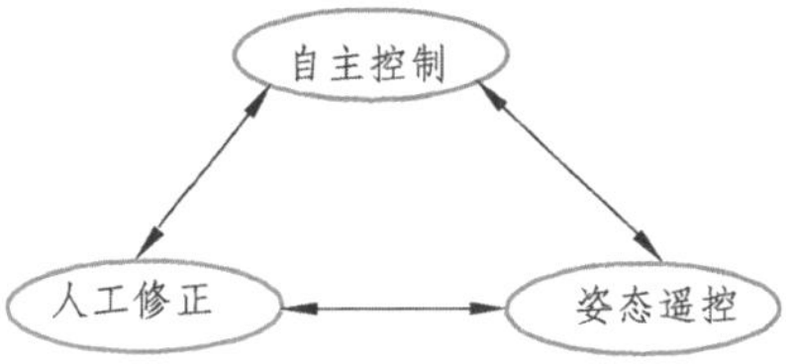

图 7-16　飞行控制模式切换关系

根据地面控制站测控指令及相应的应急情况，可在自主控制、人工修正和姿态遥控之间相互切换，实现对不同模式下控制律的调度、对测控系统飞行开关指令有效性的调整、对测控系统比例指令进行不同状态的判读等目的。

知识点三　飞行监控席软件配置

主屏上屏显示界面：三维视景 + 平显界面（见图 7-17）、二维态势漫游界面（以飞机为中心地图动，见图 7-18）、二维态势手动界面（同二维态势漫游界面，地图不动飞机动）、全状态界面（见图 7-19），可切换显示。

图 7-17　三维态势 + 平显界面

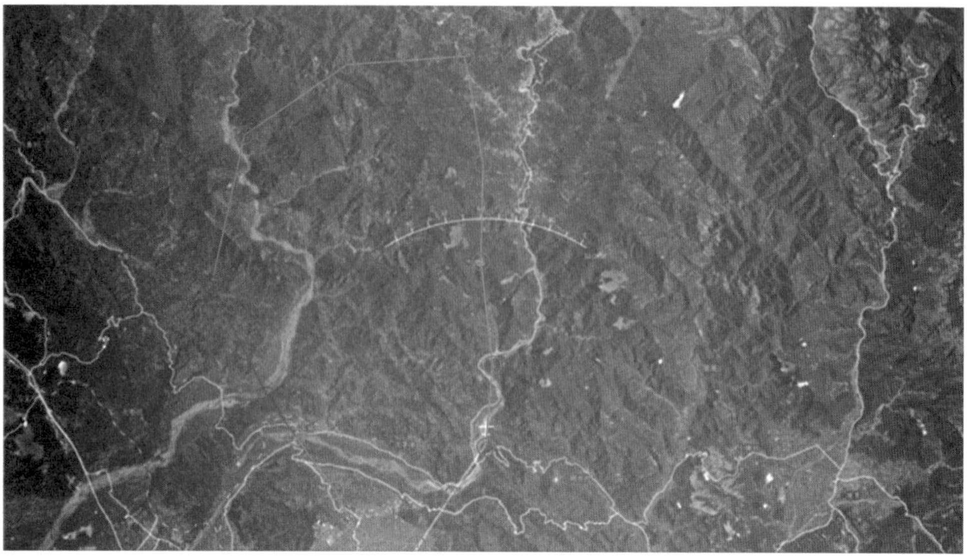

图 7-18　二维态势漫游界面

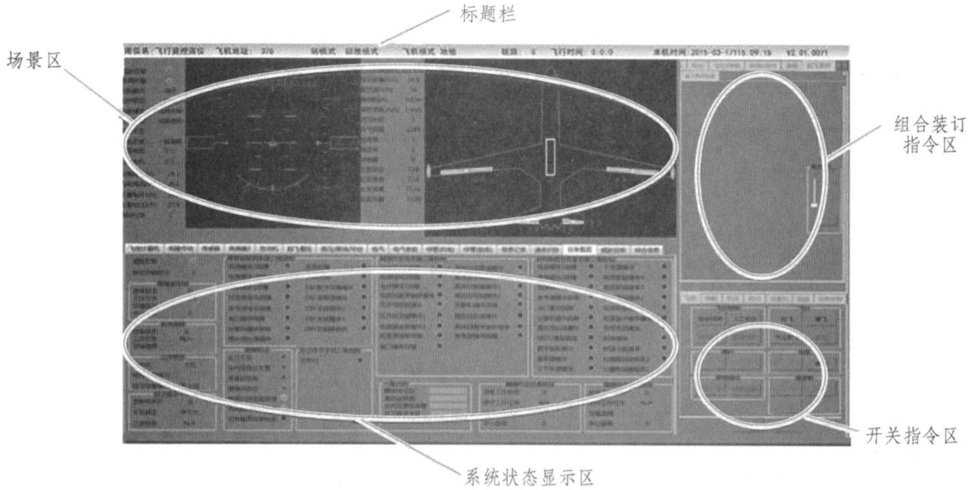

图 7-19　全状态窗口显示界面

知识点四　辅屏功能及软件配置

左辅屏、右辅屏界面布局相同，包括硬件周边键、软周边键（触摸键）和可编程区，操作界面如图 7-20 所示。

硬件周边键：辅屏配备 24（4×6）个周边键，均匀分布在辅屏显示区域周边，用以实现相应的按键操控。

软周边键（触摸键）：辅屏外层显示区域为固定显示区域，用以显示与硬件周边键对应的触摸键，即软周边键，用于完成与硬件周边键相同的操作。软周边键分为页面激活按键、开关指令按键和备份按键，其中页面激活按键具有激活、待激活两种状态，备份按键为不可用状态，如图 7-21 所示。

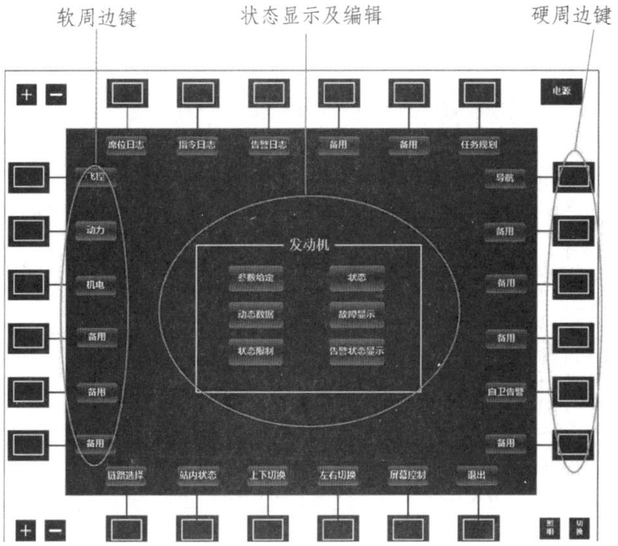

图 7-20　辅屏操作界面布局

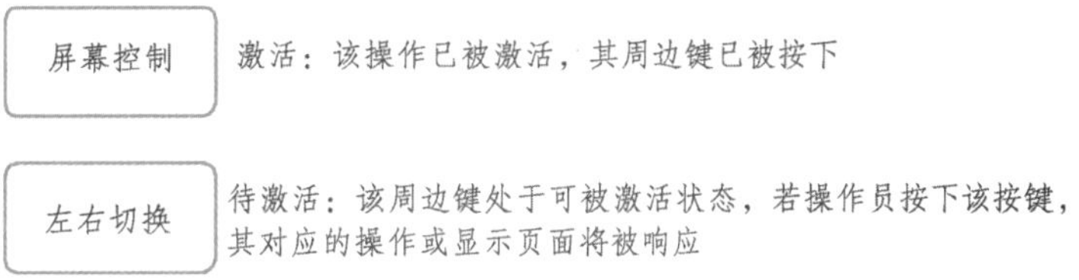

图 7-21　软周边键状态示意

开关指令按键具有未激活、等待、成功、拒绝、超时 5 种状态，如图 7-22 所示。

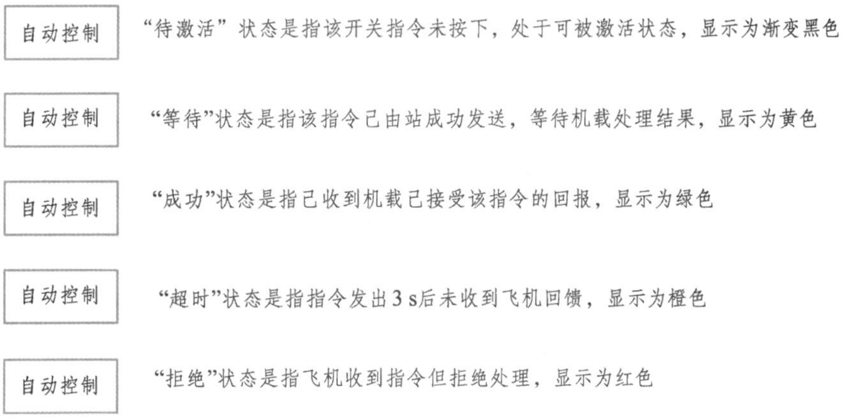

图 7-22　开关指令按键状态示意

状态显示及编辑区：在辅屏显示区域内，除 24 个周边触摸键以外的屏幕中间部分，主要用于参数显示、快捷指令触摸按键、状态信息等内容，显示的信息根据硬件/软周边键的操作更新。

飞行监控席位辅屏左屏显示界面：指令界面（见图 7-23）。

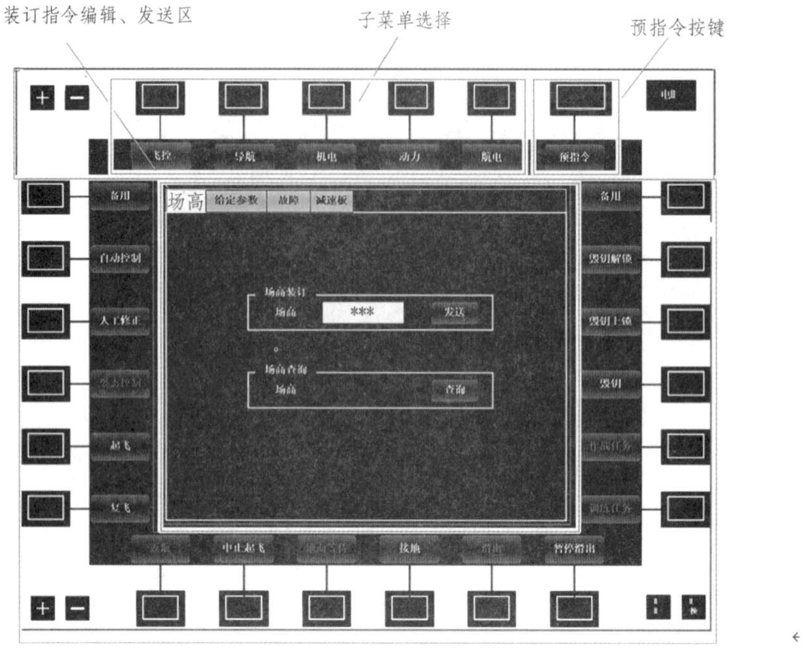

图 7-23　辅屏左屏主界面

辅屏右屏显示界面：辅屏右屏用于与飞行相关的机载系统状态、参数、告警信息显示，席位状态、日志查看，以及对席位控制操作。默认画面为站内状态显示画面，辅屏右屏显示界面如图 7-24 所示。

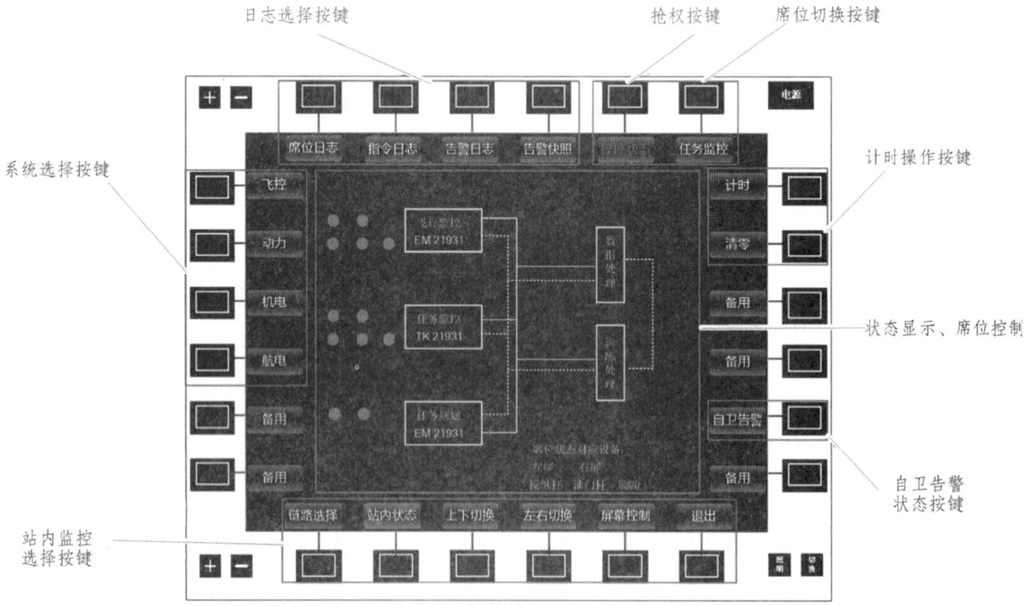

图 7-24　辅屏右屏主界面（站内状态）

注：（1）点击辅屏右屏“任务监控”按键，可将席位功能由飞行监控切换为任务监控功能。

（2）“操控状态”按键为抢权按键，按下该按键后飞行监控席位可由监视状态变为监控状态，获得无人机控制权。

在右辅屏默认界面点击“屏幕控制”按钮，进入屏幕控制操作界面如图 7-25 所示，在该界面中可以对以下显示内容进行切换控制：

（1）上屏：包括三维视景、二维手动、二维漫游和全状态。

（2）中屏：包括前视视屏、三维视景。

（3）综合状态：包括离线航线、在线全部、在线当前、起降模式、正常模式。

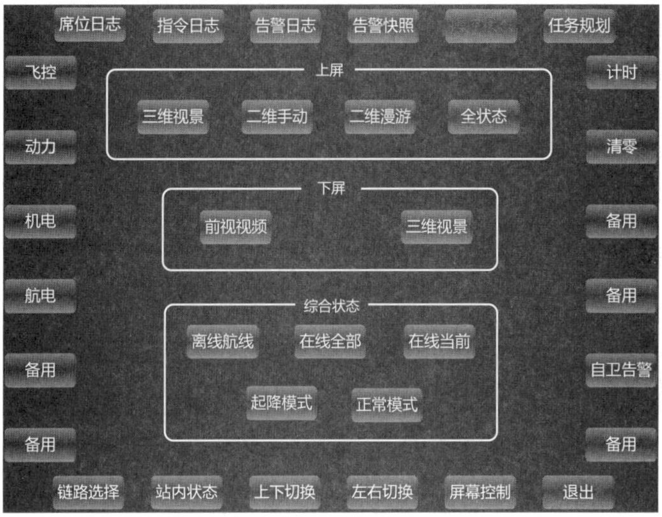

图 7-25　屏幕控制查看界面

点击“席位日志”按钮，进入席位日志查看界面（见图 7-26），在本界面中可以查看本席位日志内容。

点击“清除”按钮，可以清空当前显示的日志内容。

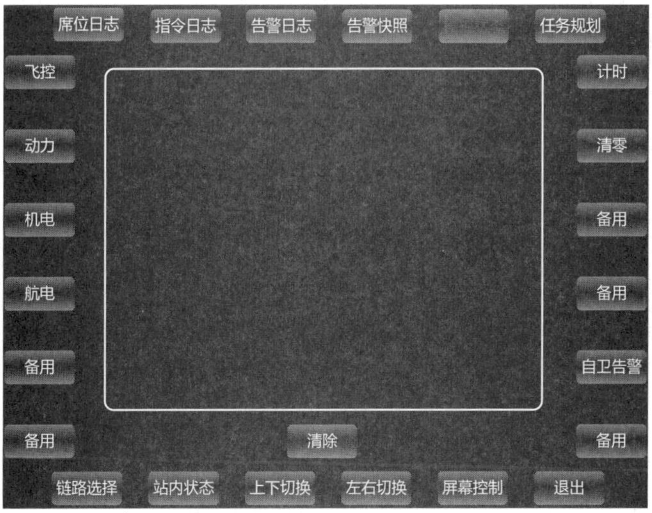

图 7-26　席位日志查看界面

点击“指令日志”按钮，进入指令日志查看界面（见图 7-27），在本界面中可以查看本席位的指令回报信息。

点击“清除”按钮，可以清空当前显示的日志内容。

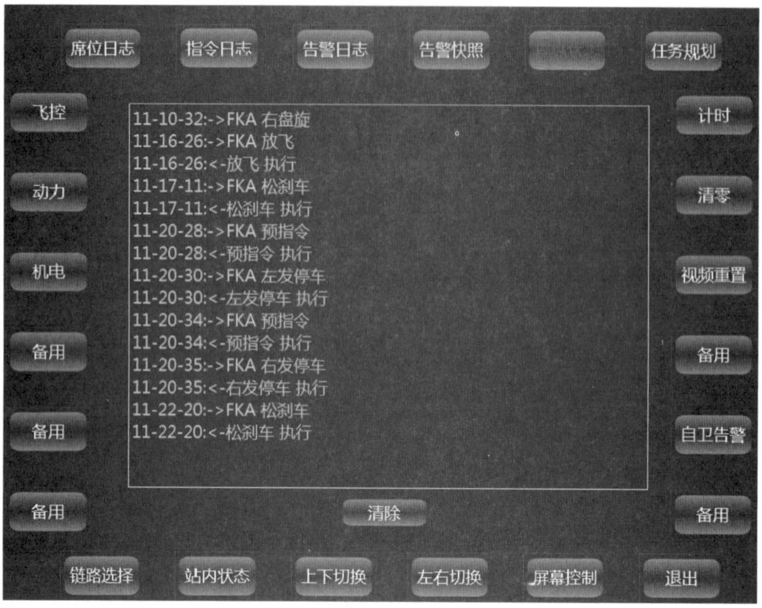

图 7-27　指令日志查看界面

点击“告警日志”按钮，进入告警日志查看界面（见图 7-28），在本界面中可以查看飞机的历史告警日志。

点击“清除”按钮，可以清空当前显示的日志内容。

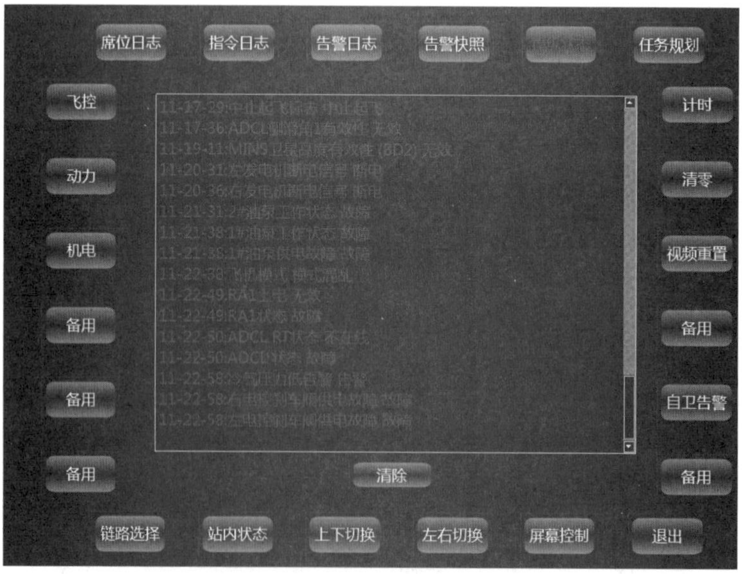

图 7-28　告警日志查看界面

点击“告警快照”按钮，进入告警快照查看界面（见图 7-29），在本界面中可以查看飞机的当前告警信息。

点击“清除”按钮，可以清空当前显示的信息内容。

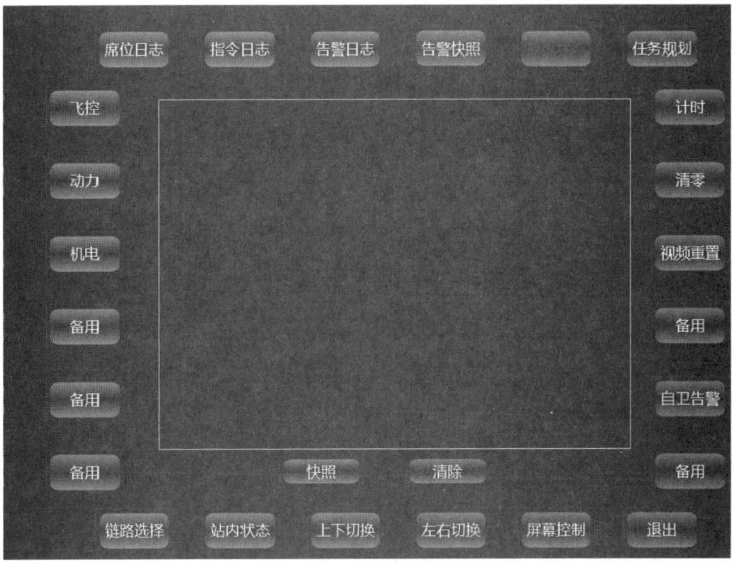

图 7-29　告警快照查看界面

在右辅屏默认画面中点击“链路选择”按钮，进入链路选择查看界面（见图 7-30），用于显示 4 条链路（C、KUA、KUB、UHF）监控的飞机地址、链路质量。可点击画面中的对应链路下的“选择”按钮，即可选择该链路的遥测和业务数据用于本席位的显示，当自主选择按钮按下时席位会自动选择质量最高的链路，下传遥测数据用于席位显示。

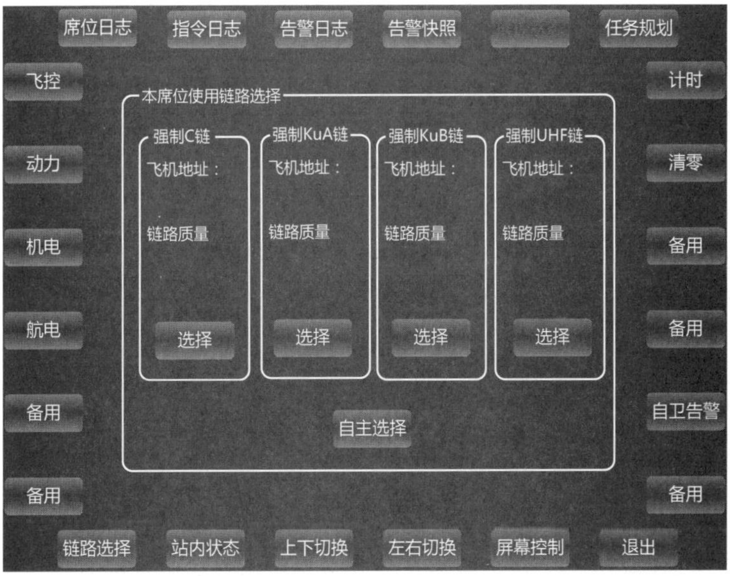

图 7-30　链路选择界面

实操任务

任务一　无人机起飞前检查

一、任务情境描述

在完成无人机系统各项检查后，无人机飞行操控员进入起飞前准备阶段。无人机飞行操控员需要打开席位软件，检查相关设备状态是否正常，并设置相关参数。本任务主要通过对无人机飞行监控软件进行初步认识，使学生具备无人机起飞前检查的能力。

二、任务学习目的

（1）能够对无人机飞行监控席位进行初步认识。
（2）能够掌握席位软件的启动及基本使用方法。
（3）能够理解无人机起飞参数及含义。
（4）能够掌握无人机起飞参数设置方法。

三、任务操作工单

无人机地面站系统实训工作单					
工卡标题	大型无人机地面站起飞前检查				
工卡编号	GCS-FC-M01		工作区域		
场所/载体	地面站		学习模块	飞行监控	
版次			工时	4 h	
编写		审核		批准	
类别	名称	规格	单位	数量	备注
设备	地面站席位各硬件设备				
	飞行监控席位软件				
安全注意事项： （1）严格遵守地面站席位操作流程要求。 （2）确认地面站各席位正常加电。 （3）实训场不得追逐打闹。 （4）不得随意拆装地面站					
1. 工作任务					
根据无人机起飞前检查单，完成相关设备状态的检查及参数设置					
2. 工作准备					
无人机地面站各设备电线及信号线缆连接正常					

续表

3. 工作步骤			
工序	内容描述	工作者	检查者
1	打开无人机飞行监控席位软件		
2	通过飞行操作手柄或辅屏左屏将飞机控制模式由“自动控制”切为“人工修正”		
3	确认阻力伞状态为“允许放伞”		
4	在主屏上屏装订指令区或辅屏左屏进行“场高装订”，加载的场高可参考主屏下屏平显界面上“Pa”值，装订成功后进行“场高查询”，确认场高装订是否正确		
5	在主屏上屏装订指令区进行“起飞条件检查”，在列表中应除“滑出航线长度不小于 2”“待飞距离小于第一航段长度 + 15 m，大于 15 m”“滑出航线相对正常航线的侧偏距小于 5 m”显示“不满足”外，其余均应显示“满足”		
6	在平显画面及全状态界面检查飞机系统状态是否正常		
7	向指导员报告“飞机各系统正常，准备放飞”		

任务二　无人机起飞与航行操控

一、任务情境描述

无人机指挥员确认系统参数内容正确、机组成员及飞机状态完好后，发出“可以放飞”口令。无人机飞行操控员在飞行监控席位进行操控，确保无人机按照规定流程安全起飞和航行。本任务主要通过对无人机飞行监控软件及硬件的操作使用，使学生掌握无人机起飞及航行的基本操控方法及流程。

二、任务学习目的

（1）能够掌握无人机起飞的软件操作流程。
（2）能够理解无人机飞行监控软件界面起飞参数及含义。
（3）能够掌握无人机起飞过程中侧偏距的调整方法。

三、任务操作工单

无人机地面站系统实训工作单					
工卡标题	大型无人机地面站起飞操控				
工卡编号	GCS-FC-M02		工作区域		
场所/载体	地面站		学习模块	飞行监控	
版次			工时	4 h	
编写		审核		批准	

续表

类别	名称	规格	单位	数量	备注
设备	地面站席位各硬件设备				
	飞行监控席位软件				
安全注意事项： （1）严格遵守地面站席位操作流程要求。 （2）确认地面站各席位正常加电。 （3）实训场不得追逐打闹。 （4）不得随意拆装地面站					
1. 工作任务					
完成无人机起飞操作流程					
2. 工作准备					
指挥员确认实训科目内容正确、机组成员及飞机状态完好后，发出“可以放飞”口令					
3. 工作步骤					
工序	内容描述			工作者	检查者
1	在主屏上屏装订指令区或辅屏左屏点击“放飞”指令，同时观察态势+平显界面发动机转速参数将油门杆跟随推至 100%				
2	在主屏上屏装订指令区或辅屏左屏点击“松刹车”指令，无人机滑出				
3	地面滑跑过程中，观察飞机的侧偏情况，可通过飞行操作杆或辅屏左屏的“向左调”“向右调”实时调整飞机的侧偏距				
4	飞机离地后观察飞机各系统状态及飞行姿态，做好应急处置准备				
5	通过指令飞行或姿态控制配合任务监控操作员完成目标搜索、攻击等任务				
6	自动控制、人工修正模式下可进行指令飞行及飞行操作杆纠偏、升降速度控制；姿态控制模式下可对油门、航向、姿态进行控制				

任务三　无人机进场与着陆操控

一、任务情境描述

无人机指挥员确认任务完成后，发出“返航”指令。无人机飞行操控员在飞行监控席位进行操控，确保无人机按照规定流程安全返航。本任务主要通过对无人机飞行监控软件及硬件的操作使用，使学生掌握无人机进场及着陆的基本操控方法及流程。

二、任务学习目的

（1）能够掌握无人机进场及着陆的软件操作流程。

（2）能够理解无人机飞行监控软件界面进场及着陆参数及含义。

（2）能够掌握无人机进场及着陆过程中高度、姿态和侧偏距的调整方法。

三、任务操作工单

<table>
<tr><td colspan="6">无人机地面站系统实训工作单</td></tr>
<tr><td>工卡标题</td><td colspan="5">大型无人机地面站进场与着陆操控</td></tr>
<tr><td>工卡编号</td><td colspan="2">GCS-FC-M03</td><td>工作区域</td><td colspan="2"></td></tr>
<tr><td>场所/载体</td><td colspan="2">地面站</td><td>学习模块</td><td colspan="2">飞行监控</td></tr>
<tr><td>版次</td><td colspan="2"></td><td>工时</td><td colspan="2">4 h</td></tr>
<tr><td>编写</td><td></td><td>审核</td><td></td><td>批准</td><td></td></tr>
<tr><td>类别</td><td>名称</td><td>规格</td><td>单位</td><td>数量</td><td>备注</td></tr>
<tr><td rowspan="2">设备</td><td>地面站席位各硬件设备</td><td></td><td></td><td></td><td></td></tr>
<tr><td>飞行监控席位软件</td><td></td><td></td><td></td><td></td></tr>
<tr><td colspan="4">安全注意事项：
（1）严格遵守地面站席位操作流程要求。
（2）确认地面站各席位正常加电。
（3）实训场不得追逐打闹。
（4）不得随意拆装地面站</td><td></td><td></td></tr>
<tr><td colspan="6">1. 工作任务</td></tr>
<tr><td colspan="4">完成无人机进场与着陆操作流程</td><td></td><td></td></tr>
<tr><td colspan="6">2. 工作准备</td></tr>
<tr><td colspan="4">指挥员确认任务完成后，发出“返航着陆”口令</td><td></td><td></td></tr>
<tr><td colspan="6">3. 工作步骤</td></tr>
<tr><td>工序</td><td colspan="3">内容描述</td><td>工作者</td><td>检查者</td></tr>
<tr><td>1</td><td colspan="3">当无人机转入进场阶段后，飞行监控操作员报“飞机进场”，并观察飞机各系统状态及飞行姿态，做好应急处置准备</td><td></td><td></td></tr>
<tr><td>2</td><td colspan="3">当无人机高度下降至 700 m 时，飞行监控操作员观察无线电高度表上电</td><td></td><td></td></tr>
<tr><td>3</td><td colspan="3">当无人机转入着陆阶段后，飞行监控操作员实时报飞行阶段、高度、速度，并观察飞机各系统状态及飞行姿态，做好应急处置准备</td><td></td><td></td></tr>
<tr><td>4</td><td colspan="3">着陆第一边：
当无人机进入五边准备阶段时，飞行监控操作员报：“五边准备”。
当无人机到达 a 点，飞行监控操作员报：“a 点，速度××，高度××”。
当无人机飞行到 a、b 中点时，飞行监控操作员报：“到达 a、b 中点，速度××，高度××”。
当无人机到达 b 点，飞行监控操作员报：“b 点转弯”。
当无人机 b 点转弯结束时，飞行监控操作员报：“转弯结束”</td><td></td><td></td></tr>
</table>

续表

5	着陆第二边： 飞行员重新装订降落机场当前的气压高度。 当无人机飞行到 *b*、*c* 中点时，飞行监控操作员报：“到达 *b*、*c* 中点，速度××，高度××”。 当无人机到达 *c* 点，飞行监控操作员报：“*c* 点转弯”。 当无人机 *c* 点转弯结束时，飞行监控操作员报：“转弯结束”		
6	着陆第三边： 当无人机进入第三边，观察起落架是否放下，并报：“起落架已放下”，若未放下，则进行应急处置。 当无人机飞行到 *c*、*d* 中点时，飞行监控操作员报：“到达 *c*、*d* 中点，速度××，高度××”。 当无人机到达 *d* 点，飞行监控操作员报：“*d* 点转弯”。 当无人机 *d* 点转弯结束时，飞行监控操作员报：“转弯结束”		
7	着陆第四边： 当无人机飞行到 *d*、*e* 中点时，飞行监控操作员报：“到达 *d*、*e* 中点，速度××，高度××”。 当无人机到达 *e* 点，飞行监控操作员报：“*e* 点转弯”。 当无人机 *e* 点转弯结束时，飞行监控操作员报“转弯结束”		
8	着陆第五边： 根据进场着陆待飞距离判断是否进入下滑窗口：长×宽×高＝（±200 m）×（±100 m）×（±50 m），且允许着陆标志位有效。 观察风速风向，若侧风过大，注意调整飞机姿态或侧偏；若顺风大于 5 m/s，则通知任务规划员，执行逆向着陆。 检查减速伞使用状态，正常情况下为“允许使用”状态，若侧风大于 8 m/s，操作手发“禁止使用减速伞”指令		
9	当无人机进入下滑时，飞行监控操作员汇报：“转下滑”。 达到决断高度（60 m）之前，飞行监控操作员根据飞行情况判断无人机是否复飞，若侧偏距误差大于 25 m，或待飞距离误差大于 460 m 时自主复飞		
10	轨迹拉平和航向对准，飞行监控操作员注意无人机的姿态、高度、下降速度和速度		
11	飞行监控操作员注意观察轮载接地情况，轮载有效后汇报“飞机接地”		
12	飞行监控操作员观察到阻力伞放开时，汇报“阻力伞已放开”		
13	飞行监控操作员观察速度及待飞距离，判断是否使用应急刹车		
14	当飞机停稳转“地面等待”阶段时，飞行监控操作员先发出“发动机停车”指令，然后关闭“1 号燃油泵”“2 号燃油泵”		

思政小课堂

安全飞行的“定海神针”

中原腹地，一场红蓝对抗演习激战正酣。某集团军某旅无人机连飞控手、二级上士薛晓龙操控无人机，聚精会神地搜索目标。突然，仪表盘电压突降，显示屏上的回传图像画面瞬间消失。指挥车内，官兵们面对突如其来的情况一时不知所措，不约而同地将目光投向了薛晓龙。再看薛晓龙，他虽然也是眉头紧锁，但还是冷静地向上级报告情况，然后对可能出现的故障展开排查。结合以往飞行经验和当前无人机异常情况，薛晓龙判断极有可能是机载发电机故障。机载发电机是无人机的“心脏”，一旦停止工作，只能依靠备用电池组续航20余分钟，如果在此期间未能成功降落，无人机将脱离操控而坠毁。情况紧急，薛晓龙立刻发送指令，将无人机调转航向，同时观察仪表示数和信息参数，全力挽救无人机。

当远处传来无人机轰鸣的马达声时，指挥车内爆发出阵阵欢呼声。下降高度、成功开伞、平稳落地，众人心中的石头终于落了地，而薛晓龙的作训服也被汗水湿透……

其实这不是薛晓龙第一次成功处置险情，了解他的战友都知道，只要有他在，无人机安全飞行就有保障，久而久之，大家都亲切地称他为连队安全飞行的“定海神针”。作为飞控手，薛晓龙不仅精通地面站所有专业，连飞行器相关专业也能够熟练掌握。

去年，厂家对该型号无人机进行软件升级，但升级后的无人机出现导航地图不能使用的问题。面对这一新情况，工厂专家也未能给出行之有效的处理意见。“任何困难都能被解决，任何难题都能被攻克！”薛晓龙随即拿着教材和说明书一头钻进了指挥车内。分析软件配置和参数、摸索导航地图制作方法、测试软硬件兼容程度……两天两夜，废寝忘食，薛晓龙最终成功破解了这个难题。在集训结业班组比武中，他带领本班以高分夺得团体金牌，同时个人也被评为“优秀教练员”。

（文章来源：http://www.81.cn/2022zt/2022-09/15/content_10187926.htm）

理论知识考核

考核单元	GCS702 无人机飞行操纵与监控		
学生姓名		提交日期	
理论知识考核说明： （1）阅读表格中的问题，并完成作答。 （2）教师根据学生完成情况打分。 （3）单元考核通过需要理论知识得分率不低于 80%			得分
简答题（每题 5 分）			
1	无人机飞行管理分系统控制模式有哪些？每一种控制模式的具体含义是什么？		
2	飞行监控席位主要功能有哪些？请画出飞行监控席位的硬件布局示意图。		
判断题（每题 2 分）			
3	飞行监控席配置的操纵杆用于实现对无人机俯仰和航向的连续控制。（　　）		
4	飞行监控席的油门杆用于两台发动机转速的控制。（　　）		
5	飞行监控席的脚蹬用于实现对无人机航向的连续控制。（　　）		
6	飞行监控二维态势手动界面是以飞机为中心地图移动。（　　）		
7	左右辅屏包括硬件周边键、软周边键（触摸键）和可编程区。（　　）		
不定项选择题（每题 2 分）			
8	飞控模式选择按键上拨对应的功能是（　　）。 A. 自主控制　B. 人工修正　C. 姿态遥控　D. 舵面遥控		
9	减速板控制开关前拨用于（　　）。 A. 减速板 0　B. 减速板 20　C. 减速板 40　D. 减速板 60		
10	辅屏右屏主要功能包括（　　）。 A. 机载系统状态显示　B. 告警信息显示 C. 席位状态/日志查看　D. 席位控制操作		
11	飞行监控软件中屏显示界面包括（　　）。 A. 全状态　B. 前视视屏　C. 二维漫游　D. 三维视景		
12	链路选择查看页面用于显示（　　）链路质量。 A. UHF　B. C　C. L　D. Ku		
理论知识考核成绩			
得分		=	%
总分			
考核结果	☐ 考核通过	☐ 考核未通过	
教师签名		日期	

实操技能考核

<table>
<tr><td>考核单元</td><td colspan="5">GCS702 无人机飞行操纵与监控</td></tr>
<tr><td>学生姓名</td><td></td><td>提交日期</td><td colspan="3"></td></tr>
<tr><td>实操任务要求</td><td colspan="5">学生需要完成以下任务：
（1）通过飞行监控软件完成无人机起飞前检查、放飞、飞行操控等任务。
（2）根据要求对无人机飞行参数进行修改</td></tr>
<tr><td colspan="3">考核说明：
（1）阅读实操任务要求，完成任务操作。
（2）考核结果栏由教师完成，Y 表示操作步骤正确，P 表示操作步骤部分正确，N 表示操作步骤错误</td><td>Y</td><td>P</td><td>N</td></tr>
<tr><td colspan="6">学生能否正确完成以下任务操作步骤</td></tr>
<tr><td>1</td><td colspan="2">打开无人机飞行监控席位软件</td><td></td><td></td><td></td></tr>
<tr><td>2</td><td colspan="2">根据指令要求完成无人机控制模式切换</td><td></td><td></td><td></td></tr>
<tr><td>3</td><td colspan="2">检查无人机系统设备工作状态，能够上报出现故障设备</td><td></td><td></td><td></td></tr>
<tr><td>4</td><td colspan="2">加载设置无人机放飞参数</td><td></td><td></td><td></td></tr>
<tr><td>5</td><td colspan="2">完成无人机放飞与姿态修正</td><td></td><td></td><td></td></tr>
<tr><td>6</td><td colspan="2">根据指令要求完成无人机俯仰、横滚、航向等姿态的控制</td><td></td><td></td><td></td></tr>
<tr><td>7</td><td colspan="2">完成无人机进场控制操作</td><td></td><td></td><td></td></tr>
<tr><td>8</td><td colspan="2">按照五边飞行控制流程完成无人机进近着陆</td><td></td><td></td><td></td></tr>
<tr><td>9</td><td colspan="2">完成无人机停车控制</td><td></td><td></td><td></td></tr>
<tr><td>10</td><td colspan="2">关闭无人机飞行监控席位软件</td><td></td><td></td><td></td></tr>
<tr><td colspan="6">实操任务考核成绩</td></tr>
<tr><td>综合评估结果</td><td colspan="2">☐ 考核通过</td><td colspan="3">☐ 考核未通过</td></tr>
<tr><td colspan="6">评语（未通过时说明原因）：</td></tr>
<tr><td>教师签名</td><td></td><td>日期</td><td colspan="3"></td></tr>
</table>

课堂笔记

问题/线索/关键字 （课后）	

课后总结与思考

模块八 Mission Planner 地面站认知与应用

引导案例/知识背景

民用无人机主要包括消费级无人机与工业级无人机两种类别，近年来，中国消费级无人机和工业级无人机都取得了高速发展。工业级无人机已在农林植保、电力巡检、森林防火、物流配送等领域得到广泛应用；消费无人机主要满足普通消费者对航拍及娱乐的需求，操作便利性较好。以电力巡检应用为例，无人机电力巡检就是利用无人机航点飞行功能，实现对规定线路或目标的巡航、拍摄等任务。使用无人机能够对电网设施和环境进行自动化巡检，可以高效地完成树障、故障和夜间巡检等任务，大幅提升巡检效率。

民用无人机的广泛应用离不开地面站的支持，民用无人机地面站主要为手持式或便携式地面站，通常具有编辑地图航点、规划飞行航线、实时飞行状态反馈、姿态控制、有效载荷控制、远程监控、实时视频显示以及自主起降等功能。配合机载飞控系统，地面站不仅能确保飞行器飞行状态的稳定性及安全性，且易于操作，可通过预先在地面站软件中设定的飞行航线或在飞行过程中在地面站软件中进行航线的修改，来实现自主飞行。

Mission Planner 是一款开源无人机地面控制站软件，适用于固定翼、旋翼机等多种平台，周边软硬件资源丰富，在科研机构、高校和企业得到了广泛的研究和应用。

学习导图

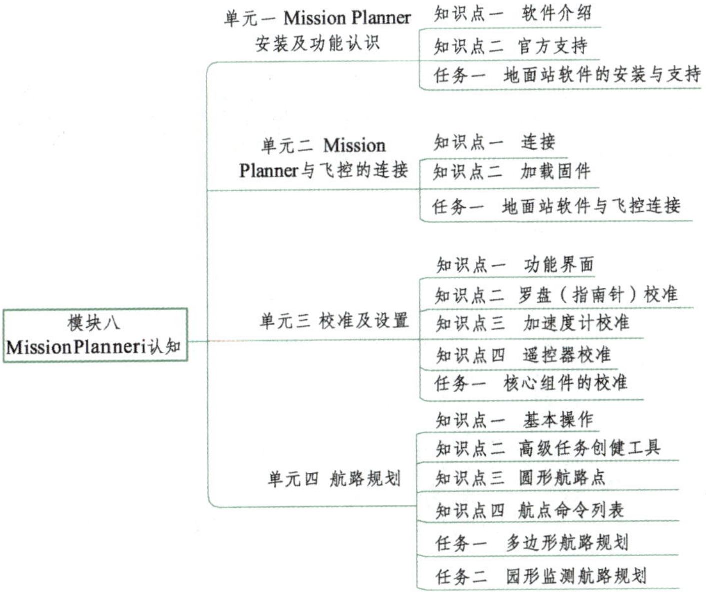

单元一　Mission Planner 安装及功能认识

学习目标

1. 知识目标

（1）掌握 Mission Planner 的安装方法。
（2）了解 Mission Planner 的功能模块。
（3）了解 Mission Planner 的安装、运行环境。

2. 能力目标

（1）能完成 Mission Planner 的安装。
（2）能进行 Mission Planner 的扩展资料查询。

3. 素质目标

（1）培养探索钻研精神。
（2）培养认真严谨的航空工作作风。
（3）引导学生开展职业生涯规划。

理论知识

知识点一　软件介绍

Mission Planner（以下简称 MP）是由 Michael Oborne（迈克尔·奥伯恩）为开源自动驾驶项目 ArduPilot 开发的免费、开源、具备社区支持的全功能地面站应用程序。目前，该程序只支持 Windows 操作系统。MP 可以作为包括固定翼、直升机、多旋翼以及越野车在内的多种无人驾驶设备的地面站。同时，MP 既可以对这些无人驾驶设备的控制器进行程序配置，也能对其进行控制。MP 的主界面如图 8-1 所示。

图 8-1　Mission Planner 主界面

MP 可以具有以下基本功能：

（1）为自动驾驶仪（即 Pixhawk 系列飞控）加载无人设备的固件。

（2）利用内置的 Google、必应、高德等地图接口，完成航点输入、航点计划、计划保存和加载自动驾驶任务。

（3）安装、配置和优化参数。

（4）下载和分析自动驾驶仪记录的任务日志。

（5）具备模拟功能，通过连接 PC，可以作为无人机的硬件在环模拟器。

（6）通过连接遥测数传，还可以实现。

① 实时监控飞行器状态。

② 记录实时遥测日志。

③ 查看和分析遥测日志。

④ 在 FPV 中操作无人机（第一人称视角）。

知识点二　官方支持

由于 MP 的软件版本在不停地更新，其具体的界面、功能、使用方式都会随着版本的更新而有所变化。当遇到配置问题或者版本问题时，可以参考官方的支持文档。单击 MP 界面顶部的帮助图标将打开一个界面（见图 8-2），会显示关于 MP 帮助的一般信息。在帮助链接中，按照设备的不同分为了无人机、无人机直升机、无人车三类。

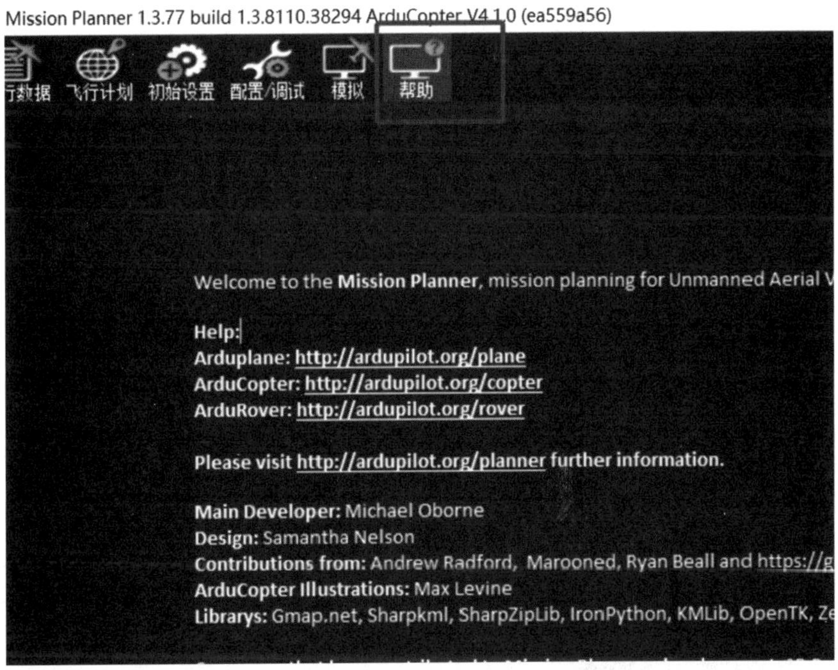

图 8-2　帮助界面

正下方的“检查更新”按钮将手动检查软件的可用更新。一般 MP 在启动时自动检查更新，并通知是否有更新可用。

复选框“显示控制台窗口(需重启)”在软件使用期间启用控制台窗口(见图 8-3)。该窗口显示软件活动，主要用于诊断。如果之前运行时没有勾选此项，则需勾选后重新启动 MP，才能使该选项生效。

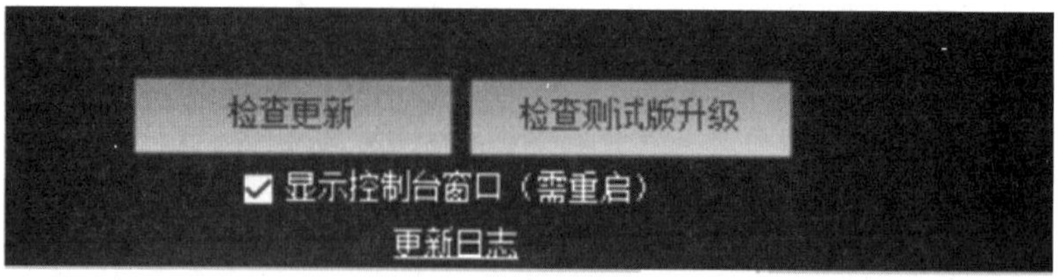

图 8-3　检查更新

控制台窗口如图 8-4 所示。

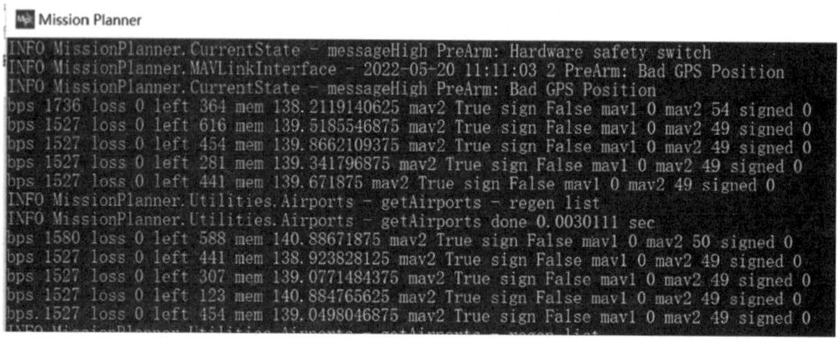

图 8-4　控制台窗口

安装地面站软件：下载 MP 的安装程序。

（1）可以通过链接“https://ardupilot.org/planner/docs/mission-planner-installation.html”下载最新的 MP 安装程序。

（2）双击下载的“.msi”文件运行安装程序，安装界面如图 8-5 所示。

图 8-5　软件安装界面

（3）按照说明完成安装过程。安装实用程序将自动安装任何必要的软件驱动程序，如果收到一个 DirectX 安装错误提示，请从 DirectX 下载中心（DirectX Download Center）更新 DirectX 插件 。

（4）如果收到如图 8-6 所示的警告，选择“Install this driver software anyway”并继续。

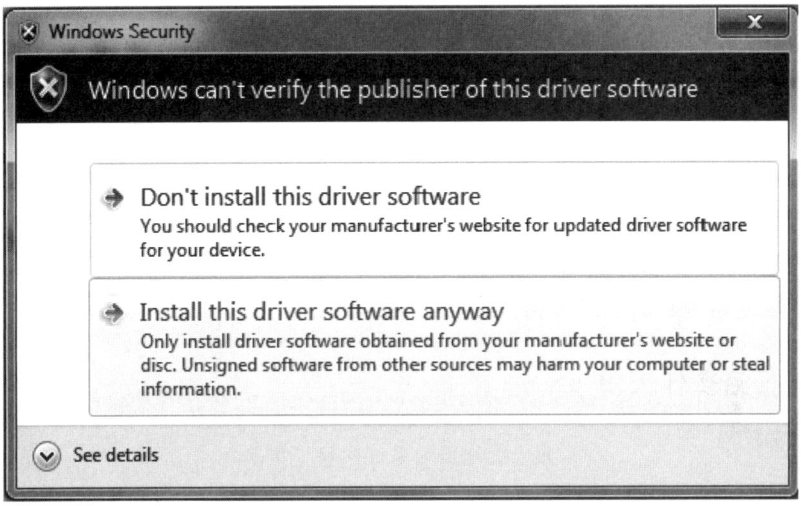

图 8-6　软件安装界面

MP 通常是安装在 C:\Program Files（x86）\Mission Planner 文件夹。在安装过程中，将根据需要创建一个打开 MP 的图标。

安装完成后，单击系统图标打开 MP，使用该地面站软件可以：

（1）连接 MP 与自动驾驶仪以接收遥测数据。

（2）为控制器加载固件。

（3）完成任务规划。

MP 在连接互联网时会自动通知可用更新的信息，用户可以根据自己需求选择是否更新。

实操任务

任务一　地面站软件的安装与支持

一、任务情境描述

MP 作为小型地面站的核心软件功能模块，在使用其具体功能前，需要完成安装与配置的工作。

二、任务学习目的

（1）能完成 MP 的安装。
（2）能进行 MP 的扩展资料查询。

三、任务操作工单

无人机地面站系统实训工作单					
工卡标题	小型无人机地面站的安装				
工卡编号	GCS-MP-801		工作区域	地面站实训室	
场所/载体	无人机小型地面站		学习模块	Mission Planner	
版次			工时	2 h	
编写		审核		批准	
类别	名称	规格	单位	数量	备注
设备	计算机				
	软件安装包				
安全注意事项： （1）严格遵守操作流程要求。 （2）确认计算机（台式机、笔记本）正常开机。 （3）注意连接线的接口。 （4）注意通电顺序。 （5）确保电池型号正确					
1. 工作任务				工作者	检查者
完成地面站的安装					
2. 工作准备				工作者	检查者
各设备电线、飞控及信号线缆连接正常					

续表

3. 工作步骤			
工序	内容描述	工作者	检查者
1	安装程序下载： 在浏览器上登录 https://ardupilot.org/planner/docs/mission-planner-installation.html； 点击网页中蓝色的超链接："latest Mission Planner installer from here" • Download the latest Mission Planner installer from here • Double click on the downloaded.msi file to run the installer		
2	安装环境检查		
3	软件安装：下载完成后直接点击安装包"MissionPlanner-latest.msi"		
4	使用检查更新功能		
5	访问官方帮助页面		
4. 工作结束		工作者	检查者
地面站软件显示是否正常			

思政小课堂

研制多个电力巡检“神器”守护万家灯火！

这位全国五一劳动奖章获得者、国网重庆永川供电公司智能巡检中心无人机巡检员，给人的第一印象十分率真。他热爱生活、热爱工作，更热爱无人机。

6 年间，何涛“玩转”无人机，把自己的奇思妙想变成消除电力安全隐患，守护万家灯火的“神器”，成为集无人机功能设计、制作调试、保养维护和飞行试用等技能于一身的圈内“大神”。他先后获得国家专利 7 项，参与修订国家行业相关标准 2 项；他发明的紫外线探伤无人机获全国无人机电力巡检技术创新应用“金巡奖”。

2007 年，何涛从四川理工大学毕业后，来到四川甘孜藏族自治州供电公司工作。那里地处康藏高原东南，地形复杂、山高林密，他很快在工作中感受到地形带来的不便。也是在那段时间，他萌生了运用技术手段提升工作效率的想法。2010 年，何涛接触到了无人机。他的内心一直有一颗“飞翔”的种子。彼时，运用无人机技术为工作服务的想法越发强烈。工作之余逛论坛、看视频，进入无人机群组交流……何涛渐渐成了无人机发烧友。为了自制无人机，他还自费 20 多万元购买设备和各类电动工具进行测试。2012 年，何涛调入国网重庆永川供电公司工作。2015 年，爱好与工作“合体”的机会终于来了！永川供电公司成立无人机班组，何涛主动申请成为一名专职“飞手”。进入无人机班组后，在何涛的面前是一片“荒漠”——行业内没有成熟经验可供借鉴，也没有强大的团队力量支持。两名兼职“飞手”和一架无人机就是他全部的伙伴。2016 年的一天，一条 110 千伏输电线路被空飘物缠绕，处理难度大，检修人员感到头疼，何涛也被这个难题困扰。

“能不能把火焰喷射器装在无人机上，对线路异物进行带电清除？”看电视时，战争片里的火焰喷射器让何涛突然有了灵感。不过，在无人机上安装喷火装置的奇思妙想，在全行业内并无先例。

说干就干。经过 1 个多月的反复研究和试验，何涛带领团队自主研发的四旋翼喷火清障无人机问世，这也是重庆市首架喷火清障无人机。何涛并不满足于此。不久，第二代六旋翼喷火清障无人机问世，载重、续航时间均大幅提升。后续清障作业中，何涛发现，风速对喷火装置点火成功率有较大影响，于是他继续改进，基于二次点火的第三代喷火清障无人机诞生。此时，第三代清障装置已经完全能满足日常作业要求，但何涛却认为，还有改进空间。

2019 年，他研制的第四代喷火清障无人机投入使用。该设备创新搭载了矢量喷嘴，无人机作业时无须整体调整角度，只需单独调整喷嘴方向即可，这一巧思让清障成功率、工作效率都进一步提升。4 年时间，4 代产品。何涛掰着指头向记者历数自己的漫漫“飞行”路：“你看，想让无人机喷火，先得弄懂飞行原理、机电知识、内燃机知识；市面上的配件满足不了需求，就自学车床、铣床操作；后来手工加工精度不够，就开始学数控加工；数控加工需要画图，我又学了建模……”

“就是喜欢。”何涛觉得，“喜欢一件事就会不由自主地被一股力量推着不停向前走。”将热爱发挥到极致，何涛也在激励更多年轻人用兴趣驱动创新。

（文字来源：https://baijiahao.baidu.com/s?id = 1718989946779168171&wfr = spider&for = pc）

理论知识考核

理论考核单元	GCS801 地面站安装		
学生姓名		提交日期	
理论知识考核说明： （1）阅读表格中的问题，并完成作答。 （2）教师根据学生完成情况打分。 （3）单元考核通过需要理论知识得分率不低于 80%			得分
简答题（第 1 题 20 分，第 2、3 题每题 40 分）			
1	MP 可以运行在什么样的操作平台上？		
2	MP 可以用于控制哪些种类的无人设备？		
3	若遇到软件使用的困难，如何获取官方的支持文档？		

理论知识考核成绩				
得分		=		%
总分				

考核结果	□ 考核通过		□ 考核未通过
教师签名		日期	

实操技能考核

实操考核单元	GCS801地面站安装				
学生姓名		提交日期			
实操任务要求	学生需要完成以下任务： 完成对软件的安装				
考核说明： （1）阅读实操任务要求，完成任务操作。 （2）考核结果栏由教师完成，Y表示操作步骤正确，P表示操作步骤部分正确，N表示操作步骤错误			Y	P	N
学生能否正确完成以下任务操作步骤					
1	下载安装程序包				
2	正确安装地面站软件				
3	正确打开地面站软件				
实操任务考核成绩					
综合评估结果	□ 考核通过	□ 考核未通过			
评语（未通过时说明原因）：					
教师签名		日期			

课堂笔记

问题/线索/关键字（课后）	

课后总结与思考

单元二　Mission Planner 与飞控的连接

学习目标

1. 知识目标

（1）掌握无人机地面站与飞控连接的方法。

（2）掌握通过无人机地面站加载固件的方法。

2. 能力目标

（1）能完成飞控连接的操作。

（2）能够加载固件。

3. 素质目标

（1）培养探索钻研精神。

（2）培养认真严谨的航空工作作风。

（3）培养团队协作精神。

理论知识

知识点一　连　接

一、连接方法

在使用 MP 作为地面站，并且使用其配置飞控的功能时，需要将飞控硬件与装有 MP 的个人计算机（PC）进行连接。通过 USB 线缆、数传、蓝牙以及 IP 连接等多种方式都可以将飞控和 PC 连接。设置好硬件设备和 Windows 设备驱动（Windows 一般会自动配置）后，MP 就可以和飞控进行通信了。

方法 1：USB 直接连接，使用 micro USB 数据线直接连接 Pixhawk（目前，Pixhawk 使用的 USB 口与计算机的 USB 口均为 micro USB），如图 8-7 所示。

图 8-7　飞控数据接口

方法 2：使用 SiK Radio 数传电台连接（见图 8-8），所谓数传连接，实际上也是 USB 连接，一般数传的地面端都内置了 USB 转串口芯片。

图 8-8　数传连接示意

以上两种方式只是做了物理上的连接，接下来需要设置端口号和波特率，才能使 MP 与飞控通信。当 PC 连接上 USB 或数传时，Windows 会自动为飞控（Pixhawk）分配一个 COM 端口号，该端口号显示在 MP 主界面右上方通信栏的下拉菜单中（每台设备的实际显示内容不同），选择这个通信端口并且设置一个恰当的波特率（通常 USB 连接数据速率为 115 200，数传连接速率为 57 600）。

选择所需的端口和数据速率，然后按下“Connect”连接按钮就可以连接到飞控。连接成功后，MP 将从飞控中下载参数。将按钮的图标更改为“DISCONNECT”断开连接，且下拉菜单变为灰色失效，如图 8-9 所示。

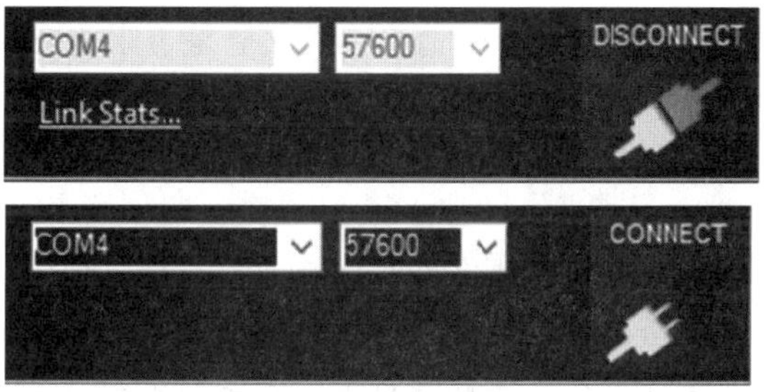

图 8-9　连接状态

“选择端口”下拉框还包含 TCP 或 UDP 端口选项，可用于通过网络连接到飞控，如图 8-10 所示。PW-Link 数传模块采用的就是 UDP 这种通信方式与飞控连接的。

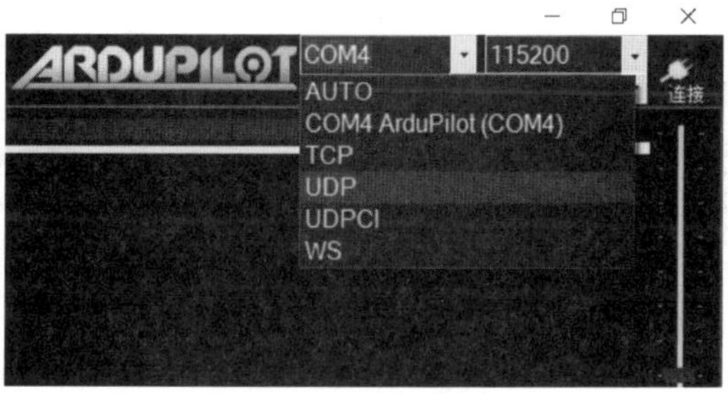

图 8-10　端口选择

点击端口选择下方的“链接统计”超链接，将提供关于数据链的信息，如签名是否处于激活状态，数据包相关信息（见图 8-11）。

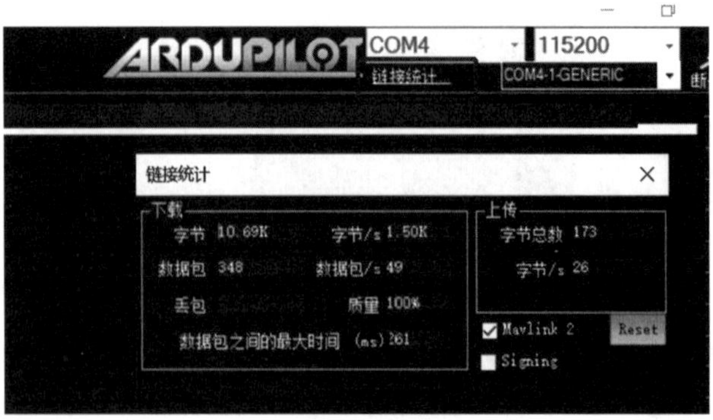

图 8-11　链接统计

二、故障排除

如果 MP 无法连接：

（1）检查所选方法是否使用了正确的波特率（USB 为 115 200 或数传为 57 600）。

（2）如果通过 USB 连接，请确保在通电后，等待几秒钟再尝试连接。如果程序初始化期间尝试连接，Windows 可能会收到错误的 USB 信息。若出现此情况，应拔下 USB 线并重新插入，然后等待程序加载完毕再尝试连接。

（3）如果在 Windows 上使用 COM 端口，请检查连接的 COM 端口是否存在于 Windows 设备管理器的串行端口列表中。

（4）如果使用 USB 端口，请尝试不同的物理 USB 端口。

（5）如果使用 UDP 或 TCP 连接，请检查防火墙是否阻止 IP 流量。

知识点二　加载固件

所谓加载固件就是将驱动外部硬件的程序写入“飞控”板中。因此在选择需写入的固件时，要清楚无人设备具体是哪一种形态的。在 MP 上加载固件有两种方式，一是在线加载，二是本地固件加载。无论哪种方式均需要先建立 MP 与飞控的连接。

先将飞控用 USB 电缆连接到计算机上，选择软件右上角的 COM 端口下拉菜单，根据飞控板选择 AUTO 或特定端口（PX4FMU 或 Arduino Mega 2560），将波特率设置为 115 200，暂时不要点击“连接”，如图 8-12 所示。

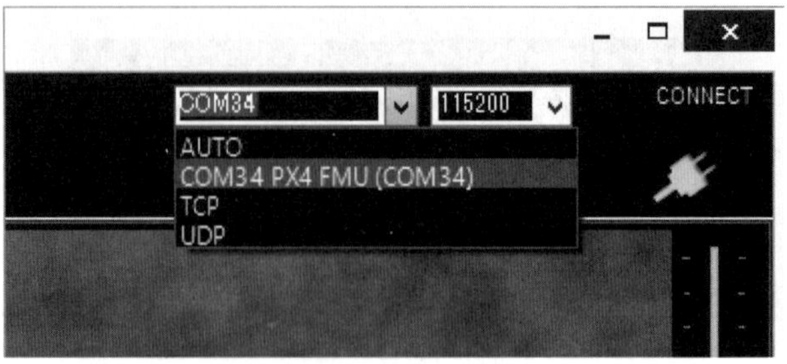

图 8-12　飞控连接

在 MP 的“初始设置”页，“安装固件”界面上，根据无人机类型选择相应的图标，如图 8-13 所示。点击对应图标，系统会提示“您确定要升级到……”，提示中会显示选择的固件的版本。

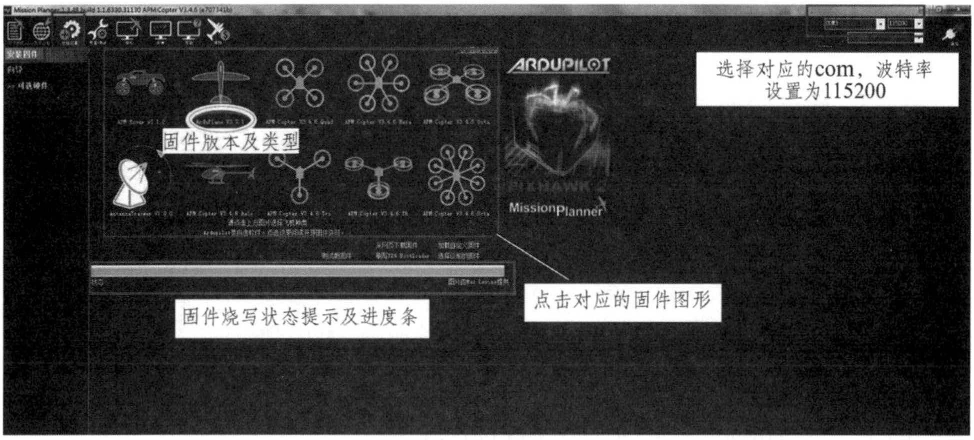

图 8-13　固件选择

当 MP 检测到飞控板（如 Pixhawk）后，会要求拔掉板上的 USB 线缆，再把它插回去，然后再按下“确定”如图 8-14 所示。

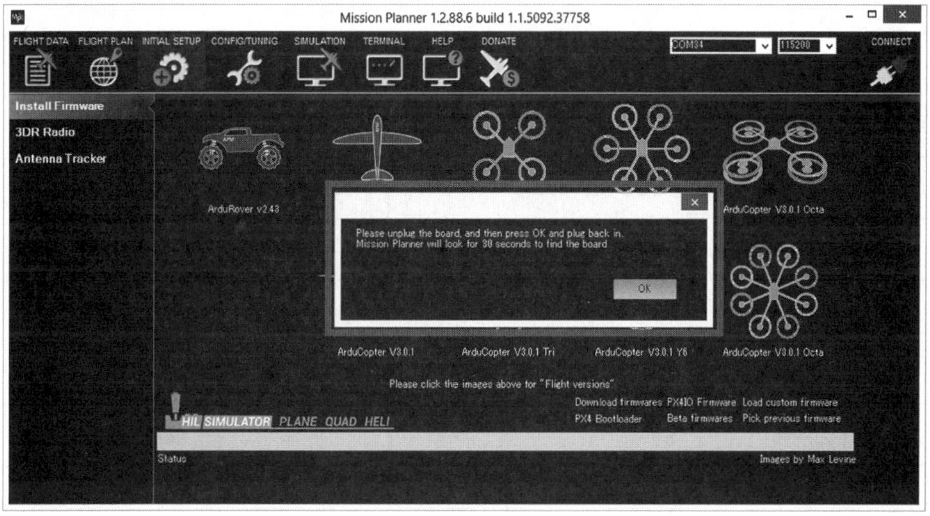

图 8-14　提示

界面右下角会显示固件加载的进程状态，包括“擦除……”“程序……”“验证”和“上载完成”。此时固件已成功上传到飞控板上。

此后，切换到 MP 飞行数据界面并按下连接按钮来测试固件是否加载成功；也可以通过倾斜飞控板，然后观察“飞行数据”页面的姿态数据是否改变，来测试该固件能否正常运行。

实操任务

任务一　地面站软件与飞控连接

一、任务情境描述

Mission Planner 作为小型地面站的核心软件功能模块，需要与飞控正确连接后才能将配置文件、对应固件写入飞控板，完成基本的功能；后续的校准、飞行任务规划的前提也是 MP 能与飞控正确连接。

二、任务学习目的

让学生在实操任务中学习：

（1）能完成 Mission Planner 与飞控板的连接。

（2）能正确配置软件。

（3）能完成固件加载。

三、任务操作工单

无人机地面站系统实训工作单					
工卡标题	飞控连接与固件加载				
工卡编号	GCS-MP-802		工作区域	地面站实训室	
场所/载体	无人机小型地面站		学习模块		
版次			工时	2 h	
编写		审核		批准	
类别	名称	规格	单位	数量	备注
设备	地面站				
	Pixhawk 飞控板				
安全注意事项： （1）严格遵守操作流程要求。 （2）确认计算机（台式机、笔记本）正常加电。 （3）注意连接线的接口。 （4）注意通电顺序。 （5）确保电池型号正确					
1. 工作任务				工作者	检查者
飞控连接					

续表

2. 工作准备		工作者	检查者
各设备电线、飞控、信号线缆备齐			
3. 工作步骤			
工序	内容描述	工作者	检查者
1	地面站上电		
2	使用 micro USB 数据线连接飞控与地面站		
3	设置端口		
4	设置波特率		
5	查看链接统计		
6	进入固件加载页面		
7	选择正确的固件并完成写入		
8	观察飞行数据页面并完成测试		
4. 工作结束		工作者	检查者
飞行数据页面显示是否正常			

思政小课堂

厉害了！成都航院师生用无人机搭载高科技设备助眉山刑警破大案

2021 年 6 月 5 日，四川省眉山市东坡区发生一起重大刑事案件，经公安民警侦查，确认任某某有重大作案嫌疑，而嫌疑人在案发后逃窜至荒野山林给抓捕行动带来了极大难度，抓捕行动陷入僵局。获知这一抓捕困境后，成都航院无人机产业学院在老师的组织下，迅速成立了“6.5 重特大刑事案件无人机空中搜捕”攻坚工作组，紧急制定了无人机飞行侦查及应急方案，第一时间向校领导请愿、向眉山市刑警大队领导请战，经批准后立即赶赴案发现场，助力刑警队开展抓捕工作。

搜捕工作组利用无人机搭载强光探照灯、红外热成像相机、可见光相机等设备，对现场进行二维实景地图、360 度全景地图制作，迅速开展对嫌疑人热源追踪、强光灯照明等夜间搜捕工作。经过一个昼夜的侦查伏击，刑警队依靠无人机热源追踪提供的线索，确定犯罪嫌疑人任某某的藏身地点并快速将其抓获归案，避免了更严重的生命安全事故发生。

成都航院相关负责人介绍，学院搜捕工作组协助“6.5 眉山重特大行凶案件”的成功侦破，是无人机在警用处突、侦查、搜救、抓捕案件中作为“空中鹰眼”的功能体现。同时，搜捕工作组以学院无人机应用技术专业退伍军人为主体，参与的一线行动，真正践行了退伍不褪色的军人精神、以及航空报国的学校精神。

（文章来源：http://edu.china.com.cn/2021-07/16/content_77632119.htm）

理论知识考核

<table>
<tr><td colspan="2">理论考核单元</td><td colspan="3">GCS802 地面站与飞控连接</td></tr>
<tr><td colspan="2">学生姓名</td><td></td><td>提交日期</td><td></td></tr>
<tr><td colspan="4">理论知识考核说明：
（1）阅读表格中的问题，并完成作答。
（2）教师根据学生完成情况打分。
（3）单元考核通过需要理论知识得分率不低于 80%</td><td>得分</td></tr>
<tr><td colspan="5">简答题（第 1 题 20 分，第 2、3 题每题 40 分）</td></tr>
<tr><td>1</td><td colspan="3">Mission Planner 与飞控板的连接有哪几种方式？</td><td></td></tr>
<tr><td colspan="5"></td></tr>
<tr><td>2</td><td colspan="3">如果地面站不能和飞控板连接，有哪些可能的原因？</td><td></td></tr>
<tr><td colspan="5"></td></tr>
<tr><td>3</td><td colspan="3">数据线直接连接与数传连接的波特率应如何设置？</td><td></td></tr>
<tr><td colspan="5"></td></tr>
</table>

<table>
<tr><td colspan="6">理论知识考核成绩</td></tr>
<tr><td>得分</td><td></td><td rowspan="2">=</td><td rowspan="2"></td><td rowspan="2" colspan="2">%</td></tr>
<tr><td>总分</td><td></td></tr>
<tr><td>考核结果</td><td colspan="3">□ 考核通过</td><td colspan="2">□ 考核未通过</td></tr>
<tr><td>教师签名</td><td></td><td>日期</td><td colspan="3"></td></tr>
</table>

实操技能考核

<table>
<tr><td>实操考核单元</td><td colspan="5">GCS802 地面站与飞控连接</td></tr>
<tr><td>学生姓名</td><td colspan="2"></td><td>提交日期</td><td colspan="2"></td></tr>
<tr><td>实操任务要求</td><td colspan="5">学生需要完成以下任务：
（1）完成地面站与飞控连接。
（2）完成一次固件加载</td></tr>
<tr><td colspan="3">考核说明：
（1）阅读实操任务要求，完成任务操作。
（2）考核结果栏由教师完成，Y 表示操作步骤正确，P 表示操作步骤部分正确，N 表示操作步骤错误</td><td>Y</td><td>P</td><td>N</td></tr>
<tr><td colspan="6">学生能否正确完成以下任务操作步骤</td></tr>
<tr><td>1</td><td colspan="2">使用争取的线缆完成地面站与飞控的连击</td><td></td><td></td><td></td></tr>
<tr><td>2</td><td colspan="2">正确设置端口号与波特率</td><td></td><td></td><td></td></tr>
<tr><td>3</td><td colspan="2">正确选择需加载的固件</td><td></td><td></td><td></td></tr>
<tr><td>4</td><td colspan="2">新固件写入后，地面站可以正常工作</td><td></td><td></td><td></td></tr>
<tr><td>5</td><td colspan="2">新固件写入后，能通过飞行数据页面做简单验证</td><td></td><td></td><td></td></tr>
<tr><td colspan="6">实操任务考核成绩</td></tr>
<tr><td>综合评估结果</td><td colspan="2">☐ 考核通过</td><td colspan="3">☐ 考核未通过</td></tr>
<tr><td colspan="6">评语（未通过时说明原因）：</td></tr>
<tr><td>教师签名</td><td colspan="2"></td><td>日期</td><td colspan="2"></td></tr>
</table>

课堂笔记

问题/线索/关键字 （课后）	
课后总结与思考	

单元三　校准及设置

学习目标

1. 知识目标

（1）掌握 MP 的基本功能界面。

（2）掌握基础器件校准方法。

（3）掌握无人机地面站的主要功能。

（4）了解无人机地面站系统的发展历程。

2. 能力目标

（1）能进行罗盘校准。

（2）能完成加速度计校准。

（3）能完成遥控器校准。

3. 素质目标

（1）培养探索钻研精神。

（2）培养认真严谨的航空工作作风。

（3）培养团队协作精神。

理论知识

知识点一　功能界面

在了解如何进行无人机配置和传感器校准前，需要先了解 MP 的主界面以及各个界面的功能。MP 的主界面中，共有 6 个界面可以选择，从左到右分别是：

（1）飞行数据 Flight Data：显示地图信息以及飞行数据（见图 8-15）。

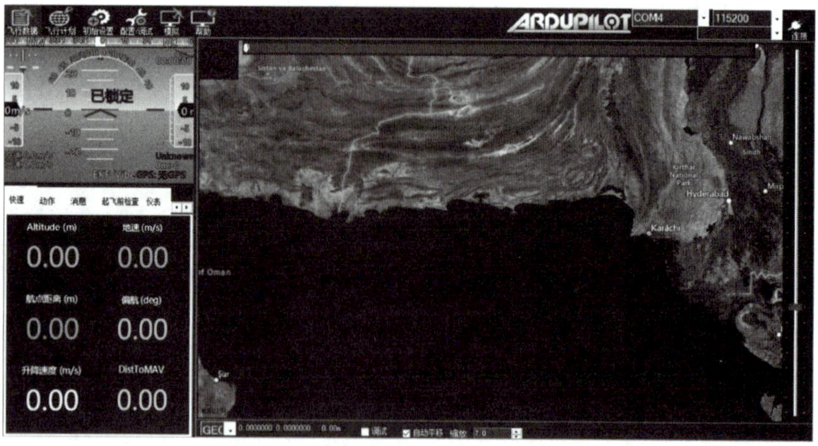

图 8-15　飞行数据界面

（2）飞行计划 Flight Plan：设置飞行计划（任务）。

（3）初始设置 Initial Setup：安装固件及其他硬件设置。

（4）配置调试 Configuration Tuning：设置 MP 的显示内容和参数配置信息。

（5）模拟 Simulation：通过 MP 来进行“模拟”飞行。

（6）帮助 Help：用于获得关于 MP 的帮助信息。

飞行数据页面也是系统默认的主界面，一旦 MP 连接到飞控板，该界面将显示 ArduPilot 发送的遥测数据。其中，左上角有一个平视显示（Head Up Display，HUD）模块，双击 HUD 界面，将弹出一个详细视图，如图 8-16 所示。

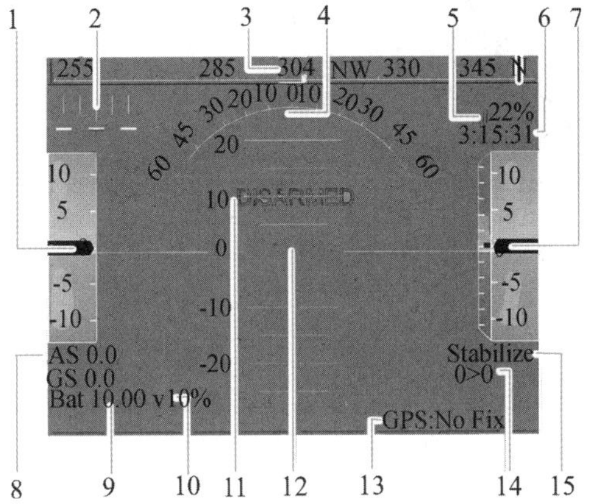

1—空速（如果没有安装空速传感器，则为地速）；2—偏航距和转弯速率（T）；3—航向；4—倾斜角；5—无线遥测连接（%坏包）；6—GPS 时间；7—高度（蓝条表示爬升速度）；8—空速；9—地速；10—电池状态；11—仿真地平仪；12—飞机姿态；13—GPS 状态；14—当前航点编号与当前航点的距离；15—当前飞行模式。

图 8-16　HUD 界面

飞行数据界面左下角是数据显示窗口如图 8-17 所示。在窗口点击右键，会弹出对话框，在对话框中，可以按照自己的习惯设置本窗口显示数据的列数与行数。

图 8-17　数据显示窗口

在对应数据显示区域双击，会弹出选项框，通过该选项框可以设置此处显示的数据。鼠标悬停在数据显示区域，也会提示“双击可改变显示数据”

右侧的地图显示区域会在 GPS 锁定时显示当前飞行器的位置。右键单击，会弹出“引导模式”的选项单，如图 8-18 所示。所谓“引导模式”就是通过地面站，飞手不需要预先计划任务或手动驾驶无人机，只需点击地图，就能实时点选任务控制。比如，选择“飞行至此”。无人机会飞到指定位置并悬停，直到下一个命令。常用的命令还有

“飞行至此高度”“飞行到此坐标点”“增设兴趣点”等。使用“引导模式”后，无人机会一直保持在该模式中，直到切换为其他的工作模式。如果切换到“自动模式”，之前中断的任务会从中断点开始继续执行。

图 8-18　地图显示界面

知识点二　罗盘（指南针）校准

在校准磁罗盘前，需要首先清除罗盘附近可能出现的干扰，如手机、金属物品、电源等，以免出现校准错误。在“初始设置”页面，选择“指南针”。此处根据无人机配置不同能看到不同的罗盘数量。如果有加装 GPS，由于 GPS 大多内置有罗盘，因此在软件界面里面可以看到两个罗盘，如图 8-19 所示。

（1）指南针 1 是 GPS 中的罗盘，属于外置罗盘，因此“外部安装”的框选项要选中，一定要选择“None”，不可以选其他。

（2）指南针 2 是飞控内置的罗盘，如果“使用这个指南针”的框选项不选，就是只使用外置罗盘，不使用内置罗盘。

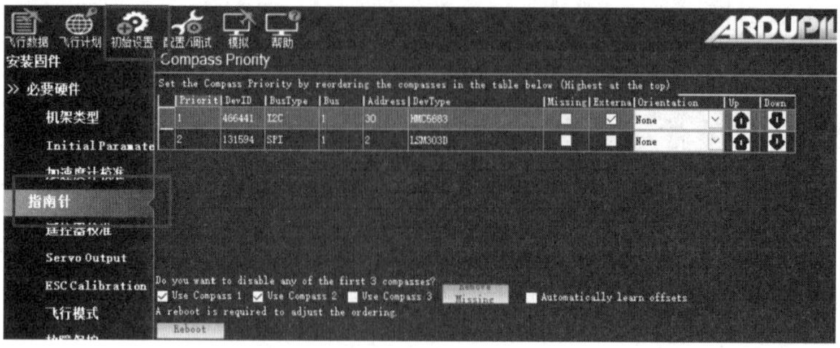

图 8-19　罗盘校准

执行 Onboard 校准：

（1）点击“Onboard Mag Calibration”部分的“Start”按钮。

（2）如果飞行控制器连接有蜂鸣器，会有每秒一次的短促的“哔哔”提示声。

（3）手持飞行器在空中旋转或画 8 字，使每侧（前、后、左、右、上、下）依次指向地面几秒钟。

（4）当飞行器旋转时，绿色的指示条（见图 8-20）应该不断向右延伸，直到校准完成为止。

（5）校准完成后，蜂鸣器会有 3 声升调音。地面站会提示“Please reboot the autopilot”，此时重新启动自动驾驶仪，然后才能解锁飞行器。

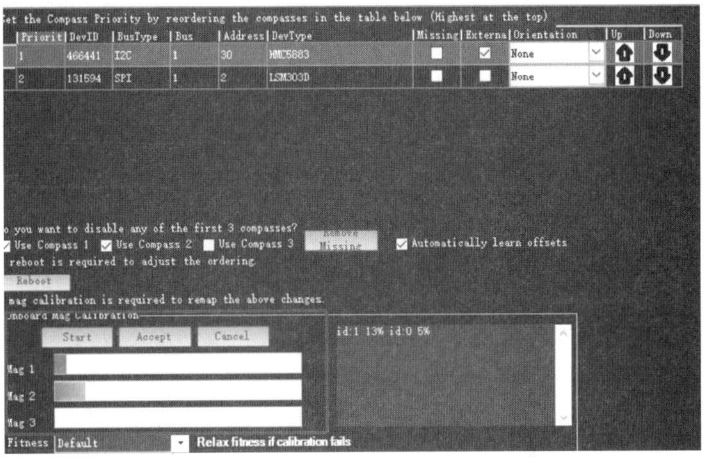

图 8-20　校准进度指示

知识点三　加速度计校准

在“初始设置”页面，选择“加速度计校准”，在当前页面可见“校准加速度计”和“校准水平”两个按钮，如图 8-21 所示。点击“校准加速度计”后，地面站会提示将飞行器放置在每一个待校准的朝向，校准朝向是水平、左侧、右侧、向下、向上和背向，一共 6 个面。

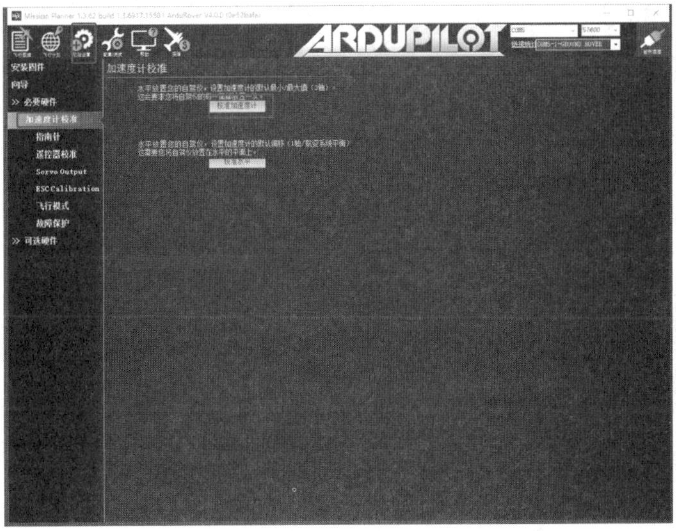

图 8-21　加速度校准

图 8-22　方向指示

校准首先需要注意的是飞控的朝向，应注意观察飞控上的箭头标识（见图 8-22），以避免出错。校准加速度的过程，每个方位放置的时间不要太短，最好间隔 1 s 左右再换下一个方位，也不能太久，太久会超时。放置的方位要端正准确，侧向放置时，可以借助墙面辅助，将飞行器倚靠在墙面上。

完成了校准过程，MP 会显示“校准成功”。加速度计校准成功后必须断电重新连接，然后再做水平校准。Pixhawk 必须做水平校准，否则随着飞行时间累积，无人机可能会出现不水平。

知识点四　遥控器校准

操作中感觉遥控器精度不够或者无人机飞行的响应幅度没有达到预期值时，可以进行遥控器的校准。首先需要将遥控器接收机连接到 Pixhawk 飞控板上，并且确保其已经与遥控器连接。在“初始设置”页面，选择“遥控器校准”。在进行校准前可以通过该界面观察遥控器信号的反馈。

校准前先要确定在移动遥控器的滚转、俯仰、油门和偏航摇杆时，绿色数据条沿正确的方向移动。如果移动摇杆的方向与地面站上绿色数据条的反馈不相符，可在遥控器上设置该通道“反向”。

点击在窗口的右下角的绿色“校准遥控”按钮。MP 将显示一个提示，检查无线电控制设备是否打开，电池有没有连接，螺旋桨有没有安装，点击“OK”，如图 8-23 所示。为了安全起见，在进行校准前，应断开电池并且拆除螺旋桨。

图 8-23　遥控器校准

移动控制杆并拨动遥控器开关到它们的行程极限，然后观察校准指示条的结果。校准条上会出现红线，红线代表了该通道采集到最大值和最小值，如图 8-24 所示。当所有要求的通道设置了最小和最大位置时，点击 “Click when Done”。此时会出现一个窗口，提示需要确保所有摇杆居中，油门在最小位置，根据提示将油门移至零，然后按“确定”，就完成了校准工作。MP 将校准数据进行汇总，一般最小值在 1 100 左右，最大值为 1 900，如图 8-25 所示。

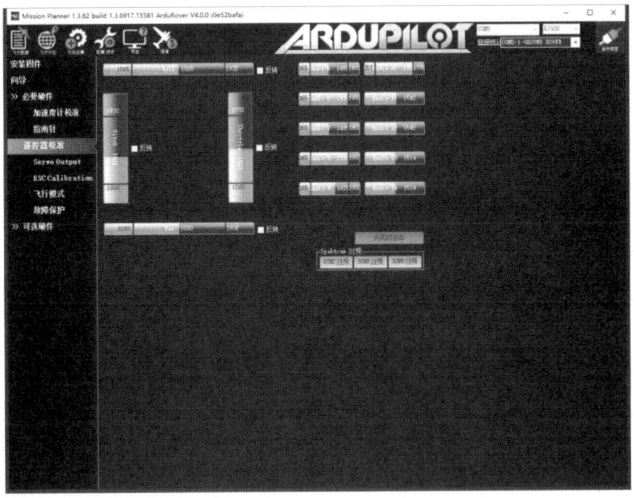

图 8-24　各通道采集到的最大值和最小值

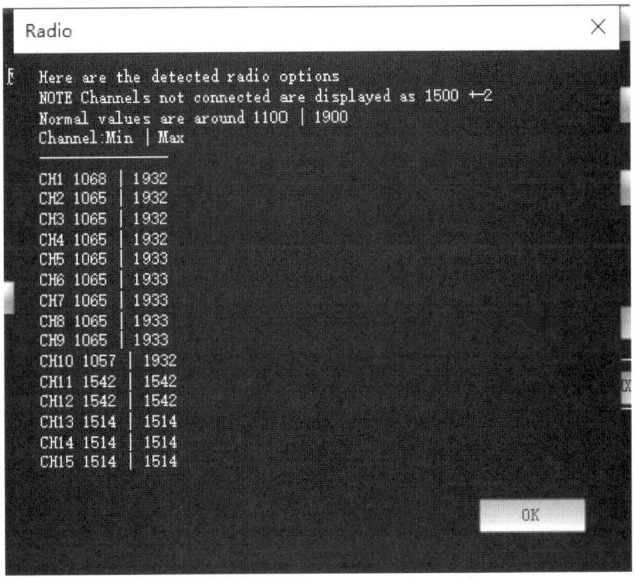

图 8-25　各通道数值显示

如果指示条没有移动，可以观察 LED 灯的显示，来判断故障原因。

（1）无光：可能飞控与接收机有连线错误。

（2）闪烁的红光或绿光：表示接收机与遥控器没有连接成功或者是没有对码成功。

（3）绿光常亮：重新检查自动驾驶仪与 MP 连接，如果指示条依然没有移动，尝试点击“校准遥控”按钮。

实操任务

任务一　核心组件的校准

一、任务情境描述

飞控板能正常工作的基础，除了固件的正确写入外，还需要传感器能正常工作。因此，在使用前，或者使用一段时间后，需要对核心组件包括罗盘、加速度计、遥控器进行校准。

二、任务学习目的

（1）能简述各个功能界面的作用。

（2）能完成基础器件（罗盘、加速度计、遥控器）的校准。

三、任务操作工单

<table>
<tr><td colspan="6">无人机地面站系统实训工作单</td></tr>
<tr><td>工卡标题</td><td colspan="5">核心组件校准</td></tr>
<tr><td>工卡编号</td><td colspan="2">GCS-MP-803</td><td>工作区域</td><td colspan="2">地面站实训室</td></tr>
<tr><td>场所/载体</td><td colspan="2">无人机小型地面站</td><td>学习模块</td><td colspan="2">Mission Planner</td></tr>
<tr><td>版次</td><td colspan="2"></td><td>工时</td><td colspan="2">2 h</td></tr>
<tr><td>编写</td><td></td><td>审核</td><td></td><td>批准</td><td></td></tr>
<tr><td>类别</td><td>名称</td><td>规格</td><td>单位</td><td>数量</td><td>备注</td></tr>
<tr><td rowspan="5">设备</td><td>地面站</td><td></td><td></td><td></td><td></td></tr>
<tr><td>Pixhawk 飞控板</td><td></td><td></td><td></td><td></td></tr>
<tr><td>含罗盘的 GPS 模块</td><td></td><td></td><td></td><td></td></tr>
<tr><td>接收机</td><td></td><td></td><td></td><td></td></tr>
<tr><td>遥控器</td><td></td><td></td><td></td><td></td></tr>
<tr><td colspan="4">安全注意事项：
（1）严格遵守操作流程要求。
（2）确认计算机（台式机、笔记本）正常加电。
（3）注意连接线的接口。
（4）注意通电顺序。
（5）确保电池型号正确</td><td></td><td></td></tr>
</table>

续表

1. 工作任务		工作者	检查者
完成核心组件的安装			
2. 工作准备		工作者	检查者
各设备电线、飞控、信号线缆正确连接			
3. 工作步骤			
工序	内容描述	工作者	检查者
1	打开地面站软件		
2	飞控连接成功		
3	进入初始设置页面		
4	进入罗盘校准界面		
5	外置罗盘、内置罗盘配置正确		
6	执行 Onboard 校准程序		
7	转动无人机并观察进度条，直至校准完成		
8	进入加速度计校准界面		
9	执行加速度校准程序		
10	按提示正确摆放无人机		
11	进入遥控器校准界面		
12	观察数据采集条并拨动各通道摇杆，检查各通道方向是否正确		
13	（若需求）执行通道反向操作，或跳过此步骤		
14	执行遥控器校准程序		
15	结束遥控器校准程序		
4. 工作结束		工作者	检查者
进入飞行数据界面，转动无人机，确认校准正确			

思政小课堂

无人机安全飞行的“保护伞”——“无人机装调检修工”新职业正式发布

近年来，随着技术的发展进步，无人机应用逐渐从军事领域向民用领域延伸，应用范畴不断拓宽，在消费、植保、电力、安防、测绘等行业的使用日渐成熟。从事无人机装配、调试及售后检修、维修服务的技能人员也随之呈现急需紧缺的趋势。2020年2月，“无人机装调检修工”正式成为新职业，纳入国家职业分类目录，从此近百万无人机装调检修从业人员有了职业归属。

“无人机装调检修工”新职业正式发布，是从国家层面对无人机装调检修从业人员职业的肯定，为行业人才的选用与培养明确了方向。这是无人机领域企业和从业人员立足新起点、树立新理念、迎接新挑战、谋划新发展过程中具有里程碑意义的大事，也是落实国家大力发展无人机产业，推进技术技能人才建设的重要举措。

无人机装调检修工新职业的发布，填补了无人机行业装调检修服务模块的空缺，使无人机和通用航空一样，有了专业的保障团队，提供全面的服务技术，使无人机的装调和检修行为更加专业化、合法化、规范化，为无人机生产和安全飞行撑起保护伞。

（文章来源：http://www.mohrss.gov.cn/SYrlzyhshbzb/dongtaixinwen/buneiyaowen/202004/t20200427_366645.html）

理论知识考核

<table>
<tr><td>理论考核单元</td><td colspan="3">GCS803 校准与设置</td></tr>
<tr><td>学生姓名</td><td></td><td>提交日期</td><td></td></tr>
<tr><td colspan="3">理论知识考核说明：
（1）阅读表格中的问题，并完成作答。
（2）教师根据学生完成情况打分。
（3）单元考核通过需要理论知识得分率不低于 80%</td><td>得分</td></tr>
<tr><td colspan="4">简答题（第 1 题 30 分、第 2 题 50 分、第 3 题 20 分）</td></tr>
<tr><td>1</td><td colspan="2">请简述 Mission Planner 各页面的功能。</td><td></td></tr>
<tr><td colspan="4"></td></tr>
<tr><td>2</td><td colspan="2">请写出下图中各个参数的名称。</td><td></td></tr>
<tr><td colspan="4">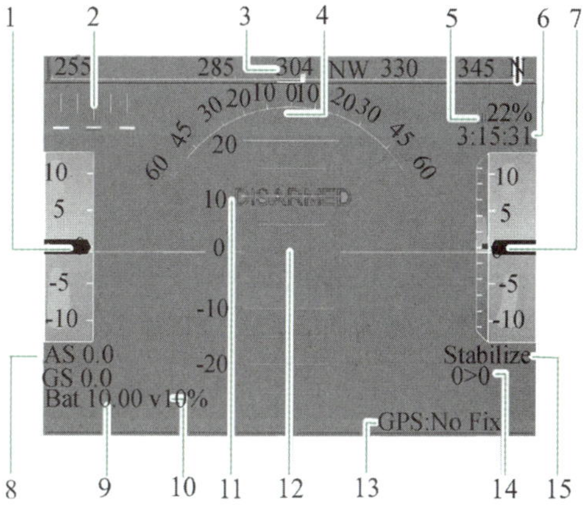
</td></tr>
<tr><td>3</td><td colspan="2">请简述加速度计校准的注意事项。</td><td></td></tr>
<tr><td colspan="4"></td></tr>
</table>

<table>
<tr><td colspan="6">理论知识考核成绩</td></tr>
<tr><td>得分</td><td colspan="2"></td><td rowspan="2">=</td><td rowspan="2"></td><td rowspan="2">%</td></tr>
<tr><td>总分</td><td colspan="2"></td></tr>
<tr><td>考核结果</td><td colspan="2">□ 考核通过</td><td colspan="3">□ 考核未通过</td></tr>
<tr><td>教师签名</td><td></td><td>日期</td><td colspan="3"></td></tr>
</table>

实操技能考核

<table>
<tr><td colspan="5">实操技能考核</td></tr>
<tr><td>任务要求说明</td><td colspan="4">学生需要完成以下任务：
（1）完成罗盘校准。
（2）完成加速度计校准。
（3）完成遥控器校准</td></tr>
<tr><td colspan="2" rowspan="2">考核说明：
（1）阅读实操任务要求，完成任务操作。
（2）考核结果栏由教师完成，Y 表示操作步骤正确，P 表示操作步骤部分正确，N 表示操作步骤错误</td><td colspan="3">实践技能考核结果</td></tr>
<tr><td>Y</td><td>P</td><td>N</td></tr>
<tr><td colspan="5">学生能否正确完成以下任务操作步骤</td></tr>
<tr><td>1</td><td>将飞行数据页面的数据显示设置为 4 列 3 行</td><td></td><td></td><td></td></tr>
<tr><td>2</td><td>在罗盘校准界面，正确配置内置、外置罗盘</td><td></td><td></td><td></td></tr>
<tr><td>3</td><td>完成罗盘 Onboard 校准程序</td><td></td><td></td><td></td></tr>
<tr><td>4</td><td>确执行加速度计校准程序</td><td></td><td></td><td></td></tr>
<tr><td>5</td><td>遥控器校准前，测试通道数值，并确保数据方向正确</td><td></td><td></td><td></td></tr>
<tr><td>6</td><td>遥控器校准程序</td><td></td><td></td><td></td></tr>
<tr><td>7</td><td>测试三项校准结果</td><td></td><td></td><td></td></tr>
<tr><td>综合评估结果</td><td colspan="2">☐ 考核通过</td><td colspan="2">☐ 考核未通过</td></tr>
<tr><td colspan="5">评语（未通过时说明原因）：</td></tr>
<tr><td>教师签名</td><td></td><td>日期</td><td colspan="2"></td></tr>
</table>

课堂笔记

问题/线索/关键字（课后）	

课后总结与思考

单元四　航路规划

学习目标

1. 知识目标

（1）掌握设置航路基本概念。

（2）掌握航路规划基本操作。

（3）掌握任务列表的含义。

（4）掌握任务命令的含义。

2. 能力目标

（1）能设置基本航路。

（2）能完成多边形区域任务规划。

（3）能完成圆形区域任务规划。

3. 素质目标

（1）培养探索钻研精神。

（2）培养认真严谨的航空工作作风。

（3）培养团队协作精神。

理论知识

知识点一　基本操作

通过 MP 可以给无人机设置、规划航路以及载荷动作，并将这些预设的指令写入无人机中。当无人机在自动模式时，就可以按照预设航路进行飞行并执行相应的任务。打开 MP 软件后，在菜单栏上选择“飞行计划”界面，该页面在有网络连接时，会加载地图。界面右侧的下拉菜单中，可以选择需要加载的地图，如图 8-26 所示。

在地图上，点击鼠标左键，即可创建航点。在设置任何任务前，需要先确定“Home”位置。点击鼠标右键，在右键菜单中选择“Set Home Here”，当前点就是 Home 位置，并且可在右侧的“起始位置”栏查看该点的经纬坐标。Home 位置一般为无人机解锁启动的位置。当无人机执行“RTL”（返回起飞位置）命令时，它将返回到解锁的位置。

图 8-26　地图选择

设置好“Home”后，可以在地图中，点击左键输入“Waypoints”(航路点)，并输入其他命令，如图 8-27 所示。在地图下方有命令设置栏，一个 Waypoint 为一行，每一行的下拉菜单中，可以选择需要执行的命令。后续各列的标题名称将随着主命令的不同而更改，以显示该命令需要哪些参数。完成任务规划后，选择“Write”写入航路点，将设定的任务发送到飞控中，并保存在飞控的 EEPROM 内。同样的，可以通过选择“Read”读取航路点，读取飞控内的设置的任务详情，以此来确认加载的规划任务是否正确。

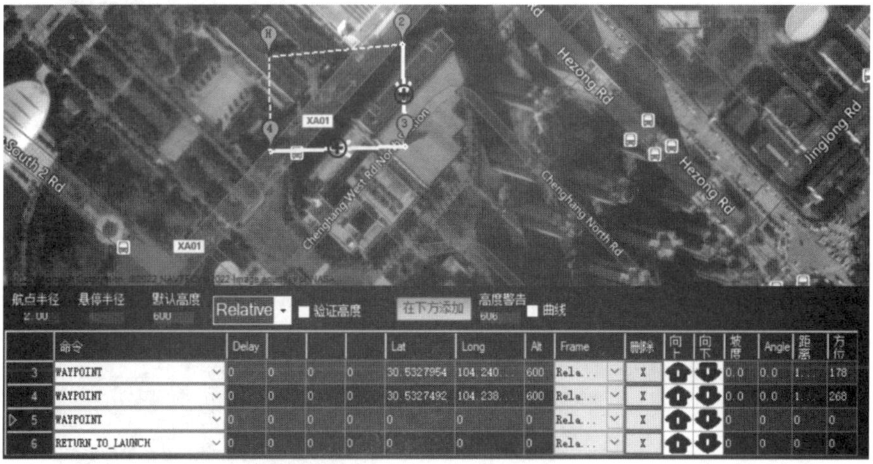

图 8-27　航路点生成

任务设置栏其中常见的属性标签有以下几种，但随着任务指令的不同，其属性标签会不同。

（1）Waypoint：是默认的航点命令。

（2）Lat：经度。

（3）Long：纬度。

（4）Alt：海拔高度。

（5）删除：删除航点。

（6）向上：改变航点的顺序。

（7）向下：改变航点的顺序。

（8）Angle：爬升的角度。

（9）距离：与上一个航点的距离。

（10）方位：指向下一个航点的航向。

在这个界面有两个地方可以设置高度。一个是每个航路点后的 Alt 栏，这里显示的高度是相对高度，是指相对于 Home 位置的高度。另一个是“默认高度”，指每次输入新航点时的默认高度；如果开启了“保持默认高度”（Hold Default ALT），该高度也是“RTL”模式的飞行高度，否则，无人机将保持在开启 RTL 模式时的当前高度。“验证高度”（Verify height）是指 MP 将使用谷歌地球拓扑数据来调整每个航点的期望高度，以反映航点位置相对于地面的高度。

通过在地图上点击右键也可以新建不同的航路点或者编辑任务（见图 8-28），从而快速对已有规划进行修订。以下是关于右键菜单不同命令的详细解释。

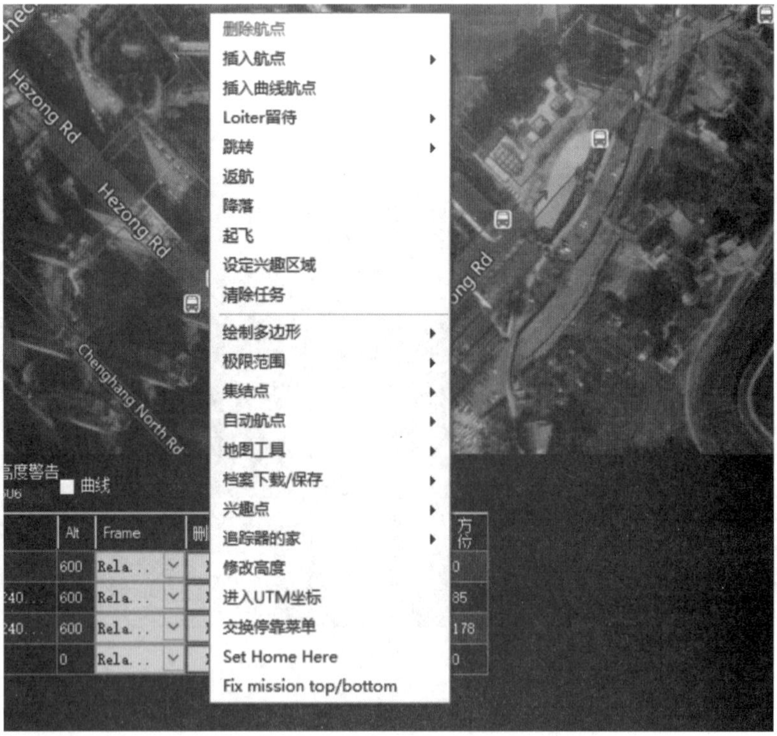

图 8-28　右键菜单

（1）删除航点（Delete WP）：先左键单击选中待删除的航点，右键单击并选择此项，将其删除。

（2）插入航点（Insert WP）：以当前飞行器的位置向任务列表中加入一个航点，这里添加的不是地面站光标所在的地图位置。

（3）插入曲线航点（Insets Spline WP）：在当前鼠标位置插入曲线航次安到任务列表，选择后，地面站会询问具体添加在哪个航点后面。图 8-29 展示了在 3 号航点后插入曲线航点的效果。

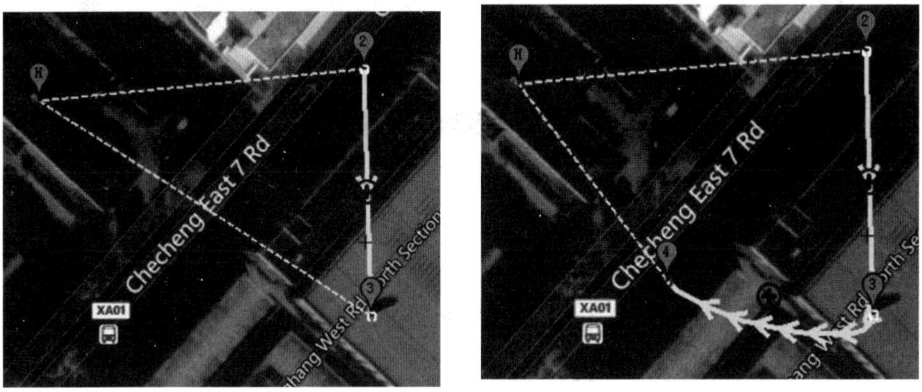

图 8-29　两种插入航点命令的效果对比

（4）盘旋（Loiter 留待）：在光标位置上加入一个盘旋点，选择后会有一个小菜单，选择盘旋等待的条件。一共有 3 种条件：一直盘旋、盘旋时间、盘旋圈数。一直盘旋（loiter unlim）：飞机在指定位置一直盘旋。盘旋时间（loiter time）：在指定位置盘旋指定的时间；盘旋圈数（loiter turns）：在指定位置盘旋指定的圈数。

（5）跳转（Jump）：在当前任务中添加一个跳转命令，选择后会有弹窗询问跳转的次数。举例来说，如果填入“2”时，即每次运行到当前命令时，将执行 1 次跳转，共执行 2 次，之后再运行到这条命令的时候就不再跳转了。

（6）返航（RTL）：添加一条返航命令。

（7）降落（Land）：在光标处为任务添加一个降落点。

（8）起飞（Takeoff）：在光标处为任务添加一个起飞点，选择后，会有弹窗询问起飞的高度。

（9）设置兴趣区域（DO_SET_ROI）：在光标处添加一个传感器感兴趣区域（ROI），后续执行任务时无人机（车），会通过该命令来控制无人机（车）的姿态和各种传感器的姿态。

（10）清除任务（Clear Mission）：清除显示的任务，但仅 MP 当前工作界面中，不会清除烧录在飞控中的任务。要清除飞控中的任务，可以将已清除的工作区任务烧录进飞控中，覆盖之前的内容。

知识点二　高级任务创建工具

通常作业区域是一个不规则的多边形。因此使用 MP 提供的多边形绘制工具，可以快速划定作业区域，同时还能利用自动航路点工具生成航路点。在地图上点击右键，选择绘制多边形（见图 8-30），二级菜单提供了以下的功能：

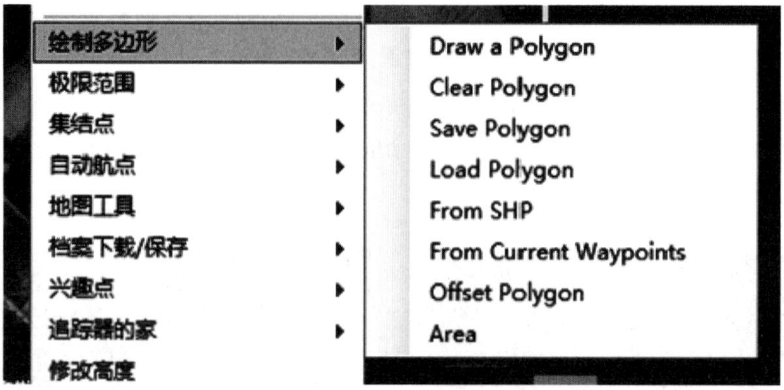

图 8-30　多边形绘制工具

（1）绘制多边形（Draw a Polygon）：单击此按钮开始用鼠标单击来绘制多边形的顶点。

（2）清除多边形（Clear Polygon）：清除显示的多边形。

（3）保存多边形（Save Polygon）：将点保存到文件。

（4）从 SHP（From SHP）：从“.shp”文件中加载多边形。

（5）面积（Area）：显示当前多边形的面积信息。

点击绘制多边形后，可以通过鼠标左键在地图上勾选出需要作业的区域。绘制完多边形后，可以利用系统工具生成多种勘查任务、围栏或航路点。一般最常使用的就是自动航路点生成，如图 8-31 所示。

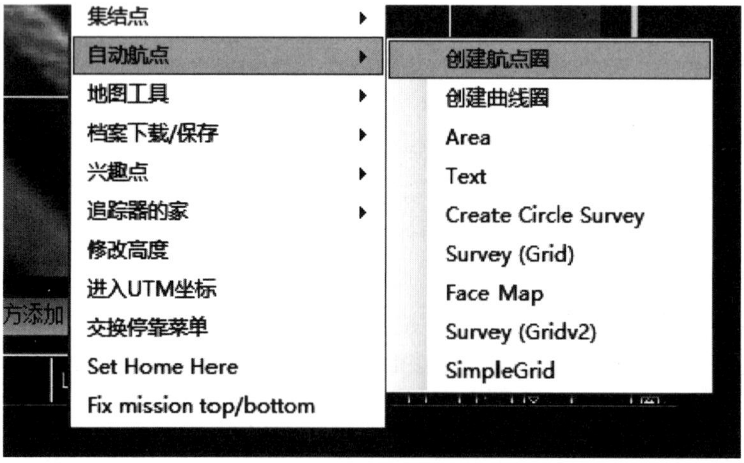

图 8-31　自动航点工具

点击鼠标右键，点击自动航点，选择自动航点工具“Survey（Grid）”来创建飞行航线。选择后会弹出参数设置界面，需要设置相机型号、飞行的高度、线路的角度、飞行速度等，如图 8-32 和图 8-33 所示。设置的参数不同，自动生成的航路点数量、方向、路径都会有不同。设置的飞行高度越高，生成的线路越稀疏。

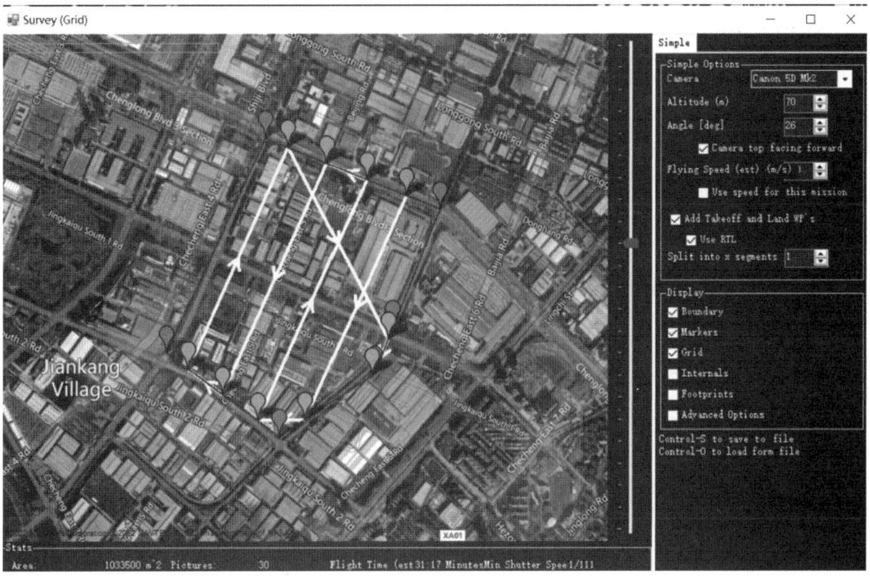

图 8-32　自动生成航点

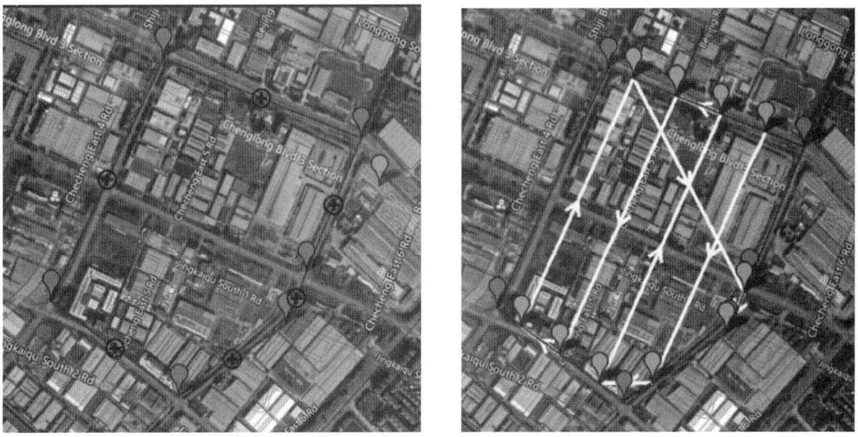

图 8-33　多边形及自动规划的路径

如果想对内部的航路点进行调整，既可以选择在任务列表中逐个微调，也可以选择在“Survey (Grid)”界面的高级菜单中设置。在界面右下方，选择“Advanced Options”，此时右侧标签栏会多出两个标签。可以进入“Grid Options”和“Camera Config”，分别对自动航线和相机参数进行设置，如图 8-34 所示。

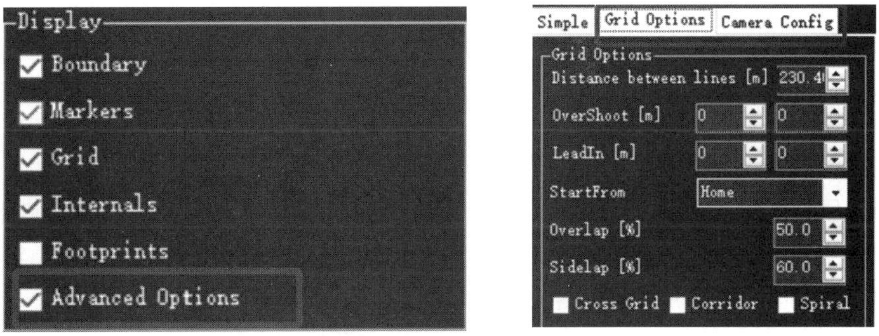

图 8-34　高级选项

在“Grid Options”标签页，能够对生成的航线间距、航点间距、照片重叠量、起始点等进行更细致的调节，调整这些参数，地面站会自动生成新的任务列表。

另一个比较相似的命令是“SimpleGrid”（简单网格的生成）。点击自动航点，点击“SimpleGrid”，进入设置界面可以设置简单网格的属性，使用该命令时，只生成航路点，不生成控制相机的命令。设置界面右侧，可以对以下内容进行调整设置：

（1）Altitude：高度。

（2）Angle[deg]：航线角度。

（3）Line spacing[m]：每行的距离。

（4）Spacing inline[m]：航点间的距离。

（5）OverShoot[m]：左边超过几米。

（6）OverShoot[m]：右边超过几米。

（7）Speed：飞行速度。

（8）StartFrom：设定任务起始位置。Home，航点从 Home 点开始；BottomLeft，航点从底部左端开始；TopLeft，航点从顶部左端开始；BottomRight，航点从底部右端开始；TopRight，航点从顶部右端开始；Point，航点从点开始。

点击“Accept”，生成简单的网络，如图 8-35 所示。

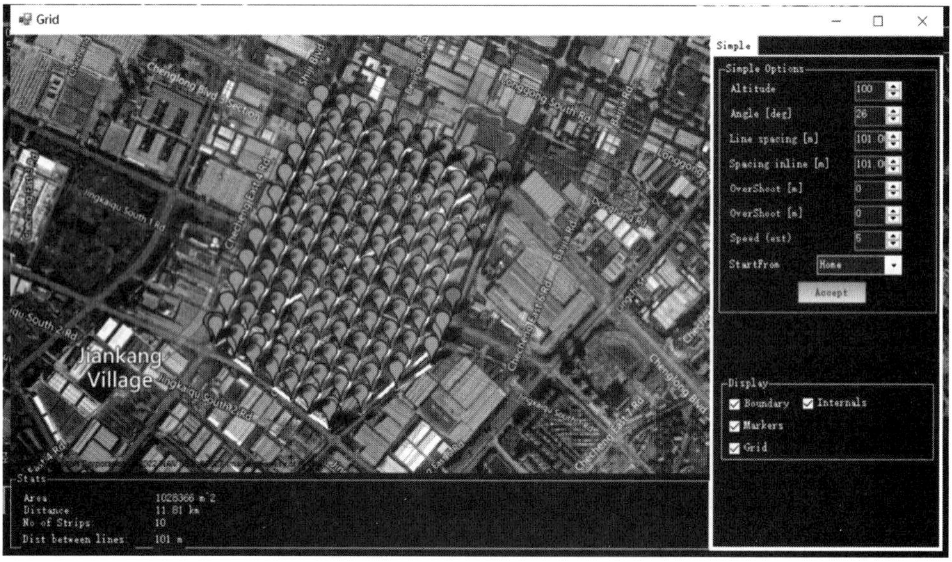

图 8-35　简单网格生成

知识点三　圆形航路点

对需要绕飞拍摄或者环绕作业的情况，可以利用圆形航路点工具来进行航路规划。点击右键，在自动航点菜单中选择创建航点圈，可以自动生成以当前光标点为圆心的圆形航点圈，如图 8-36 所示。点击后，地面站会有一系列弹框，要求设置航点圈的属性，弹窗中需要设置的内容如下：

（1）Radius：设置航点圈的半径。

（2）Number of points to generate Circle：生成圈的航点数。

（3）Direction of circle：圈的方向，1 为顺时针，－1 为逆时针。

（4）Angle of first point（whole degress）：第一个航点的角度。

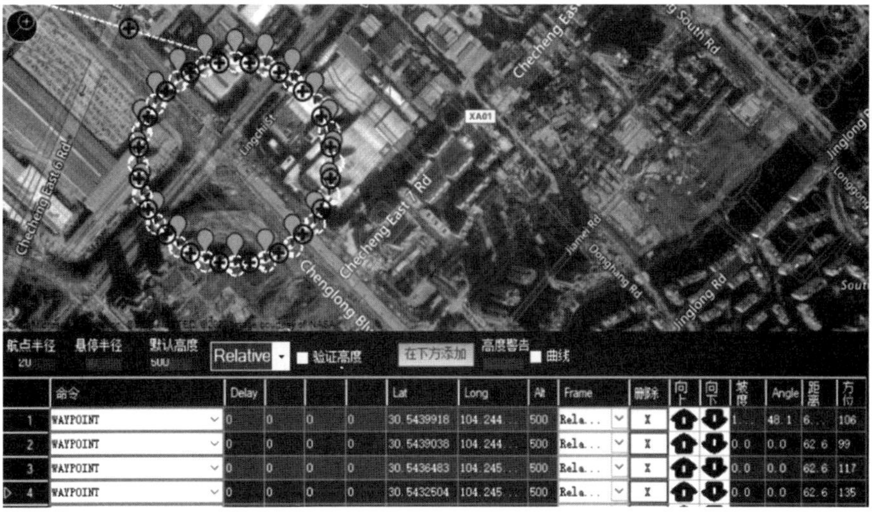

图 8-36 圆形航点圈示例

与之相似的是创建圆形测绘点，在自动航点菜单中，点击“Create Circle Survey”，地面站会弹出弹框，要求设置圆形测绘点的属性，包括：

（1）Startalt：起点高度。

（2）Endalt：终点高度。

（3）Seperation：航点距离。

（4）Radius：圆形的半径。

（5）Photos：拍摄照片数量。

（6）Start heading：起点航向。

在该命令下，创建出的航点任务列表比单独创建航点圈更复杂，从图 8-37 可以看出，地面站首先会将圆心设置为兴趣点，其次在航点后会有拍照控制的命令。

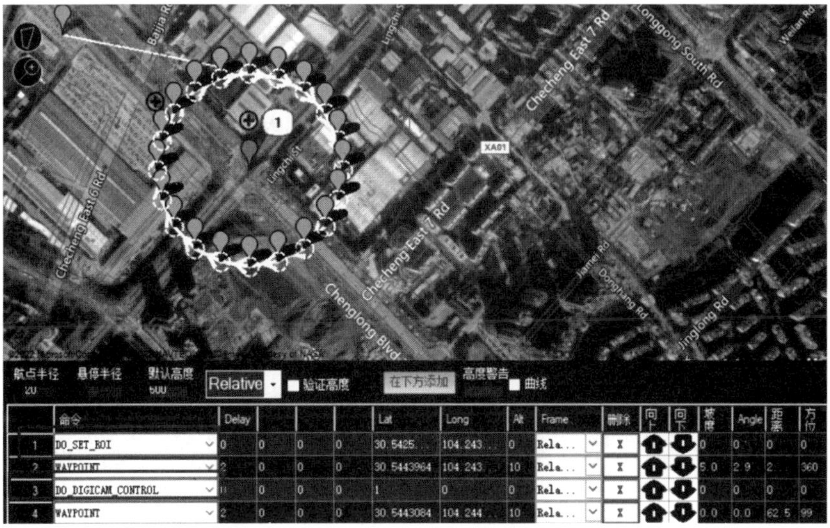

图 8-37 圆形测绘点

知识点四　航点命令列表

无论哪种方法生成的航点，要实际进行自动飞行或者执行任务，均需要对每个航点进行精确的设置。在任务列表中，每个航点后方都有航点命令的下拉菜单，里面有较为丰富的命令可以进行选择。这些命令包含了，对飞行动作的设置、触发条件的设置、相机动作控制等。具体的命令及对应的含义可以参考表 8-1。

表 8-1　航点命令

命　令	含　义	备　注
WAYPOINT	导航到指定位置	
SPLINE_WAYPOINT	使用曲线路径导航到目标位置	
LOITER_TURNS	在指定位置盘旋指定的圈数	
LOITER_TIME	在指定位置盘旋指定的时间	
LOITER_UNLIM	在指定位置一直盘旋	
RETURN_TO_LAUNCH	返回 Home 或者最近的集结点	起始位置为最后一次解锁地方（或者是第一次 GPS 锁定的地方）
LAND	降落在当前或指定地点	
TAKEOFF	起飞	一般为无人机的第一条指令
DELAY	延迟指定 UTC 时间后，执行下一条命令	
GUIDED_ENABLE	启用 GUIDED 模式将控件移交给外部控制器	
PAYLOAD_PLAC	暂时未知	
DO_GUIDED_LIMITS	设置外部控制的限制条件	
DO_SET_ROI	设置传感器组或无人机的感兴趣区域（ROI）	飞控以此来来控制无人机姿态和各种传感器（如摄像机）的姿态
CONDITION_DELAY	延迟指定秒数执行下一个条件“DO”命令	
CONDITION_CHANGE_ALT	以指定的速度上升/下降到给定的高度（将覆盖下一个航点中使用的值）。 任何“DO”与路径相关的命令将推迟，直到达到设定高度	Rate：上升/下降速度（m/s）
CONDITION_DISTANCE	延迟开始下一个“DO”命令直到距离下一个航点指定距离（m）	
CONDITION_YAW	转向指定航向	
DO_JUMP	跳转到任务列表中的指定命令，跳转命令可以在继续执行任务之前跳转指定次数	WP#：要跳转到的命令索引/序列号。 Repeat#：重复次数，如果为“0”将直接进行下一个命令的执行，如果为“−1”将无限次执行

续表

命　令	含　义	备　注
DO_CHANNGE_SPEED	改变目标水平速度，更改将持续到下次更改或设备重启	
DO_GRIPPER	操作 EPM 夹持器的任务命令	
DO_PARACHUTE	触发降落伞的任务命令（如果启用）	
DO_SET_CAM_TRIGG_DIST	每隔一定距离触发一次相机快门	
DO_SET_RELAY	设置继电器引脚的电压高（开）或低（关）	Relay No：继电器的编号 off（0）/on（1）：设置继电器状态，0 为低/关，1 为高/开
DO_REPEAT_RELAY	在给定的时间段内将继电器引脚的电压/状态切换指定的次数。如一开始为开，切换变为关，再切换变为开	Relay No：继电器编号 Repeat#：重复次数 Delay：指定的时间
DO_SET_SERVO	给指定的伺服电机管脚设置为特定的 PWM 值（PWM 值为 1 000～2 000）	Ser No：伺服编号，目标伺服输出引脚/通道编号 PWM：PWM 值
DO_REPEAT_SERVO	将指定 PWM 值发送给伺服电机，且 PWM 值将在该指定值与中间值（1 500）间来回转换，循环一定的时间及次数	Ser No：伺服编号，目标伺服输出引脚/通道编号 PWM：PWM 值 Repeat#：循环次数 Delay：指定时间
DO_DIGICAM_CONFIGURE	配置车载相机控制器系统	Mode——设置相机模式。 1：程序自动；2：光圈优先；3：快门优先；4：手动；5：智能自动；6：增强自动；Shutter Speed：快门速度。如果速度是 1/60 s，输入的值是 60，最慢支持 1 s Aperture：光圈数 ExProsureMode：曝光模式枚举器 CommandID：命令标识 ISO：ISO 值，如 80、100 第七项（无标志字）：摄像机触发前的主机截止时间（s/10）（0 表示无截止）
DO_DIGICAM_CONTROL	控制机载摄像机控制器系统	On/Off——开/关或显示/隐藏镜头。0：关闭相机/隐藏镜头；1：打开相机/显示镜头 Zoom Position：变焦的绝对位置，如 2×、3×、10× Zoom Step：缩放步长值以补偿当前位置的缩放 Focus Lock——锁定焦点、解锁或重新锁定。0：忽略；1：解锁；2：锁定 Shutter Cmd：快门命令，任何非零值都会触发相机
DO_MOUNT_CONTROL	控制照相机或天线座的任务命令	Pitch：俯仰角度 Roll：滚动角度 Yaw：航向角度

实操任务

任务一　多边形航路规划

一、任务情境描述

飞行任务规划是地面站的重要功能之一。小型无人机进行自动飞行，需要提前进行任务规划，并加载飞行任务。在地面站端，根据每次飞行任务要求的不同，飞行器选择的不同，要设计不同的飞行航线与任务操作。常见的无人机应用，包括农药喷洒、勘测、摄影等，都需要进行多边形航路的规划。

二、任务学习目的

（1）能够知道 MP 任务规划软件的典型结构特征和主要功能。
（2）能够使用 MP 任务规划软件的主要功能。
（3）能够对任务航线参数进行设置及加载。

三、任务操作工单

无人机地面站系统实训工作单					
工卡标题	多边形航路规划				
工卡编号	GCS-MP-804		工作区域	地面站实训室	
场所/载体	无人机小型地面站		学习模块	MP	
版次			工时	2 h	
编写		审核		批准	
类别	名称	规格	单位	数量	备注
设备	地面站软件				
安全注意事项： （1）严格遵守操作流程要求。 （2）确认计算机（台式机、笔记本）正常加电。 （3）注意连接线的接口。 （4）注意通电顺序。 （5）确保电池型号正确					
1. 工作任务				工作者	检查者
完成多边形航路设计					
2. 工作准备				工作者	检查者
地面站设备工作状态正常					

续表

3. 工作步骤			
工序	内容描述	工作者	检查者
1	进入飞行计划页面		
2	使用多边形工具绘制多边形		
3	使用自动航点工具，创建监测网格（Survey grid）		
4	设置相机为 SONY A6000、飞行高度 80		
5	设置高度为 120，观察变化		
6	调整默认角度，观察变化		
7	指出该飞行区域的面积及总飞行距离		
8	生成航路点		
9	保存航路点文件		
4. 工作结束		工作者	检查者
加载保持的航点文件，检查			

任务二　圆形监测航路规划

一、任务情境描述

在执行一些航拍或者观察任务时，需要围绕特定区域进行环绕飞行，并在飞行过程中执行任务。

二、任务学习目的

学习圆形监测航路规划。

三、任务操作工单

无人机地面站系统实训工作单					
工卡标题	圆形监测航路规划				
工卡编号	GCS-MP-805		工作区域	地面站实训室	
场所/载体	无人机小型地面站		学习模块	Mission Planner	
版次			工时	2 h	
编写		审核		批准	
类别	名称	规格	单位	数量	备注
设备	地面站软件				

续表

安全注意事项： （1）严格遵守操作流程要求。 （2）确认计算机（台式机、笔记本）正常加电。 （3）注意连接线的接口。 （4）注意通电顺序。 （5）确保电池型号正确			
1. 工作任务		工作者	检查者
完成圆形监测航路规划，要求如下： （1）起始高度 10 m，结束高度 15 m。 （2）航点间隔 5 m。 （3）航路半径 20 m。 （4）共拍摄照片 20 张			
2. 工作准备		工作者	检查者
地面站设备工作状态正常			
3. 工作步骤			
工序	内容描述	工作者	检查者
1	进入飞行计划页面		
2	使用圆形监测航路规划工具		
3	正确配置对应参数		
4	检查航线		
5	保存航点文件		
4. 工作结束		工作者	检查者
加载保持的航点文件，检查			

思政小课堂

“黑飞”威胁公共安全　存在极大隐患

近年来，无人机不仅在巡查交通、测绘地形、农田水利等领域大显身手，也在个人爱好者中掀起飞行热、航拍热。然而，随之而来的问题也日渐凸显：不明飞行器闯入要害敏感区域、干扰民航飞机正常飞行、航拍泄露国防机密等事件不断增多。

“黑飞”是指一些没有取得私人飞行驾照或者飞机没有取得合法身份的飞行，这种没有飞行计划的“黑飞”存在极大安全隐患。

威胁军事安全。低空飞行的航空器种类日益增多，无人机小、快、灵特点突出，通过传统手段很难发现。还有一些简易航空器，比如动力伞、热气球等，自主导航和通信能力都很弱，容易出现偏离预定航线和空域的情况，一旦闯入重要目标上空，很有可能危及目标安全，甚至造成严重影响。

潜在暴恐威胁。无人机本身具有一定载荷，稍加改装就可以成为攻击性武器，如果监管不力，会对国家空防安全、重要目标安全、保密安全等构成直接或潜在威胁。

侵害地面安全。无人机飞行容易受复杂电磁环境干扰影响，飞行过程中极有可能失控坠落，造成安全事故，甚至严重影响公共安全。

扰乱航空秩序。民用无人机大多由非金属材料制成，尺寸小、高度低、速度慢，民航飞机发现、避让难度大，对民航航线存在较大干扰。

对于个体而言，飞行爱好者以及无人机飞行从业人员首先要考取相关资格证书，在飞行前要向相关部门申请报备。通用航空任务（航空摄影和遥感物探）飞行实施前，要按照国家飞行管制规定，向所在地区飞行管制部门提交飞行计划申请，由任务所在地航管相关部门批准飞行范围，得到批准后再按计划实施飞行活动，远离“黑飞”。

（文章来源：http://www.legaldaily.com.cn/army/content/2021-05/20/content_8510354.html）

理论知识考核

理论考核单元	GCS804 航线规划		
学生姓名		提交日期	
理论知识考核说明： （1）阅读表格中的问题，并完成作答。 （2）教师根据学生完成情况打分。 （3）单元考核通过需要理论知识得分率不低于 80%			得分
简答题（每题 20 分）			
1	请简述以下命令的含义： 跳转、返航、降落、起飞、设定兴趣区域		
2	请问任务列表中，每个航点后标注的距离、角度、方位是指什么？		
3	请问圆形航路点和圆形监测航路点有什么相同点与不同点？		
4	让无人机盘旋使用说明命令，该命令有哪些模式，分别的含义是什么？		

续表

<table>
<tr><td>5</td><td colspan="4">请问 RTL 命令返回的点是哪里，应该如何设置？</td><td></td></tr>
<tr><td colspan="6"></td></tr>
<tr><td colspan="6">理论知识考核成绩</td></tr>
<tr><td>得分</td><td></td><td rowspan="2" colspan="2">=</td><td rowspan="2"></td><td rowspan="2">%</td></tr>
<tr><td>总分</td><td></td></tr>
<tr><td>考核结果</td><td colspan="2">□ 考核通过</td><td colspan="3">□ 考核未通过</td></tr>
<tr><td>教师签名</td><td></td><td colspan="2">日期</td><td colspan="2"></td></tr>
</table>

实操技能考核

<table>
<tr><td colspan="2">实操考核单元</td><td colspan="4">GCS804 航线规划</td></tr>
<tr><td colspan="2">学生姓名</td><td></td><td>提交日期</td><td colspan="2"></td></tr>
<tr><td colspan="2">实操任务要求</td><td colspan="4">学生需要完成以下任务：
（1）完成多边形航路规划。
（2）完成圆形监测航路规划</td></tr>
<tr><td colspan="3">考核说明：
（1）阅读实操任务要求，完成任务操作。
（2）考核结果栏由教师完成，Y 表示操作步骤正确，P 表示操作步骤部分正确，N 表示操作步骤错误</td><td>Y</td><td>P</td><td>N</td></tr>
<tr><td colspan="6">学生能否正确完成以下任务操作步骤</td></tr>
<tr><td>1</td><td colspan="2">进入飞行计划页面</td><td></td><td></td><td></td></tr>
<tr><td>2</td><td colspan="2">加载可使用的地图</td><td></td><td></td><td></td></tr>
<tr><td>3</td><td colspan="2">设置 Home 点</td><td></td><td></td><td></td></tr>
<tr><td>4</td><td colspan="2">在地图上使用多边形工具</td><td></td><td></td><td></td></tr>
<tr><td>5</td><td colspan="2">使用自动航路点工具</td><td></td><td></td><td></td></tr>
<tr><td>6</td><td colspan="2">正确配置相机、高度等参数</td><td></td><td></td><td></td></tr>
<tr><td>7</td><td colspan="2">生成带相机控制的航路点</td><td></td><td></td><td></td></tr>
<tr><td>8</td><td colspan="2">保存航点文件</td><td></td><td></td><td></td></tr>
<tr><td>9</td><td colspan="2">清除任务</td><td></td><td></td><td></td></tr>
<tr><td>10</td><td colspan="2">使用圆形监测航路工具</td><td></td><td></td><td></td></tr>
<tr><td>11</td><td colspan="2">正确配置航路参数</td><td></td><td></td><td></td></tr>
<tr><td>12</td><td colspan="2">生成带相机控制的航路点</td><td></td><td></td><td></td></tr>
<tr><td>13</td><td colspan="2">保存航点文件</td><td></td><td></td><td></td></tr>
<tr><td colspan="6">实操任务考核成绩</td></tr>
<tr><td colspan="2">综合评估结果</td><td colspan="2">□ 考核通过</td><td colspan="2">□ 考核未通过</td></tr>
<tr><td colspan="6">评语（未通过时说明原因）：</td></tr>
<tr><td colspan="2">教师签名</td><td></td><td>日期</td><td colspan="2"></td></tr>
</table>

课堂笔记

问题/线索/关键字 （课后）	

课后总结与思考

参考文献

[1] 周焱. 无人机地面站发展综述[J]. 航空电子技术，2010，41（1）：1-6.

[2] 霍梦兰，彭辉. “全球鹰”无人机任务控制站的组成与功能分析[J]. 国防科技，2009，30（3）：33-37.

[3] 郎为民，邹力，王振义，等. 无人机地面控制站研究[J]. 电信快报，2021（10）：1-7.

[4] 符长青，曹兵，李睿堃. 无人机系统设计[M]. 清华大学出版社，2019.

[5] 卢艳军，刘季为，张晓东. 无人机地面站发展的分析研究[J]. 沈阳航空航天大学学报，2014，31（3）：60-64.

[6] 樊昌信，曹丽娜. 通信原理[M]. 7 版. 北京：国防工业出版社，2012.

[7] 孙清华. 通信概论[M]. 北京：高等教育出版社，2022.

[8] 杨波，王元杰，周亚宁. 大话通信[M]. 2 版. 北京：人民邮电出版社，2019.

[9] 黄智刚，郑帅勇. 无人机通信与导航[M]. 北京：北京航空航天大学出版社，2020.

[10] 吕娜. 数据链理论与系统[M]. 2 版. 北京：电子工业出版社，2018.

[11] 陈爱军. 深入浅出通信原理[M]. 北京：清华大学出版社，2018.